安徽省高等学校"十三五"省级规划教材

高等学校计算机基础教育规划教材

Java面向对象程序设计
（第3版）

U0230073

主　编　赵生慧　徐志红

副主编　凌　军　袁　琴　汪国武

编写人员（以姓氏拼音为序）

黄晓玲	滁州学院
凌　军	宿州学院
汪国武	安徽工程大学
王汇彬	滁州学院
徐志红	滁州学院
袁　琴	黄山学院
赵生慧	滁州学院

清华大学出版社
北京

内 容 简 介

Java 是计算机领域中主流的面向对象程序设计编程语言。本书采用"引例—知识讲解—实例"的结构编写,循序渐进地介绍 Java 语言程序设计基础、面向对象程序设计、图形用户界面、异常处理、输入输出流及 Java 高级编程等内容。

本书共分 10 章。第 1 章介绍 Java 的特点及 Java 程序的开发环境;第 2 章讨论 Java 语言中的基本数据类型、控制结构和数组等;第 3 章介绍类和对象的概念及简单应用;第 4 章进一步讨论面向对象类的继承和多态特性;第 5 章是抽象类和接口的说明和应用;第 6 章讨论异常处理的方法;第 7 章讨论 Java 的输入输出流;第 8 章详细介绍图形用户界面及其设计;第 9 章讲解 Java 的多线程、JDBC 编程和网络编程等高级编程技术;第 10 章是一个应用 Java 语言开发的小型应用系统。

本书应用性强,主要章均由引例开始,配备了丰富的例题、习题和教学资源,适合初学者或中级 Java 读者阅读,可以作为高等院校相关专业的教材,同时也是一本面向广大 Java 爱好者的实用参考书。

图书在版编目(CIP)数据

Java 面向对象程序设计/赵生慧等编著. —3 版. —北京:清华大学出版社,2020.10(2024.1 重印)
高等学校计算机基础教育规划教材
ISBN 978-7-302-56468-3

Ⅰ.①J… Ⅱ.①赵… Ⅲ.①JAVA 语言-程序设计-高等学校-教材 Ⅳ.①TP312.8

中国版本图书馆 CIP 数据核字(2020)第 178134 号

责任编辑:袁勤勇
封面设计:常雪影
责任校对:时翠兰
责任印制:刘海龙

出版发行:清华大学出版社
  网 址:https://www.tup.com.cn,https://www.wqxuetang.com
  地 址:北京清华大学学研大厦 A 座   邮 编:100084
  社 总 机:010-83470000   邮 购:010-62786544
  投稿与读者服务:010-62776969,c-service@tup.tsinghua.edu.cn
  质量反馈:010-62772015,zhiliang@tup.tsinghua.edu.cn
  课件下载:https://www.tup.com.cn,010-83470236
印 装 者:河北鹏润印刷有限公司
经 销:全国新华书店
开 本:185mm×260mm 印 张:20.5 字 数:470 千字
版 次:2007 年 7 月第 1 版 2020 年 10 月第 3 版 印 次:2024 年 1 月第 7 次印刷
定 价:59.00 元

产品编号:079599-03

前　言

　　贯彻党的二十大精神,筑牢政治思想之魂。作者在对本书进行修订时牢牢把握这个根本原则。党的二十大报告提出,要坚持教育优先发展、科技自立自强、人才引领驱动,加快建设教育强国、科技强国、人才强国,坚持为党育人、为国育才,全面提高人才自主培养质量,着力造就拔尖创新人才,聚天下英才而用之。而"程序设计"相关课程是落实立德树人根本任务,培养德智体美劳全面发展的社会主义建设者和接班人不可或缺的环节,对提高 IT 人才培养质量具有较大的作用。

　　Java 是一种优秀的面向对象程序设计语言,平台无关性以及对 Internet 应用的支持等多种特点使其成为当今程序设计语言的代表之一。更重要的是,它已经有了相当广泛的市场基础,几乎成为软件开发人员及程序员的必备技术,在大数据、人工智能、移动开发等互联网众多领域中得到了广泛的应用。

　　社会对应用型人才的需求定位要求高等学校在人才培养时注重教学内容的实用性和应用性,要不断改革教学目标、内容及教学方法,加强对应用能力及学习方法的培养。本书作为一门实用性很强的课程,也突出了其应用性和方法性。

　　本书采用循序渐进的方法,理论与实践相结合,既有基本的理论介绍,又注重技术的应用及实践。每章都是前有内容导览,后有实例。内容导览可以使读者对本章主要内容有一个宏观的认识,迅速了解本章有哪些知识模块,以及每个模块有哪些知识点。每章的正文部分则围绕内容导览知识架构展开,按照"引例—知识讲解"的模式组织教学内容,逐步引入知识点,最后设计了与实际生活应用相关的实例,综合运用本章知识点。对一些抽象的概念(例如接口、抽象类和输入输出流等)均从相关概念延伸,结合具体例题解释。教材中的引例和实例大部分给出了解题思路、结果分析和程序分析,以帮助读者理解程序。这种编写方式有利于初学者掌握程序设计流程和编程思想,为读者的后续学习打下基础。

　　本书以最新版 Eclipse 作为 Java 的集成开发环境,该版本与各版 JDK 的兼容性较好,编写、调试、运行 Java 程序都十分方便。本书所有实例均在 Eclipse 下调试通过,并提供实例运行结果。

　　本书配有实验指导书、全套 PPT 课件、重点难点讲解教学视频、部分习题参考答案和示例代码,既可以用于课后教学辅导,也可供课程自学。

　　借助作者在中国大学 MOOC 平台上开设的"Java 面向对象程序设计"课程,读者可以愉快地体验在线学习的乐趣。

　　参加本书编写的人员均为长期从事计算机教学的一线教师及技术开发人员,有丰富的 Java 教学及应用开发经验。本书第 1 章由滁州学院赵生慧编写,第 2 章由黄山学院袁琴编写,第 3~5 章由滁州学院徐志红编写,第 6 章由滁州学院黄晓玲编写,第 7 章由宿州学院凌军编写,第 8、10 章由安徽工程大学汪国武,第 9 章由滁州学院王汇彬编写。全书由赵生慧统稿。编写过程中,得到了陈桂林、计成超、陈海宝、李跃民、杨传健等老师的帮助。本书得到了安徽省"十三五"规划教材项目、安徽省一流教材建设项目和安徽省网络工程教学团队项目的资助,在此一并表示感谢。

　　由于作者水平所限,书中难免存在一些缺点和错误,期待广大读者批评指正。

作　者

2023 年 6 月

目 录

第1章

了解 Java

内容导览

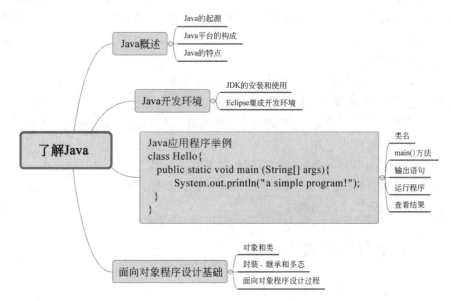

学习目标

- 了解 Java 语言的技术背景
- 能够安装并使用 JDK 编译运行 Java 程序
- 熟练运用 Eclipse 集成开发环境编写 Java 程序
- 理解面向对象思想,能举例说明什么是类和对象

1.1 Java 概述

随着程序设计技术的改革及计算环境的改变,Java 语言得到迅速发展。一方面, C++ 等面向对象程序设计语言的发展为 Java 提供了技术基础。事实上,Java 也大量继承了 C 及 C++ 的成果,并且增加了体现程序设计技术发展状态的功能。另一方面,网络及 Internet 的发展对程序设计语言提出了新的要求,为 Java 的发展注入了强大的动力。正

是 Internet 的快速发展和普及改变了传统的计算模式，促进了 Java 的普及与流行。

1.1.1　Java 的起源

1.1.1

  Java 是由 Sun Microsystems 的 James Gosling 所领导的开发小组设计的。最初的版本是 1991 年的 Oak(橡树)，其目标是设计独立于平台且能够嵌入不同的消费类电子产品中的程序。所谓独立于平台，是指通过该语言生成的代码可以在不同体系结构的 CPU 上运行，也可以在异构的操作系统环境下运行。

  随着 Internet 及 WWW 的发展，人们发现 Web 也需要在不同的环境和不同的平台上进行程序的移植，这个变化导致了 Oak 的转型及 Java 的诞生。1995 年，Sun 公司的技术人员对 Oak 进行了修改，使之用于开发 Internet 应用程序并将其命名为 Java。如今，Java 技术的多功能性、有效性、平台的可移植性以及安全性已使其成为网络计算领域最完美的技术之一。

  通过 Java 可以实现以下功能：
- 在一个平台上编写软件，然后在另一个平台上运行。
- 创建在 Web 浏览器中运行的程序。
- 开发适用于诸如联机论坛、即时通信、在线投票此类的以 HTML 或 XML 格式处理的服务器端应用程序。
- 开发基于面向服务体系结构的应用程序并将其封装为服务向用户发布。
- 为移动电话、远程处理器、低成本的消费产品以及任何具有数字核心的设备编写强大而高效的嵌入式应用程序。

1.1.2　Java 平台的构成

1.1.2

Java 平台包括核心 JVM 以及 Java API。

1. JVM

JVM(Java 虚拟机)是一种纯软件形式的计算机，它由具体的硬件平台及相应的 Java 解释器组成。解释器的功能是将字节码翻译成目标机器上的机器语言。

2. Java 平台的三种版本

  从诞生到现在，Java 经历了许多变化。1998 年，Sun Microsystems 发布了 JDK 1.2 并称之为 Java 2 平台。1999 年，Java 2 被分为 J2SE、J2EE 和 J2ME 三种平台。2005 年，Java 的三种版本被相应地更名为 Java SE、Java EE 及 Java ME。
- Java SE：Java SE 允许开发和部署在桌面、服务器、嵌入式环境和实时环境中使用的 Java 应用程序。Java SE 是基于 Java 跨平台技术和强有力的安全模块而开发的，其特征和功能极大地提高了 Java 语言的伸缩性、灵活性、适用性以及可靠性。
- Java EE：Java EE 是 Sun 公司针对 Internet 环境下企业级应用推出的一种全新概

念的模型,比传统的互联网应用程序模型更有优势,适合于开发服务器端应用程序或大型 ERP 系统等。Java EE 也是一组规范集,其中的每一个规范规定了 Java 技术应该如何提供一种类型的功能,为应用开发与企业应用集成定义了数目众多的应用编程接口(API)和多种编程模型。

- Java ME:Java ME 可以应用在各种各样的消费电子产品上,例如智能卡、手机、PDA、电视机顶盒等。Java ME 也提供了 Java 语言一贯的特性——跨平台和安全网络传输。随着移动通信及嵌入式芯片技术的发展,基于 Java 的移动式、嵌入式应用将会越来越广泛。

在以上三种版本中,作为桌面环境下应用开发工具的主要是 Java SE,它是 Java EE 和 Java ME 的基础。关于 Java 的最新发展,有兴趣的读者可以参考 Java 网站 https://www.oracle.com/java/technologies/。

1.1.3 Java 的特点

1.1.3

Java 的迅速发展和广泛流行要归功于它所具有的基本特点。Sun 公司在 Java 语言白皮书中将 Java 的特点归纳为:Java 是简单的、面向对象的、分布式的、解释型的、健壮的、安全的、结构中立的、可移植的、高效的、多线程的、动态的,等等。下面对其中的主要特点进行简要的解释。

1. Java 是简单的

Java 的简单性是指与同为面向对象程序设计语言的 C++ 相比,Java 使用与学习要简单一些。C++ 中许多容易混淆的概念要么被 Java 抛弃,要么以一种更容易理解的方式实现。例如,在 Java 中不再有指针的概念。

2. Java 是面向对象的

传统的程序设计语言是面向过程的,编程时关注的是程序的控制结构、数据的处理过程等。基于对象的编程更加符合人的思维模式,编程时关注应用程序的数据和处理数据的方法,并且将数据及其处理方法封装在对象之中。这使得编写程序更加容易,效率也更高。

3. Java 是结构中立的

Java 推出之初最能吸引编程人员的就是其体系结构中立的特点,又称为平台无关性。它是指 Java 应用程序与体系结构无关,不用修改就可以在不同体系结构的硬件平台上运行。实际运行时,首先将 Java 源代码编译成字节码。字节码是结构中立的,可以运行在 Java 虚拟机上,与具体的体系结构无关,如图 1-1 所示。字节码文件可以在任何具有 Java 解释器的平台(即 Java 虚拟机)上运行。

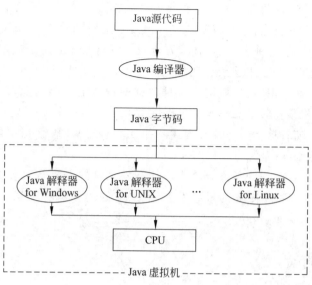

图 1-1 Java 解释器及其平台无关性

4. Java 是安全的

作为 Internet 程序设计语言,Java 用于网络与分布式环境。Java 在运行应用程序时会严格检查其访问数据的权限,如不允许网络上的应用程序修改本地的数据。下载到用户计算机中的字节码在被执行前要经过一个核实过程,一旦被核实,便由 Java 解释器来执行,该解释器通过阻止对内存的直接访问来进一步提高 Java 的安全性。

5. Java 是可移植的

可移植性是与平台无关性联系在一起的,Java 程序不必重新编译就可以在任何平台上运行,从而具有很强的可移植性。

6. Java 是开放的

除了以上特点外,Java 的开放性也是促进其快速发展的重要因素。由于 Sun 采取了开放源码策略,因此在带动 Java 及相关开发技术迅速发展的同时,也使得基于 Java 的开源软件技术成为一种软件开发模式。

1.2 Java 开发环境

Java 应用程序是独立的程序,与其他高级语言程序一样,能够在任何具有 Java 解释器的计算机上运行。

1.2.1　JDK 的安装和使用

JDK 是 Java 的核心,包括 JRE(Java Runtime Environment)以及用于编译调试 Java 程序的命令行界面的开发工具等。

1. 软件开发工具包 JDK

一个 Java 程序的开发要经过编辑、编译和运行三个过程。Java 程序的编辑可以使用任何一个文本编辑器,编译与运行则通过 Java 开发工具箱 JDK 进行。JDK 软件包中的 JRE 在运行 Java 程序时是必需的,可以单独安装。

2. 安装 JDK

软件下载后需要安装,基本安装过程如例 1.1 所示。

例 1.1　下载并安装最新版本的 JDK。

① 访问 https://www.oracle.com/java/technologies/,下载 JDK 软件包并将其存储在硬盘上。2019 年 9 月,JDK 发布了最新的版本 JDK 13,本例使用 JDK 8。

② 双击文件名,按照提示信息一步步安装,安装完毕后产生如下目录。

- \bin 目录:Java 开发工具,包括 Java 编译器、解释器等。
- \demo 目录:一些实例程序。
- \lib 目录:Java 开发类库。
- \jre 目录:Java 运行环境,包括 Java 虚拟机、运行类库等。

......

JDK 常用工具包括下列这些。

- javac:Java 编译器,编译 Java 源代码为字节码。
- java:Java 解释器,执行 Java 应用程序。
- jdb:Java 调试器,用于调试 Java 程序。
- javap:反编译,将类文件还原为方法和变量。
- javadoc:文档生成器,创建 HTML 格式文件。

3. JDK 环境变量设置

JDK 提供的是命令行用户界面,为了保证在用户工作目录下能够正常调用 Java 编译器,需要在操作系统中进行路径设置。如果使用图形用户界面的集成开发环境,则在安装软件时会自动设置环境变量,这一步可以省略。

例 1.2　在 Windows 中设置环境变量,以保证 Java 编译器的正常工作。

分析:设置环境变量就是在 Path 变量值中加入 JDK 的路径。设置 Path 的目的是让 Java 程序设计者在任何环境中都可以运行 JDK 的\bin 目录下的工作文件,如 javac、java、javadoc 等。CLASSPATH 用于设置类路径,使 Java 程序可以方便地调用 JDK 中的类。

具体操作方法如下所示:

① 选择"控制面板"→"系统和安全"→"系统"→"高级系统设置"。

② 在显示的对话框中选择"高级"选项，单击"环境变量"按钮，屏幕显示如图 1-2 所示的"环境变量"对话框。

图 1-2　设置环境变量

③ 设置 Path 变量的值，例如 C:\jdk1.8.0\bin；C:\jre1.8.0\bin。操作步骤如下：在"环境变量"对话框中，选择变量"Path"，单击"编辑"按钮，在弹出的"编辑环境变量"对话框中先单击"新建"按钮，再单击"浏览"，找到安装的 JDK 下的 bin 目录，单击"确定"按钮，完成环境配置。

④ 设置 CLASSPATH 变量的值。CLASSPATH 是 Java 加载类的路径。只有在 CLASSPATH 中，Java 的命令才能够被识别，使 Java 虚拟机找到所需的类库。同样地，在"环境变量"对话框中，新建 CLASSPATH 变量，并设置类路径。

1.2.2　Eclipse 集成开发环境

1.2.2

　　　除了 Oracle 的 JDK，企业大部分使用具有编辑、编译和运行功能的集成开发环境（IDE）作为 Java 开发工具，例如 Eclipse、NetBeans 和 IDEA 等。本书主要以 Eclipse 作为开发环境。Eclipse 是一个开源的、基于 Java 的集成开发环境,可以从官网 http://www.eclipse.org 免费下载。安装 Eclipse 之前,需要先安装 JRE,再按照 Eclipse 安装提示信息进行操作。

在 Eclipse 中如何编写并运行 Java 程序的知识在配套的实验指导书有详细介绍,读者也可自行上网查阅相关资料。

1.3 Java 应用程序举例

1.3.1

1.3.1 Java 应用程序结构

为了理解 Java 应用程序的基本结构,我们先从一个最简单的程序开始讨论,该程序的功能是在屏幕上显示信息"This is a simple program!"。

例 1.3 一个简单的 Java 应用程序。

```
//文件名为 Hello.java
public class Hello{
    public static void main(String[] args){
        System.out.println("This is a simple program!");
        }
}
```

一般情况下,一个 Java 应用程序由类、对象与方法等若干部分组成。下面结合本程序对这些组成部分进行简单的解释。

1. 类

类是面向对象程序设计中的基本概念,也是 Java 应用程序的基本组成单位。所有 Java 程序都是由一个或多个类组成,一个 Java 程序至少包含一个类,子程序都包含在类定义的块内。要编写 Java 程序,必须理解并能够设计与使用类。关于类的进一步讨论将在本书的第 3 章与第 4 章中展开。

在例 1.3 中,Hello 是以 public 修饰的一个类。public 类在程序中最多只有一个,又被称为程序的主类,即含有主方法 main() 的类。Java 程序的文件名必须是这里的 public 修饰的主类名。本例中,类定义开始于第 2 行的大括号,结束于最后一行的大括号。

注意:Java 是大小写敏感的,例如本程序中的 println 均为小写,如果写成 Println 就会出错。

2. 方法与 main() 方法

方法是为执行一个操作而组合在一起的语句组。在例 1.3 中,System.out.println 是一个方法,其中的 println() 是 Java 预先定义的方法,可以直接使用。这个方法的目的是在屏幕上输出字符串,本例中是输出"This is a simple program!"。

方法也可以由用户自己定义,但每个 Java 应用程序必须有一个用户声明的 main( )方法,用来表示 Java 程序的执行入口。Java 程序依次执行 main( )方法内的每一条语句,直到方法的结束。main( )方法的定义格式有严格的规定,详细内容请参见本书的第3章。

3. 标识符与关键字

编写程序时使用的各种单词或字符串被称为标识符。关键字是程序设计语言中具有特殊意义的一组标识符,它只能按照预先定义好的方式使用,不能用作其他目的。在Hello 程序中,出现的标识符有 public、class、Hello、static、void、main、String、args、System、out 和 println,其中,public、class、static、void 是关键字。例如在程序的第 1 行中,当编译器看到 class 时,就知道其后的标识符 Hello 是一个类的名称。关于标识符及关键字的详细描述请参见第 2 章。

有些特定的关键字又被称为修饰符,Java 使用它们来指定数据、方法和类的属性与使用方式。本程序中的 public 和 static 就是修饰符。

4. 语句

一条语句表示一个操作,也可以表示一系列操作。在 Hello 程序中,println("This is a simple program!")就是一条语句。在 Java 中,语句用分号";"结束。

5. 块

将程序中的一些成分组合起来就构成一个块。在 Java 中,块使用"{"及"}"表示其开始与结束。每个类都有一个组合该类的属性和方法的类块,每个方法也有一个组合该方法语句的方法块。块可以嵌套,即一个块可以放到另一个块内,图 1-3 表示了这个关系。

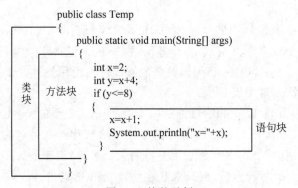

图 1-3　块的示例

6. 注释

为了方便阅读和理解程序,通常的做法是在程序中增加适当的注释。注释语句都是不执行的,编译器在编译源程序时会将其忽略。注释是程序的重要组成部分,一个具有良好风格的程序必须要有清晰而具体的注释。

在 Java 中,注释有两种格式。单行注释用两个斜杠(//)作引导;多行注释用/＊和＊/将注释的内容括起来。此外,Java 还支持一种称为文档注释的特殊注释,它以/＊＊开头,以＊/结尾,主要用于描述类、数据和方法。可以通过 JDK 的 javadoc 命令将注释文档转换为 HTML 文件,具体可访问 http://java.sun.com/products/j2se/javadoc/index.html。

Java 规范中并没有就程序的书写格式提出明确的要求,但为了增加程序的可读性,设计具有良好风格的程序,建议在书写程序时采用缩进格式,即按照程序的层次,下一个层次比上一个层次后退两格。

1.3.2　Java 应用程序开发过程

一个 Java 程序的开发过程如图 1-4 所示,主要包括编辑、编译和运行。这个过程是反复的,不管是在创建源代码还是在编译或运行时,只要有错误,就必须通过修改程序源代码以纠正错误,然后再重新编译或运行。

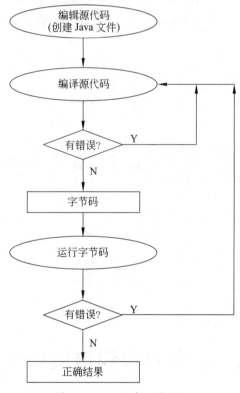

图 1-4　Java 程序开发过程

例 1.4　请在计算机系统中创建例 1.3 中的源程序文件并编译运行。

(1) 编辑源代码

编辑源代码可以使用任何一个文本编辑器,但源代码文件的文件名必须与程序中定义的公共类的类名相同,扩展名必须是.java。使用 Eclipse 创建例 1.3 中的源代码文件,命名为 Hello.java,如图 1-5 所示。

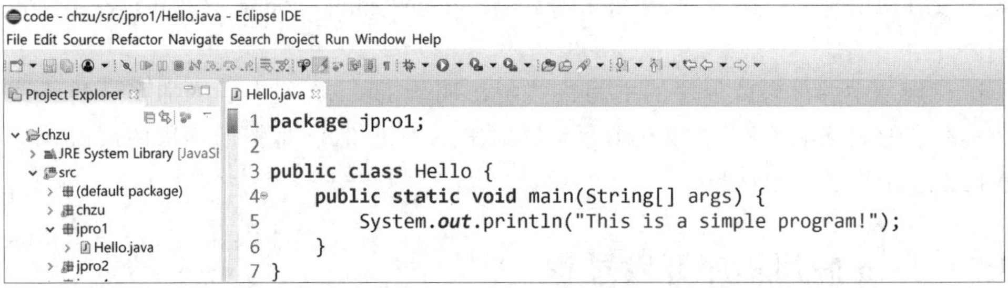

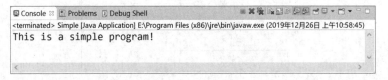

图 1-5　Java 程序

(2) 编译并运行程序

对一个程序进行编译是指通过编译器 javac.exe 将 Java 源代码文件翻译成字节码文件。如果源程序代码没有语法错误,编译器就会生成一个名为 Hello.class 的文件,这个文件称为字节码文件。如果有编译错误,系统会给出一些提示,需要对源代码进行修改并再次进行编译。

运行 Java 程序实际上就是运行字节码文件。在任何一个平台上,只要安装了 Java 解释器 java.exe,就可以运行字节码。

Eclipse 集成了编译器,单击 Run 按钮 ▶,即对文件进行编译并运行,运行结果如图 1-6 所示。

```
□ Console ⊠  🔁 Problems  🔲 Debug Shell        ■ ✖ 🔏 🔐 ⬛ 🔳 🖿 🔻 □ ▼ ▼
<terminated> Simple [Java Application] E:\Program Files (x86)\jre\bin\javaw.exe (2019年12月26日 上午10:58:45)
This is a simple program!

◀                                                                          ▶
```

图 1-6　运行结果

Java 编程的基本规则为:类名的第一个字母要大写,变量名的第一个字母要小写,方法名的第一个字母要小写,每个独立的类定义为一个.java 文件。养成好的程序书写习惯,保证良好的可读性。

1.4　面向对象程序设计基础

Java 的基本思想是面向对象。面向对象编程技术的核心是类与对象等概念,但仍然涉及面向过程程序设计中的程序结构及数组等概念。当然,更重要的是面向对象程序设计的编程思想。有一种观点认为,学习面向对象的程序设计应该具有面向过程的基础,但从实际学习情况来看,这种基础并不是必需的或者至少不是非常重要的。

基于此,我们有必要理解面向对象程序设计的基本概念。

1.4.1　对象和类

面向对象程序设计就是使用对象设计程序,把数据及相关操作封装在一个统一体中,这个统一体就是一个类。对象是类的具体表现。换言之,以面向对象的方法编写的程序是由相互作用的对象组成的。面向对象方式更加接近现实世界的模型,从而增加了程序设计的直观性,提高了编程效率。

1. 对象

对象代表现实世界中可以明确标识的任何事物。现实世界中充满了对象,例如一台电视机、一张桌子或一扇门等都是对象。对于每一个对象,通常需要考虑一个问题:它有什么? 有两个术语可进行描述:属性和行为。属性决定了对象是什么,描述了对象的所有可能的状态;行为决定了对象能够做什么,是对象具备的外部服务。在具体的程序设计中,对象的属性是一些数据域的集合,行为则是方法的集合。也就是说,对象是数据及其处理方法的一个封装,如图 1-7 所示。

例 1.5　如果将大学生作为一个对象,请分析其属性与方法。

这里大学生是一个实体,属性可以包括姓名、性别、年龄、身高、专业等,这些均具有静态特征。而方法是类的动态特征,即属于这一类的事物在

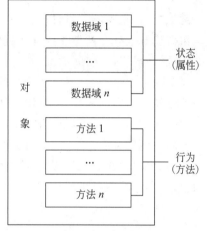

图 1-7　对象的组成

接收到某种消息或命令时做出的反应,例如,学生选修课程就是学生对象的一个方法,而这个方法是学生需要选修学分时必须进行的操作。

关于面向对象的程序设计,Alan Kay 进行了如下总结。

(1)万事万物皆对象

理论上,可以将所有待解决的问题进行分解,变成程序中的对象。对象除了可以存储数据,还应该具备对自身数据进行处理的操作能力。也就是说,对象不仅存储数据,而且能够对数据进行处理。

(2)程序是对象的集合

一个程序是若干对象的集合,对象之间通过消息的传递请求其他对象进行工作。如果希望向某一对象发出请求,就必须传递消息至该对象。换言之,消息就是发出的请求信息。

(3)每个对象都拥有由其他对象所构成的记忆

可以通过"封装既有对象"产生新的对象,这样新产生的对象就拥有由其他对象所构成的记忆。

（4）每个对象都有其类型

每个对象都是其类的一个实例，类实际上是类型的同义词。不同类之间的最重要的区别就是究竟可以发送什么消息给它。

（5）同一类型的所有对象接受的消息都是相同的

每个对象都是其类的一个实例，因此它们接受的消息都是相同的。

2. 类

既然一切皆对象，那么对象就太多了。可以将具有某些共同特征的对象作为一类来看待。换言之，同一类的对象有相同的特性，将相同的特性抽取出来就是一个类，类的实例就是对象。

例 1.6　如果将学生作为一个类，则某一个具体的学生就是一个对象，例如 2009 级网络工程专业王明明。当然还可以是某个小学生、中学生，而小学生、中学生都是类，且是学生类的子类。

例 1.7　如果将建筑设计图作为一个类，请分析其组成。

作为建筑设计图的类需要描述建筑物的主要特征，例如每个房间的内部结构，包括房间的数量、布局；每个房间的长、宽、高及门窗的位置等。

根据同一个设计图，可以建造多幢房屋。就实际情况而言，每一幢房屋都是不同的。它们可能处于不同的地理位置，周边环境也有差异等。但它们又是同一类的，因为它们有相同的内部结构。如果需要建造不同的房屋，则需要重新设计，即需要设计新的类。

上面的例子说明，类决定了对象的结构。对象是类的一个具体实例，一个类可以有许多不同的对象，这些对象具有共同的属性，如图 1-8 所示，当然这里的设计图仅是为了说明问题，与实际的图纸相差甚远。

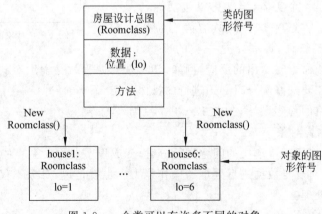

图 1-8　一个类可以有许多不同的对象

通过例 1.6 和例 1.7 可以看到，类是定义一个对象的数据与方法的蓝本。可以从一个类中创建许多对象，当然也可以从一个类中派生另一个类。另外，正如有了设计图并不意味着就有了房屋一样，有了类也不是就有了对象，还需要通过类创建具体的对象。

在实际的程序设计中，通常也是先定义类，再由类创建对象。

1.4.2　面向对象特性

所有的面向对象程序设计语言都有三个特性：封装、继承和多态。

1. 封装

所有的对象都需要被封装起来。封装是一种将对象的数据及其处理方法结合起来，使其不被外界干扰滥用的程序设计机制，是对象保护并管理自身信息的一种方式。对象通常都是自治的，不会受到外部其他对象的干扰。通过封装，设计人员可以修改对象的内部结构，不用考虑会对编程人员造成影响。改变对象状态的唯一途径是借助于该对象的方法。

2. 继承

通过已经存在的一个类定义另一个类或者由父类定义子类就是继承。当实现继承时，子类可以获得父类的属性和方法。继承是软件复用的一种形式，可以提高编程效率，降低编程的复杂性。

3. 多态

多态是指一种允许使用一个接口（一种特殊的类）来访问一类动作的特性。通过利用多态，开发人员可以在一段时间内以一致的方式引用多个相关的对象。多态性常描述为"单接口，多方法"，这种特性减少了编程的复杂性。

具体内容请参见第 4 章。

1.4.3　面向对象程序设计过程

Java 语言是一种面向对象的程序设计语言（Object Oriented Programming，OOP）。OOP 的基本思想是：用类似于人的思维方式对软件系统要模拟的客观实体进行抽象，再对客观实体进行结构模拟和功能模拟，以使设计出来的软件尽可能直接地描述客观实体，从而构造模块化的、可重用的、维护方便的软件。程序设计的过程实际上就是软件开发的过程。根据软件工程的基本思想，软件开发过程包括需求分析、设计、编写代码、测试和运行等 5 个阶段，这 5 个阶段又被称为软件生命周期。这里只作简要说明，详细内容请参考相关文献。

1. 需求分析

当我们使用一个软件时，通常都希望软件界面友好，可操作性强。需求分析阶段的任务是理解用户需求，设计解决方案，对方案进行可行性分析。根据软件工程规范，本阶段的成果是描述程序功能的需求规范。程序功能要以可测试的方式描述，以便于测试阶段根据需求规范对软件进行测试。在实际工作中，需求分析是一项复杂又相当重要的工作，对分析人员的要求也比较高,要求他们既要有理解用户业务的能力,又要有软件设计的能力。

2. 设计

设计阶段根据需求规范进行程序的总体设计。在面向对象程序设计中,本阶段要明确程序中需要用到哪些类与对象,给出这些类及对象的定义。对于程序设计的学习者来说,需求分析阶段的任务并不复杂,设计类与对象是整个程序设计过程中的核心任务。一个类描述的是某一类实体所具有的共性,但对于每个个体(对象)来说,相同的属性可能具有不同的值。例如,一个班级中的每一个学生的学号都不相同。利用软件系统来描述和解决现实世界中的问题时,通常涉及每个对象。因此,面向对象程序设计就是用类与对象进行程序设计。

3. 编写代码

这个阶段用代码将设计表示出来或者说实现设计。相对而言,这个阶段的任务是整个软件生命周期中比较简单的。

4. 测试

这一阶段的工作是设计多组不同的输入试运行程序,以尽可能多地发现程序中的错误并检验程序是否符合需求规范。测试也有一定的方法与技术。面向对象程序的测试通常分为两类:单元测试与综合测试。

5. 运行

运行阶段就是软件投入实际使用的过程。在这一阶段,还存在着软件维护的问题。一般来说,软件投入运行后,设计阶段未能发现的问题会逐步暴露,客户需求也在不断变化,所有这些都要求设计人员对软件进行修改以使其更加符合用户需求和更加完善。软件维护所花费的成本在整个软件设计成本中所占的比例相当高,有时甚至达到70%以上。

可见,程序设计是一项复杂的工作,需要大量的实践。对于面向对象的程序设计来说,由于其程序是由对象组成的,因此基本工作首先是设计类与对象,具体的编程工作则是声明类、构造方法、声明并创建对象;通过发送消息组织对象之间的协调等。

Java 作为一种主流的软件开发工具,代表了一种新的软件开发思想、模型和技术。同时,Java 也对 Internet 产生了积极而深远的影响。原因很简单,网络程序是动态的,由此产生了安全及可移植方面的问题。Java 解决了这些问题,它提供了一系列开发 Internet 应用的技术,包括 Android、JSP 以及基于 Java 的 Web Services 开发技术等。

当读者学完前 9 章的知识时,将具备解决上述复杂问题的基础。在第 10 章的综合案例中,以某高校开发的一款学生成绩管理系统为例,给出了一个从需求分析到代码运行的简单流程。每章的知识点在第 10 章的综合案例中都会有体现,强烈建议读者采用案例驱动式学习方法,边学知识点边实践综合案例,以缩短学习时间。我们也建议读者参看面向对象软件工程书籍或相关资料,学习和运用规范的软件开发模式。

习 题 1

1. 如果你是一位 Java 程序设计课程的教师,请向你的学生解释 Java 的主要特点、主要应用范围以及学习 Java 的意义。

2. 请以你所在实验室使用的计算机为例,说明运行 Java 程序需要哪些软件以及它们的来源是什么。

3. 请通过 Internet 或其他途径搜索了解以下信息:

- 目前使用的 Java 开发工具主要有哪些? 请重点列举 Eclipse 和 IDEA 等平台的技术特点、适用环境以及对新技术的支持情况。
- Microsoft、Oracle 以及 IBM 对 Java 的支持策略。

4. Java 中有几种注释类型,它们分别在哪种情况下使用?

5. Java 是区分大小写的,请具体解释大小写的区别。

6. 充分发挥你的想象力,举一些类与对象的例子,并且试着用自己的语言或图形描述类及对象的结构。如果将一个具体的人作为对象,可以定义哪些属性及方法? 如果考虑定义一个 Person 类呢?

7. 你认为面向对象程序有哪些优点? 请进行说明。

8. 请访问相关的 Java 技术网站并搜索相关信息,说明 Java、JDK、JRE、JVM 的含义及其联系与区别。

9. 模仿例 1.3,编写一个简单的 Java 应用程序,要求如下:

- 程序的输出是"My first Java Program!"。
- 编辑软件不限,文件命名为 Example.java。
- 编译并运行。
- 用不同的字符信息替代"My first Java Program!",重新保存、编译并运行。
- 将所编程序中的所有大写字母换成小写字母,重新保存并编译,注意观察提示信息并分析其原因。
- 重新改回去,保存、编译并运行。

第2章

程序设计基础

内容导览

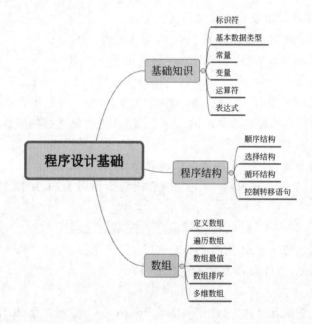

学习目标

- 能够运用程序设计基础知识编写简单 Java 程序
- 掌握程序控制结构并能应用其进行程序问题的分析和设计
- 能够运用 break、continue 和 return 语句实现程序执行流程的转移
- 掌握数组的定义和遍历等操作,运用数组解决排序、最值等程序问题

2.1 引 例

为了说明数据类型、一维数组及其定义,先讨论下面的例题。

例 2.1 某专业的 50 名学生在上学期学习了程序设计课程。设计一个程序,从键盘输入 50 名学生的考试成绩,计算该课程的平均成绩和及格率,平均成绩要精确到小数点后面一位小数,及格率保留一位小数。

　　分析:从直观上看,程序处理数据的过程与人工处理的过程基本相似。下面借鉴逐步求精的方法分析问题的求解过程。根据第1章的讨论,我们已经知道Java程序是由类组成的。因此可以将问题转换为"设计一个成绩分析类"。由于暂时还没有学习类与对象的定义方法,因此先假设已经定义好相应的类,只需要直接考虑如何根据需要处理数据。

　　第1步求精:直观分析问题的求解过程。

- 输入50名学生的成绩;
- 计算平均成绩;
- 统计及格率;
- 输出结果。

　　第2步求精:细化实现方法

- 定义表示50名学生课程成绩的数组,设计输入该课程成绩的方法;
- 定义表示平均成绩的变量,设计计算平均成绩的公式,平均成绩=50名学生成绩之和/50;
- 定义一个整型变量,设计统计及格人数的方法,每个学生成绩>=60,及格人数加1;
- 定义表示及格率的变量,设计计算及格率的方法,及格率=及格人数/50;
- 设计结果输出的方式。

　　第3步求精:设计并定义类

　　由于Java程序是由类组成的,现在必须考虑定义什么样的类。根据第1章的内容,我们知道定义类一般可以分为三个步骤。现在考虑将第2步求精的结果作为类的main()方法。

　　① 引入标准类库;
　　② 定义类名;
　　③ 设计类的main()方法。

- 定义表示课程成绩的数组、及格人数的变量及平均成绩和及格率的变量;
- 利用循环输入50名学生的成绩;
- 在循环体中统计及格人数;
- 计算平均成绩和及格率;
- 输出结果(通常需要确定输出格式,这里我们并不追求完美的输出格式)。

将以上描述转换成Java代码,程序源代码如下所示:

```
//文件名为Jpro2_1.java
1  import java.io.*;
2  import java.util.*;                    //引入类
3  public class Jpro2_1                   //定义主类
4  {
5     public static void main (String[] args) throws IOException //定义main()方法
6     {
```

```
7        int count_score=0,sum=0,i;                    //声明变量
8        float average_score,rate_score;
9        int pro_score[]=new int[50];                  //声明定义数组
10       BufferedReader buf;                           //声明缓冲字符输入流类对象 buf
11       buf=new BufferedReader(new InputStreamReader(System.in));
                                                       //创建缓冲字符输入流类对象 buf
12       for(i=0;i<50;i++)                             //定义循环体
13       {
14           pro_score[i]=Integer.parseInt(buf.readLine());
15           if(pro_score[i]>=60)
                 count_score++;                        //判断统计及格人数
16          sum=sum+pro_score[i];                      //计算所有成绩之和
17         }
18       average_score=sum/50;                         //计算平均成绩
19       rate_score=count_score/50;                    //计算及格率
20       System.out.println("The average score is:"+average_score);
21       System.out.println("The rate score is"+rate_score);         //标准输出
22    }
23 }
```

程序分析：main()方法的开始部分是 int 和 float 两条语句，它们的作用是定义变量，也就是告诉编译程序，程序中要用到 count_score、sum、i 这几个变量，它们是 int(整型)数据；还要用到 average_score、rate_score 这两个变量，它们是 float(浮点型)数据。程序中的第 9 行"int pro_score[]=new int[50];"告诉编译程序，程序中要用到一维数组 pro_score[]，它有 50 个整型元素。程序中还定义了变量 buf，用于从键盘输入字符，与其相关的知识将在后续章节中介绍。

如果没有这些语句，后面的计算公式，例如 sum=sum+pro_score[i](在 Java 中被称为表达式)，将无法正常运行并得出结果。也就是说，在 Java 程序中，必须先定义变量，然后再使用。很显然，为了正确地定义变量，必须先理解实际数据的性质，确定其类型。可以将上述第 3 步求精过程进一步描述如下：

① 引入标准类库；
② 定义类名；
③ 设计类的 main()方法。

- 确定原始数据的数据类型并设计表示它们的变量名(及格人数用 count_score 表示，成绩总和用 sum 表示，学生人数用 i 表示，指定其为整数，用 int 类型表示；用整型数组 pro_score[]来存储同学的考试成绩)。
- 确定程序运行过程中用到的变量及其类型(用 average_score 表示平均成绩，用 rate_score 表示及格率，考虑到成绩要精确到小数点后面一位，用浮点型表示)。
- 定义变量(前两步分析在程序中反映不出来，只是为这一步建立基础)。
- 设计循环输入 50 名学生成绩，存储到数组 pro_score 中。
- 在循环体中计算 50 名同学成绩之和 sum，计算平均成绩 average_score=sum/

50.0。
- 根据循环体中统计的及格人数 count_score，计算及格率 rate_score＝count_score/
  50.0。
- 输出结果。

实际上，这里的分析过程并不完全符合面向对象的要求，在第 3 章将有进一步的讨论。另外，计算平均成绩的公式与通常的数学公式的表示方式并不相同，这也是程序设计语言的特定要求。详细的情况将在本章后面的章节中讨论。本例中 50 名学生的成绩数据使用了数组来表示，至于什么是数组及为什么要用数组将在 2.4 节解释。本例中涉及的变量、表达式、循环控制结构等知识将分别在 2.2、2.3 节进行讨论。

【练习 2.1】

请读者自行写出统计 50 名学生成绩之和的步骤并与引例比较。

2.2　基 础 知 识

通过前面讨论的例题，我们发现，无论是类、方法还是变量都必须有一个名称；不同的数据有不同的特征，以类型相区分；程序设计中的计算表达式与我们的数学公式的表示方式并不相同。本节将讨论这些内容。

2.2.1　标识符

从直观上讲，标识符就是编写程序时使用的各种字符序列，就如同数学上用 x、y、z 等来表示未知数一样。Java 对标识符的使用有严格的规定。标识符是赋给类、方法或变量的名称，用于标识它们的唯一性。

1. 标识符的分类

一般可分为 3 种类型：
- 程序设计人员自行选用的标识符；
- 其他程序设计人员选用的标识符（如 String、System、out、println 和 main）；
- 语言中保留特别含义的标识符，即关键字（如 class、public、static 和 void）。

"其他程序设计人员选用的标识符"是指已经被其他程序员选用并定义了具体含义的标识符，通常是预先定义好的 Java 标准类库的一部分。在编程时，只能使用它们，而不能再为其定义新的含义。事实上，即使不是 Java 标准类库中的类和方法，只要在程序中引用了其他程序员编制的类，一般也不建议使用所引用类中已经定义的标识符。

程序员可以根据需要在程序中定义标识符，例如例 2.1 中的 Jpro2_1、count_score、sum、average_score、rate_score 等，但不能使用保留字及已经被其他程序员选用的标识符。标识符可以由字母、数字、下画线(_)及美元符号($)按一定的顺序组合而成，但不能以数字开头。例如,average、table12 及 $ price 等均为有效的标识符,而 5_step 则为非法标识符。Java 语言对标识符还有如下规定:

- 标识符由字母、下画线、美元符号和数字组成,但不能以数字开头。
- 标识符长度不受限制。
- 区分字母的大小写。例如,Student 和 student 是两个不同的标识符。
- 标识符不能与 Java 语言关键字重名,不能与 Java 类库中的类名重名。
- 标识符中不能有空格、@、♯、＋、－、/等符号。

2. 关键字

关键字是指被系统所保留使用并赋予特定意义的一些标识符,只能按照预先定义好的方式使用,不能被编程人员用作标识符,也不能作为其他用途。Java 的关键字对 Java 编译器有特殊的意义,它们用来表示一种数据类型或表示程序的结构等。如果它们不是作为关键字出现在 Java 程序中,则 Java 编译器会识别它们并产生错误信息。Java 语言有 51 个保留关键字,根据它们的意义分为以下几种类型。

- 数据类型:boolean、int、long、short、byte、float、double、char、class、interface。
- 流程控制:if、else、do、while、for、switch、case、default、break、continue、return、try、catch、finally。
- 修饰符:public、protected、private、final、void、static、strictfp、abstract、transient、synchronized、volatile、native。
- 动作:package、import、throw、throws、extends、implements、this、super、instanceof、new。
- 保留字:true、false、null、goto、const。

Java 中还有一类关键字(或称为预留关键字),它们虽然现在没有作为关键字,但在以后的升级版本中有可能作为关键字。例如 cast、future、generic、inner、operator、outer、rest 和 var 等都是保留字,在 Java 中也不能将它们作为标识符。

2.2.2 Java 基本数据类型

Java 中的数据类型分为基本数据类型和复合数据类型两类。Java 基本数据类型包括数值型、字符型和布尔型。复合数据类型包括类、接口和数组等,也称为引用类型,即通过对象的创建获得引用类型的值。

1. 数值型

Java 的数值型数据又分为整数和浮点数两种类型,整数不含小数点,浮点数含有小数点。整数有 byte(字节型)、short(短整型)、int(整型)及 long(长整型)四种,浮点型数据有 float(单精度浮点型)和 double(双精度浮点型)两种。图 2-1 显示了 Java 中所有的数值类型。

存储数据要占用一定的存储空间,不同类型的数据所占用的存储空间不同。所有数值类型依据其占用的内存空间大小进行区分。在设计程序的过程中，程序员需要选择大小合适的变量类型，否则有可能造成内存空间的浪费。

类型	存储位数	取值范围（十进制）	默认值
byte	8	−128~127	0
short	16	−32768~32767	0
int	32	−2147483648~2147483647	0
long	64	−9.2E+18~9.2E+18	0L
float	32	近似为−3.4E+38~−1.4E−45, 1.4E−45~3.4E+38	0.0F
double	64	近似为−1.7E+308~−2.2E−208, 2.2E−208~1.7E+308	0.0D

图 2-1　Java 中的基本数值类型

Java 认为所有的整数都是 int 型，只有在整数值后面加一个 L 或 l，才可以将其表示成 long 型值，如 69L、056L、0xfbL 等。同样，Java 认为所有的浮点值都属于 double 类型的数据。如果需要使用 float 类型的数据，则需要在数值后面加一个 F 或 f，如 3.669F、6.223f 等，当然也可以通过在数值后面加上 D 或 d 表示 double 类型，如 3.78d。

在实际应用中，特别是在给变量赋值时，应保证数值类型与变量类型的一致。下面的数据类型定义及赋值说明了这一点。

```
int num=3;
float f=5.0f;
long len=0L;
```

当然，Java 也有自动转换数值类型的机制，请参阅下一节的相关内容。

对于整型数据，我们不仅可用十进制表示，还可用八进制、十六进制表示。八进制以 0 开头，如 054、036。十六进制以 0x 开头，如 0x78、0x3AFB。而对于浮点型数值有十进制表示法与科学记数法两种。十进制形式由数字和小数点组成，例如 305.06、0.0045 等。科学记数法由数字和 e（或 E）组成，e（或 E）前必须有数字，后面是整数，例如 1234.567 可表示为 1.234567E3、0.00654 可表示为 6.54E−3。

2. 字符型

Java 中的字符型数据用 char 表示，它的值用 16 位来存储，取值范围是 0～65 535。它表示的是 Unicode 码表所定义的国际化字符集中收集的所有字符。根据 Unicode 编码，可以比较其大小，类似于 ASCII 码的比较。与其他语言一样，Java 也用单引号来表示字符型数据，如'A'、'c'、'#'、'&'与'9'等。例如

```
char grade1='A', grade2='B';
```

显然 grade1 和 grade2 可以比较大小，'A'的编码值小于'B'的编码值，所以 grade1<grade2。

3. 布尔型

布尔型（boolean）是一种表示逻辑值的简单数据类型。它的取值只能是常量 true 或

false 这两个值中的一个,在存储器中占 8 位。通常用于程序中的一些逻辑判断,从而对程序运行进行控制。例如,根据成绩的及格线 60 分判断考试是否通过。

```
int grade;
boolean passOrNo;
if (grade>=60)
    passOrNo=true;
else
    passOrNo=false;
```

2.2.3 常量和变量

在程序中经常要用到一些数据,例如学生的年龄、成绩、性别、学号等,这些值有的是已知且固定不变的,有的则随着环境或状态的变化而变化。对这些数据进行处理要求定义相应的常量和变量并为其赋值。

1. 常量

常量就是在程序运行过程中其值不会被改变的量,就像在数学中常用到的圆周率 PI=3.14。常量也叫常数或"字面量"。在 Java 中,使用关键字 final 来声明常量。其格式为:

final 数据类型 常量名称=常量值;

上式中的数据类型可以是 Java 中任一合法的数据类型,如 int、float、double、char、string 等。常量名称必须是 Java 的合法标识符,一般采用大写字母单词命名,单词与单词之间用下画线加以分割,如下所示的代码:

```
static final int MAX_WIDTH=1000;
static final double PI=3.14;
```

在 Java 语言中,按照数据的特征,可将常量分为整型、浮点型、字符型、字符串型、布尔型 5 种类型。

整型常量和浮点型常量都属于数值型,其分类及说明与 2.2.2 节相同。

字符型常量是指 Unicode 字符集中的所有单个字符,包括可以打印的字符和不可打印的控制字符。它的表示形式有四种:

① 以单引号括起来的单个字符,例如'A'、'h'、'*'、'1'。

② 以单引号括起来的"\"加 3 位八进制数,形式为'\ddd',其中 d 可以是 0~7 中的任一个数,例如'\141'表示字符'a'。ddd 的取值范围只能在八进制数的 000~777,因而它不能表示 Unicode 字符集中的全部字符。

③ 以单引号括起来的"\u"加 4 位十六进制数,例如'\u0061'表示字符'a'。这种表示方法的取值范围与 char 型数据相同,因而可以表示 Unicode 字符集中的所有字符。

④ 对于那些不能被直接包括的字符以及一些控制字符,Java 定义了若干转义序列,例如'\\'代表'\'、'\n'代表换行等。表 2-1 所示的是 Java 中的一些字符转义序列。

表 2-1　Java 中的转义序列

转义序列	含义	转义序列	含义
\'	单引号	\f	换页
\"	双引号	\n	换行
\\	反斜杠	\r	回车键
\b	退格	\t	水平制表符

字符串常量就是用双引号括起来的由零到多个字符组成的字符序列,如"Hello World!"、"I am a programmer.\n"等。字符常量的八进制、十六进制表示法以及转义序列在字符串中同样可用。要注意的是'A'与"A"是不同的,前者是字符,后者是字符串。同样 12.345 与"12.345"也是不同的,读者应注意加以区分。字符串常量可以用 String 类来定义,关于 String 类将在后续章节中详细讲述,读者在此只需要把它当作字符串类型数据即可。

布尔型常量只有两个值:true 和 false。

2. 变量

变量是 Java 程序中的基本存储单元,是在程序运行过程中其值可以改变的量。一个变量蕴含三个含义:①变量的名称。变量的名称简称变量名,它是用户自己定义的标识符,表明了变量的存在和唯一性;②变量的属性。即变量的数据类型,包括基本数据类型和复合数据类型;③变量的初值。变量的值是指存放在变量名所标记的存储单元中的数据。

Java 中的所有变量必须是先声明后使用。变量的声明方法为:

数据类型 变量名 1[=初值 1][,变量名 2[=初值 2]…];

其中,数据类型必须是 Java 的基本数据类型之一,或者是类、接口类型的名称(关于类和接口将在第 3 章和第 5 章中讨论)。变量名可以是任意合法的 Java 标识符,其命名一般以小写字母开头,如果由多个单词构成,则第一个单词的首字母小写,其后单词的首字母均大写。变量名的选用应该易于记忆且能够指出其意义。方括号中的内容是可选项,用"="号加初值给变量赋初值,例如

int math=78,english=80;

一个变量必须经过声明、赋值之后才能被使用;类型相同的几个变量可以在同一个语句中被声明及被赋初值,相互之间应用","作为间隔。

下面通过例子说明变量的定义与赋值。

例 2.2　求三门课程的平均分。

```
//文件名为 Jpro2_2.java
1   public class Jpro2_2                        //定义主类
2   {
```

```
3      public static void main(String[] args)              //定义 main()方法
4      {
5        int pro_score,eng_score,math_score;                ///声明变量
6        pro_score=89;                                      //输入三门课程成绩
7        eng_score=86;
8        math_score=93;
9        System.out.println("平均分是:"+(pro_score+eng_score+math_score)/3);
10     }
11   }
```

程序分析：程序中定义了三门课程成绩变量的类型均为整型。但程序运行有错误，因为该平均分为 89.333 这个小数，而程序运行结果为 89。这是数据类型出问题了，因为三门课程成绩变量为整数，除以 3 也是整数，求得的平均值数据类型不变，所以结果值为整数 89。如何输出呢？我们把平均值的数据类型变为小数。怎么变呢？这就涉及下面所说的类型转换及格式设置，利用类型转换把第 9 行程序修改成"System.out.format("平均分是：%.1f",(float)(pro_score＋eng_score＋math_score)/3);"这样程序运行结果就正确了。

3. 赋值语句

我们在前面已经使用了这样的语句,例如 int a＝10;,它的意思是声明变量 a 是整型变量,并且给 a 赋初值 10。这条语句与下面两条语句是等价的。

```
int a;
a=10;
```

第二条语句是一条赋值语句。赋值语句的一般形式为：

变量名=表达式;

在上式中,变量名是一个已经被声明过的变量;表达式是一个可以计算出确定值的式子,但它的值必须与变量的数据类型兼容;语句的最后必须以分号结束。

赋值语句在执行的过程中,先计算出表达式的值,然后把该值存储到赋值运算符(＝)左边的变量所代表的存储单元并覆盖其原有的值。例如

```
float value, price;
value=0.0f;            //value 初始化后值为 0        ⟶  0.0
price=0.5f;
value=12 * price;      //value 重新赋值后为 6.0       ⟶  6.0
```

4. 类型转换

Java 是强类型语言,其中的每个数据都有特定的数据类型。Java 中所有的数值传递都必须进行类型相容性检查以保证类型是兼容的。任何类型不匹配都将被报告为错误。因此,我们在进行程序设计时经常要对一些类型不同的数据进行类型转换。Java 的数据类型转换有两种情况：表达式中的自动转换和强制转换。

(1) 表达式中的自动转换

在 Java 表达式中,当涉及两个不同类型的数据运算时,系统会自动把两个不相同的类型数据转换成相同的类型再进行运算。这种转换是在程序运行过程中不需要人为干预而自动进行的,但转换是有条件的,即两种数据类型必须是兼容的,规则是把表达式中取值范围小的类型数据转换成另一取值范围大的数据的类型。例如

```
int a;
float b;
double c;
```

若有表达式 a+b+c,则先计算 a+b,a 被转换成 float 型与 b 相加,结果为 float 型;然后结果再被转换成 double 型与 c 相加,结果为 double 型数据。可自动进行转换的数据类型如表 2-2 所示。

表 2-2　自动转换的各数据类型间的关系表

源数据类型	目标数据类型	源数据类型	目标数据类型
byte	short、int、long、float、double	int	long、float、double
short	int、long、float、double	long	float、double
char	int、long、float、double	float	double

(2) 强制类型转换

对于类型不一致的数据,在写表达式时不能进行自动类型转换,这时要执行强制类型转换。

强制类型转换的一般格式为:

(目标数据类型)被转换数据

被转换数据可以是变量或表达式等,如要把 double 型变量 money 的值转换成 int型,形式为:(int)money。

若表 2-2 中的目标类型向源类型的转换都必须使用强制转换,那么这样的转换是取值范围大的向取值范围小的类型转换,但结果可能带来两个问题:精度损失和溢出。

例如将浮点型数据转换为整型数据,其结果是小数部分丢失。

```
float a=123.45f;
int b;
b=(int)a;
```

在使用数据类型的强制转换时,读者要特别注意这两个问题。另外,不管是自动转换还是强制转换,转换的只是变量或表达式的"读出值",而变量、表达式自身的类型和值均未被改变。

例 2.3　从键盘读入一个字符并输出这个字符。

```
//文件名为 Jpro2_3.java
1   import java.io.*;
```

```
2   public class Jpro2_3
3   {
4     public static void main(String args[])
5     {
6       char ch=' ';
7       System.out.println("Input a integer or character:");
8       try
9       {
10        ch=(char)System.in.read();        //从键盘中读入一个字符
11      }
12      catch(IOException e)
13      {    }
14  System.out.println("The input is \'"+ch+"\'");
15      }
16  }
```

请读者自行运行结果。

程序分析：程序定义了一个字符型变量 ch，接收输入的字符。System.in.read()表示从键盘输入流中读入一个字节并返回它的值，返回值是 0~255 的 int 值，具体请见第 7 章。由于返回值为 int 型，因此要输出这个字符，须将其强制转换为 char 型。程序中使用 try-catch 语句进行异常处理，关于异常处理的内容请参见第 6 章，读者可以去掉 try-catch 语句编译程序，查看有何错误。

2.2.4　运算符与表达式

前面我们已经用到了一些表达式，例如 a+b+c，它是一个算术表达式。其中"+"号是一个运算符，a、b、c 本身也是一个表达式。一个常量或一个变量是最简单的表达式。一般的表达式是指由数据和运算符连接在一起的符合 Java 语法规则的式子。这里的数据是常量或变量，表达式中数据的连接符+、-、*、=及<是运算符。Java 的运算符主要包括算术运算符、关系运算符、逻辑运算符等。

1. 算术运算符和算术表达式

Java 中的算术运算符主要用来对整型及浮点型数据进行运算，也可以对字符型数据进行运算。算术运算符又可以分为单目运算符和双目运算符。

(1) 单目运算符

单目运算符是指只对一个操作数运算的运算符。Java 中的单目运算符有++(自增)、--(自减)和-(取反)3 种类型。单目运算符++与--可以位于操作数的左边或右边，但在使用时是有差别的。例如

- a++、a--：表示先使用 a，再使 a 增(减)1;
- ++a、--a：表示先使 a 增(减)1，再使用 a。

（2）双目运算符

双目运算符是指算术运算符的左、右两边均要有操作数。Java 中的双目算术运算符有＋（和运算）、－（差运算）、＊（积运算）、/（除运算）及％（求余运算）。

注意：两个整数相除时其结果仍是整数，小数部分被舍去。另外，％运算符既可以对整数进行操作也可以对浮点数进行操作。当除数为 0 时，/和％运算会产生异常，需要进行异常处理。

（3）算术表达式

算术运算符连接的操作数为数值型。由算术运算符连接的式子称为算术表达式，例如＋＋a、s＝(a1＋a2＋a3) /3、totalPrice＝(weight ＊ unitPrice＋tax) ＊ discount。

2. 关系运算和逻辑运算

在程序中，一个运算的执行通常是在某个条件下，根据条件是否满足来判断运算能否执行。这个判断过程可以使用关系运算或逻辑运算。

（1）关系运算符和关系表达式

关系运算符用来比较两个值之间的大小关系。关系运算的结果是布尔型：真（true）或假（false）。Java 中的关系运算符如表 2-3 所示。

表 2-3　关系运算符

运算符	操　　作	功　　能
＝＝	操作数 1＝＝操作数 2	判断操作数 1 是否等于操作数 2
!=	操作数 1!=操作数 2	判断操作数 1 是否不等于操作数 2
＞	操作数 1＞操作数 2	判断操作数 1 是否大于操作数 2
＜	操作数 1＜操作数 2	判断操作数 1 是否小于操作数 2
＞＝	操作数 1＞＝操作数 2	判断操作数 1 是否大于或等于操作数 2
＜＝	操作数 1＜＝操作数 2	判断操作数 1 是否小于或等于操作数 2

例如

```
float grade=70,pass=60;
boolean c=grade>=pass;
```

则结果 c＝true。

（2）逻辑运算符和逻辑表达式

Java 中共有 6 个逻辑运算符。如果它们的操作数是布尔类型的数据，则其结果也是布尔类型。各逻辑运算符如表 2-4 所示。

表 2-4 中的 & 和 &&、|和||虽然具有相同的名称及功能，但其实它们是有差别的。&& 和||也被称为"短路逻辑运算符"，在运算过程中会产生"短路效应"。例如 a&&b，当 a 为 false 时不再判断 b，直接判定 a&&b 的值为 false；若是 a||b，当 a 为 true 时不再判断 b，直接判定 a||b 的值为 true。而对于 & 和|则不会出现这种情况，它们是先计算出

两边操作数的值,然后再进行逻辑判断。另外,当 &、^和|的操作数为布尔类型时,它们是逻辑运算符,进行逻辑运算;但若操作数为整数及字符,它们会作为位运算符进行位运算。

表 2-4　逻辑运算符

运算符	名称	举例	功　　能
!	逻辑非	!a	a 为真时值为假,反之为真
&	逻辑与	a&b	a、b 均为真时值为真,否则为假
^	逻辑异或	a^b	a、b 同值时值为假,异值时为真
		逻辑或	a|b	a、b 均为假时值为假,否则为真
&&	逻辑与	a&&b	a、b 均为真时值为真,否则为假
||	逻辑或	a||b	a、b 均为假时值为假,否则为真

关系运算和逻辑运算通常又称为布尔运算,一般应用于条件语句中,我们在后续内容中会经常使用布尔运算。例如判断某个整数 m 是否为偶数,其条件语句表达式为

```
if(m % 2==0)
```

例 2.4　逻辑运算示例。

```
//文件名为 Jpro2_4.java
1   public class Jpro2_4{
2     public static void main(String[] args)
3     {
4         String account="admin";
5         String password="123456";
6         final String SUCCESS="登录成功";
7         if(account.equals("admin") && password.equals("123456"))
8         {
9             System.out.println(SUCCESS);
10        }
11    }
12  }
```

请读者自行运行并分析结果。

2.2.5　其他运算符

除了以上运算符外,还有其他运算符,如三元运算符、位运算符及赋值运算符等。

1. 三元运算符

在 Java 中,有一种特别的三元运算符构成的条件表达式。使用的格式如下所示:

条件表达式?语句 1:语句 2

其中的?和:称为三元运算符,它们必须一同出现,此运算符需要三个操作数。其中语句 1 和语句 2 可以是复合语句。意思是,当条件表达式值为 true 时,执行语句 1,否则执行语句 2。

说明:

① 条件表达式运算符的优先级别很低,仅优先于赋值运算符。

② 条件运算符的结合性为自右向左。例如

(a>b)?a:(c>d)?c: d

其中 a=5、b=8、c=1、d=9。根据右结合性,应先计算(c>d)?c:d。因为 1>9 为 false,故取 d=9 为该表达式的结果。再计算(a>b)?a:d,则最终结果为 9。

2. 位运算符

在 Java 中,可以使用位运算直接对整数类型和字符类型的数据的位进行操作。Java 中的位运算符如表 2-5 所示。

表 2-5 位运算符

运算符	名　称	举　例	功　　能
~	按位非	~a	a 按位取反
<<	左移	a<<b	a 左移 b 位,右边补 0
>>	带符号右移	a>>b	a 右移 b 位,若 a 的最高位为 1,左边补 1,否则补 0
>>>	无符号右移	a>>>b	a 右移 b 位,左边补 0
&	按位与	a&b	a 和 b 按位与
^	按位异或	a^b	a 和 b 按位异或
|	按位或	a|b	a 和 b 按位或

Java 中的数是以补码表示的。正数的补码就是其原码,负数的补码是其对应的正数按位取反(1 变为 0,0 变为 1)后再加 1。关于位运算的各运算方法,读者可以从下面的例子中细心体会。

例:byte a=7,b=−7,c=15,d=42,则

a:00000111　　　　　　　　b:11111001

c:00001111　　　　　　　　d:00101010

~c=−16:11110000

a<<2=28:00011100　　b>>2=−2:11111110　　b>>>2=62:00111110

c&d=10:00001111　　c^d=37:00001111　　c\|d=47:00001111
　　　　&00101010　　　　　　^00101010　　　　　　\|00101010
　　　--------------　　　　　--------------　　　　　--------------
　　　00001010　　　　　　00100101　　　　　　00101111

3. 赋值运算符和赋值表达式

关于赋值运算符"＝",我们在前面已多次用到,相信读者已不陌生。例如 a＝b 就是把变量 b 的值赋给变量 a,则 b 与 a 的值相同,a 原来的值丢弃。赋值运算符两边的数据类型可以不相同但必须相容,当数据类型不相同时,若右边数据的取值范围小于左边数据,则会自动转换;反之,则必须强制转换。除了上面的"＝"之外,还有一些扩展的赋值运算符。这些扩展的赋值运算符的使用不仅可以使程序表达简练,而且可以提高程序的编译速度。扩展的赋值运算符就是把赋值运算符与算术运算符、逻辑运算符或位运算符中的双目运算符结合起来而形成的赋值运算符,如表 2-6 所示。

表 2-6　扩展的赋值运算符

运算符	名　　称	举　　例	功　　能
＋＝	加并赋值	a＋＝b	a＝a＋b
－＝	减并赋值	a－＝b	a＝a－b
＊＝	乘并赋值	a＊＝b	a＝a＊b
/＝	除并赋值	a/＝b	a＝a/b
％＝	取余并赋值	a％＝b	a＝a％b
&＝	按位(逻辑)与并赋值	a&＝b	a＝a&b
^＝	按位(逻辑)异或并赋值	a^＝b	a＝a^b
|＝	按位(逻辑)或并赋值	a|＝b	a＝a|b
＜＜＝	左移并赋值	a＜＜＝b	a＝a＜＜b
＞＞＝	带符号右移并赋值	a＞＞＝b	a＝a＞＞b
＞＞＞＝	无符号右移并赋值	a＞＞＞＝b	a＝a＞＞＞b

显然,用赋值运算符连接起来的式子就是赋值表达式。表 2-6 的第 3 列和第 4 列全部是赋值表达式。

4. 运算符优先级

Java 语言中的一个表达式包含了多个运算符,关于哪个运算符先运算哪个后运算,其与数学中的运算规则类似,也要有规则,即设置运算符的优先级。Java 语言运算符的运算级别共分为 15 级,其中 1 级的优先级最高,15 级最低,如表 2-7 所示。例如,计算下列表达式的值:

```
int a=3,b=8,c;
c=a+++b;
```

上述第二条语句被执行后,变量 a、b、c 的值分别是多少呢? 如果表达式被理解为 c＝a＋(＋＋b),那么 a＝3、b＝9、c＝12。其实结果并不是这样,而是 a＝4、b＝8、c＝11。

这是因为运算符＋＋作为"先用后增"运算符的优先级高于作为"先增后用"运算符的优先级。在此建议初学者在写表达式时多使用括号，这样既能防止引起混乱，又方便别人阅读你的程序代码。

表 2-7　运算符的优先级

优先级	运算符	含义	结合性
1	[ ]、.、( )	数组下标、对象成员、计算及方法调用	从左到右
	++、--	先用后增、先用后减	
2	++、--	先增后用、先减后用	从右到左
	+、-	正号、负号	
	~、!	按位非、逻辑非	
3	new、(类型)	对象实例化、强制类型转换	从右到左
4	*、/、%	乘、除、取余	从左到右
5	+、-	加、减	从左到右
6	<<、>>、>>>	左移、带符号右移、无符号右移	从左到右
7	<、<=	小于、小于或等于	从左到右
	>、>=	大于、大于或等于	
8	==、!=	相等、不等	从左到右
9	&	逻辑(按位)与	从左到右
10	^	逻辑(按位)异或	从左到右
11			逻辑(按位)或	从左到右
12	&&	逻辑与	从左到右
13	||	逻辑或	从左到右
14	? :	条件运算符	从右到左
15	=	赋值	从右到左
	扩展赋值符	扩展赋值	

例 2.5　判断某一年是否为闰年。

```
//文件名为 Jpro2_5.java
1   public class Jpro2_5
2   {
3       public static void main(String args[])
4       {
5           int year=2020;
6           boolean t;
7           t=year%400==0||year%4==0&&year%100!=0;
8           System.out.println(year+" is intercalary year="+t);
```

```
9      }
10   }
```

运行结果为：

```
2020 is intercalary year=true
```

注意：第 7 行语句是一个赋值运算表达式，右边部分是逻辑表达式，其中包含算术运算、关系运算和逻辑运算，请读者给出该表达式的运算级别并分析结果。

程序分析：本程序每次运行只能判断一个年份是否为闰年，如果要判断另一个年份是否为闰年，则要修改语句 int year＝2020;中的数值，因此很不方便。如果采用从命令行接收数据的方法，将大大改善程序。将语句

```
int year=2020;
```

修改为下面的语句即可。

```
Scanner in=new Scanner(System.in);
int year=in.nextInt();
```

这样，如果要判断 2020 年是否为闰年，在程序运行输入参数时只需要输入 2020，就可计算输入的年份是否为闰年。再运行一次，输入另一个年份，则可判断其他年份是否为闰年。

实际上使用命令行接收参数仍不是一个好方法，尤其当判别连续的年份时。在 2.3 节中我们将通过学习循环语句更加方便地解决这个问题。

【练习 2.2】

1. [单选题]（   ）是合理的标识符。
   A. i＋＋   B. 5age   C. $y   D. case

2. [单选题]对于下列代码：

```
int a,b=3;
```

以下（   ）是正确的。
   A. a 被初始为 0，而 b 是 3   B. 不能通过编译
   C. a 不会被初始化，而 b 是 3   D. a 和 b 的初始值都是 3

3. [单选题]MAX_LENGTH 是 int 型常量，值为 99，可用（   ）简短语句定义这个变量。
   A. int MAX_LENGTH＝99;
   B. final int MAX_LENGTH＝99;
   C. final public int MAX_LENGTH＝99;
   D. final INT MAX_LENGTH＝99;

4. [单选题]以下代码片段执行后，num 的值是（   ）。

```
int num=(int)5.5;
num %=2;
```

   A. 0   B. 1   C. 2   D. 3

思政素材

2.3 基本控制结构与实现

在引例中分别应用了程序设计中的三种基本结构：顺序结构、选择结构和循环结构。在解决具体问题时，通常采用选择语句、循环语句实现相应的算法。顺序结构程序的执行完全按照程序书写顺序执行，是最简单的一种基本结构。在前面的章节中，程序的结构采用的基本上是顺序结构，下面将详细介绍选择结构和循环结构的编程方法。

2.3.1 选择结构

选择结构用于判断选择语句中给定的条件是否满足（条件值为 true 或 false），决定是否执行某个分支程序段。Java 有如下几种类型的选择语句：单分支 if 语句、双分支 if…else 语句、嵌套 if 语句、if…else if 语句、多分支 switch 语句等。

1. 单分支 if 语句

单分支 if 语句格式如下：

```
if(布尔表达式)
{语句块;}
```

程序执行流程图如图 2-2 所示。

执行过程是，如果布尔表达式值为 true，则执行语句块；否则，不执行语句块，程序执行流程转移到 if 后面的语句。例如

```
if(x>0)
y=1;
```

表示当 x>0 的值为 true 时，执行语句"y=1;"。

说明：

① 布尔表达式可以是布尔类型的常量、变量、关系表达式或逻辑表达式等，如果是其他类型，则编译出错。布尔表达式必须写在括号()中。

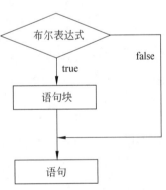

图 2-2 单分支 if 语句流程图

② 语句块的语句可以是 Java 中的任何语句，若只有一条语句，可以省略{}；若为复合语句，则必须使用{}。

例如，定义 int x=-5;，在以下两个程序段中，x>0 的值为 false，if 语句块均不执行。

程序段一

```
int y=0;
if(x>0)
  y=1;
```

```
System.out.println("y="+ y);
```

程序段二

```
int y=0;
if(x>0)
  {y=1;
  System.out.println("y="+ y);
  }
```

在程序段一中,单语句 y=1;为 if 语句块,该语句不执行;y 的值仍然为 0,跳出 if 语句后执行输出语句,输出结果为:

y=0

在程序段二中没有输出结果,请读者自行分析。

例 2.6   从键盘输入一个整数,判断该整数是否是偶数。

分析:判断输入的整数是否能被 2 整除,设置判断的布尔表达式为 num%2==0。若条件成立,则输出该数是偶数的提示信息。

程序源代码如下:

```
//文件名为 Jpro2_6.java
1  import javax.swing.JOptionPane;                //引入类 JOptionPane
2  public class Jpro2_6{
3    public static void main(String[] args){
4      String intString=JOptionPane.showInputDialog(null,"请输入一个整数: ",
       "例 2.6", JOptionPane.QUESTION_MESSAGE); //从键盘输入数据
5      int num=Integer.parseInt(intString);      //将 intString 转换成 int 型
6      if(num%2==0)                              //判断 num 是否为偶数
7        System.out.println(num+"是偶数。");
8    }
9  }
```

程序运行后首先出现如图 2-3 所示的对话框,如果输入 240,则输出“240 是偶数。”。

图 2-3   例 2.6 输入对话框

注意:本例又介绍了一种输入数据的方法,读者可以根据题目需要选择应用。

2. 双分支 if…else 语句

单分支 if 语句在指定条件为 true 时执行语句,否则不执行任何操作。如果要执行双

选择操作,可以应用双分支 if…else 语句来实现。if…else 语句的格式如下:

```
if(布尔表达式)
    {语句块1;}
else
    {语句块2;}
```

程序执行流程图如图 2-4 所示。

执行过程是,如果布尔表达式值为 true,执行语句块 1;否则执行语句块 2。

例如,下面是计算一个数的绝对值的函数。

$$y = \begin{cases} x & (x \geqslant 0) \\ -x & (x < 0) \end{cases}$$

可以用以下的程序段实现:

```
if(x>=0)
    y=x;
else
    y=-x;
```

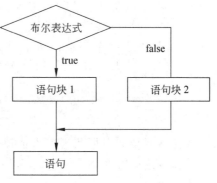

图 2-4   if…else 语句流程图

注意:以上函数也可以用下面的条件表达式实现:

```
y=(x>=0)?x:-x
```

例 2.7   用 Math 类的 random()方法产生一个 0~1 的实数,若该数大于或等于 0.5,则输出"num>=0.5",否则输出"num<0.5"。

分析:random()方法产生的随机数在 0.0 和 1.0 之间。要判断该数是否大于或等于 0.5,此处设置判断的布尔表达式为 num>=0.5。若布尔表达式值为 true,则输出"num>=0.5";否则,即布尔表达式值为 false,则输出"num<0.5"。

程序源代码如下:

```
//文件名为 Jpro2_7.java
1   public class Jpro2_7{
2   public static void main(String args[])
3   {
4     double num;
5     num=Math.random();  //产生一个随机数,关于该方法的具体应用请参考 Math 类相关 API
6     if(num>=0.5)
7       System.out.println("num>=0.5");
8     else
9       System.out.println("num<0.5");
10    }
11  }
```

请读者自行分析程序结果。

3. 嵌套 if 语句

if 语句或 if…else 语句中的语句块可以是任何合法的 Java 语句,包括 if 或 if…else 语句,我们称之为嵌套 if 语句。嵌套可以一层一层展开,原则上没有深度的限制。但是,嵌套的层数不宜过多。例如,下面就是一个嵌套的 if 语句。

```
if(score1>80)
{
    if(score2>80)
        System.ou.println("score1 和 score2 都大于 80。");
    else
        System.ou.println("score1 大于 80,score2 小于或等于 80。");
}
```

嵌套的 if 语句可以实现多重选择。例如下面的程序段,它要求根据加、减、乘、除运算符计算表达式的值。

```
int x=5,y=4,z;
char ch='+';
if(ch=='+')
    z=x+y;
else if(ch=='-')
    z=x-y;
else if(ch=='*')
    z=x*y;
else(ch=='/')
    z=x/y;
System.out.println(z);
```

这个程序段的执行过程是,从第一个 if 语句开始依次判断布尔表达式的值,当出现某个值为 true 时,则执行其对应的语句;如果所有布尔表达式的值为 false,则执行 else 后的语句。只要一个条件满足,执行相应语句后 if 语句就结束,而不再对后面的布尔表达式进行判断。如果当前运算符是"+",则进行加法运算。以上 if…else if 语句可以实现多重条件选择。

4. switch 语句

过多使用嵌套的 if 语句会增加程序阅读的困难,Java 提供了 switch 语句来实现多重条件选择。switch 语句根据表达式(整型或字符型)的值来选择执行多分支语句,一般格式如下:

```
switch(整型或字符型表达式){
    case 常量表达式 1: 语句序列;[break;]
    case 常量表达式 2: 语句序列;[break;]
        ⋮
```

```
    case 常量表达式 N: 语句序列;[break;]
   [default: 语句序列;]
}
```

执行过程是,计算整型或字符型表达式的值,并且依次与 case 后的常量表达式值相比较,当两者值相等时,即执行其后的语句。

说明:

① 整型或字符型表达式必须为 byte、short、int 或 char 类型。

② 每个 case 语句后的常量表达式值必须是与表达式类型兼容的一个常量(它必须为一个常量,而不是变量),重复的 case 值是不允许的。

③ 关键字 break 为可选项,放在 case 语句的末尾。执行此语句后,将终止当前 switch 语句。若没有 break 语句,将继续执行下面的 case 语句,直到 switch 语句结束或遇到 break 语句。

④ default 为可选项。当指定的常量表达式都不能与 switch 表达式的值匹配时,将选择执行 default 后的语句序列。case 语句和 default 语句的次序无关紧要,但习惯上将 default 语句放在最后。

例 2.8 将上述根据加、减、乘、除运算符计算表达式值的问题用 switch 语句实现。
程序源代码如下:

```
//文件名为 Jpro2_8.java
1   import java.io.*;
2   public class Jpro2_8
3   {
4     public static void main(String[] args) throws IOException
5     {
6       int x=5,y=4,z=0;
7       char ch;
8       BufferedReader buf;          //声明缓冲字符输入流类对象 buf
9       buf=new BufferedReader(new InputStreamReader(System.in));
10      ch=(char)buf.read();
11      switch(ch)
12      {
13        case '+': z=x+y;System.out.println(x+"+"+y+"="+z); break;
14        case '-': z=x-y;System.out.println(x+"-"+y+"="+z); break;
15        case '*': z=x*y; System.out.println(x+"*"+y+"="+z);break;
16        case '/': z=x/y; System.out.println(x+"/"+y+"="+z);break;
17        default: System.out.println("输入的运算符不符合要求!");
18      }
19    }
20  }
```

请读者自行运行程序并分析结果。

第 2 章 程序设计基础   ㊲

2.3.2 循环结构

循环结构是程序设计中实现重复操作的一种结构。其特点是,在给定条件成立时,反复执行某程序段,直到条件不成立终止。给定的条件称为循环条件,反复执行的程序段称为循环体。Java 提供了三种形式的循环结构:while 循环、do…while 循环以及 for 循环。

1. while 循环

while 循环又称当型循环,它的格式如下:

```
while(布尔表达式) {
    循环体;
    }
```

执行过程是,判断布尔表达式的值,当其为 true 时,执行循环体;当布尔表达式的值为 false 时,循环结束。while 循环的程序执行流程图如图 2-5 所示。

例如,下列程序段在同一行输出 10 个 A。

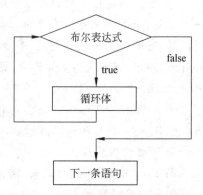

图 2-5　while 循环的程序执行流程图

```
int i=1;
while(i<=10){
    System.out.print ("A");
    i++;}
```

上述程序段的循环条件是布尔表达式 i<=10,循环体是{}中的两条语句。程序段执行时根据 i 的值判断 i<=10 的值为 true,则执行循环体;否则退出循环。循环体被执行 10 次,当 i=11 时,退出循环。

说明:

① 若循环体语句为单语句,{}可以省略;否则,不能省略{}。

② 若首次执行时循环条件为 false,则循环体一次也不执行;若循环条件永为 true,则循环体一直执行,称为死循环。在循环体中应包含使循环结束的语句,以避免死循环。

③ 允许 while 语句的循环体也是 while 语句,从而形成循环的嵌套。

例 2.9　计算 1-2+3-4…-100。

分析:一组有规律的数据的计算一般都用循环程序来解决。程序中定义整型变量 sum 和 i,其中 sum 用于存放和,初值为 0,i 用作循环控制变量及其第二个加数,初值为 1。该算式中奇数项是加法,偶数项是减法,可以将第二个加数乘以标志变量来实现各项运算符的变化。

程序源代码如下:

```
//文件名为 Jpro2_9.java
1   public class Jpro2_9{
2   public static void main(String args[])
```

```
3    {
4       int i,sum=0;
5       int flag=1;              //设置标志变量,控制运算符
6       i=1;                     //设循环初值
7       while(i<=100)
8       {                        //设循环条件为 i<=100
9          sum+=flag*i;
10         i++;                  //在循环体中执行 i++
11         flag=flag*(-1);
12      }
13   System.out.println("1-2+3-4…-100="+sum);
14      }
15   }
```

程序运行结果如下所示：

```
1-2+3-4...-100=-50
```

2. do-while 循环

do-while 循环语句的特点是先执行循环体,再判断循环条件是否成立,格式如下：

```
do{
    循环体;
   }while(布尔表达式);
```

执行过程是,首先执行一次循环体语句,然后判断布尔表达式的值,当其值为 true 时,返回重新执行循环体语句,如此反复,直到表达式的值为 false,循环结束。其流程图如图 2-6 所示。

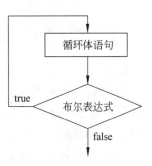

do-while 循环首先执行循环体,再判断循环条件。如果条件成立,则重复执行循环体;条件不成立,则结束循环,循环体至少被执行一次。而 while 循环首先判断循环条件,若条件不成立,则循环体一次也不执行,直接退出循环。这是 do-while 循环和 while 循环最大的区别。

图 2-6   do-while 循环的程序执行流程图

do-while 循环语句可以组成多重循环,而且也可以和 while 语句相互嵌套。

例 2.10 用 do-while 循环计算 $1-2+3-4……-100$。

程序源代码如下：

```
//文件名为 Jpro2_10.java
1    public class Jpro2_10{
2    public static void main(String[] args)
3    {
4       int flag=1;
5       int i,sum=0;
```

```
6        i=1;
7        do{
8            sum+=flag*i;
9            i++;
10           flag=flag*(-1);
11          }while(i<=100);
12       System.out.println("1-2+3-4...-100="+sum);
13       }
14   }
```

请读者自行运行程序并分析结果。

注意：在 do-while 语句的 while(表达式)后必须加分号。

通过上面两例,我们发现,对同一个问题可以用 while 循环语句处理,也可以用 do-while 循环语句处理。一般情况下,可以用两种语句处理同一问题,但要注意循环控制条件有些情况下可能不同。

3. for 循环

for 循环的使用最为灵活,可以用于循环次数已经确定的情况,也可以用于循环次数不确定但循环结束条件已知的情况。它可以取代 while 循环和 do-while 循环。for 循环语句的一般格式如下:

```
for(表达式1;表达式2;表达式3)
    {循环体;}
```

说明:

① ()内的三个表达式之间用分号分隔。其中,表达式 1 是 for 循环的初始化部分,一般用来设置循环控制变量的初值。表达式 1 允许并列多个表达式,之间用逗号分隔,它仅在循环开始时执行一次;表达式 2 一般为条件表达式,结果为布尔型;当值为 false 时,退出循环;值为 true 时,则重复执行循环体。表达式 3 一般是增量表达式,该式决定循环控制变量的变化方式。

② 每执行循环体一次,就要重新计算表达式 3,然后由表达式 2 判断,决定循环体是否继续执行。循环体若为一条语句,{}可以省略;若为多条语句,{}不可省略。

例 2.11　用 for 循环计算 $1-2+3-4\cdots-100$。

程序源代码如下:

```
//文件名为 Jpro2_11.java
1  public class Jpro2_11
2  {
3      public static void main(String[] args)
4      {
5          int flag=1;
6          int sum=0;
7          for(int i=1;i<=100;i++){
```

```
8          sum+=flag*i;
9          flag=flag*(-1);
10       }
11    System.out.println("1-2+3-4...-100="+sum);
12    }
13 }
```

请读者自行运行程序并分析结果。

注意：for 循环、while 循环以及 do-while 循环都允许嵌套，并且可以相互嵌套，构成多重循环结构。

for 循环的使用方式比较灵活，可以有以下几种形式。

① 在 for 语句的表达式 1 中允许定义多个变量，这些变量的数据类型相同并且它们的作用域仅限于循环体内。例如，计算 5!。

```
for(int i=1,p=1;i<=5;i++)
    p*=i;
```

② 在 for 语句中可以省略表达式 1。例如，计算 5!。

```
int i=1,p=1;
for(;i<=5;i++)
    p*=i;
```

③ 在 for 语句中可以省略表达式 2，不对循环条件进行判断，这会造成无限循环。一般可以采用在循环体内设置转移语句 break 来跳出循环。例如，计算 5!。

```
int p=1;
for(int i=1;;i++)
  {
    if(i>5)break;        //结束循环
    p*=i;
  }
```

循环体内的 if(i>5)break;语句表示，当 i 的值大于 5 时，则跳出循环，它代替了原来表达式 2 所起的作用。

④ 在 for 语句中可以省略表达式 3。例如，计算 5!。

```
int p=1;
for(int i=1;i<=5;)
  {  p*=i;
   i++;}              //改变循环变量 i 的值
```

⑤ for 语句中的各表达式都可以为空，但分号不能少。例如

```
for(;;)
```

在这种形式中，循环体内外应有相关语句实现各表达式的功能。

⑥ for 循环体可以是空语句，即循环过程什么也不做，仅产生一个时间延迟的效果。

例如

```
for(int i=10;i>=1;i--);
```

2.3.3 控制转移语句

控制转移可以有条件地改变程序的执行顺序。Java 支持三种控制转移语句：break 语句、continue 语句和 return 语句。

1. break 语句

break 语句的作用是使程序的执行流程从一个语句块内部转移出去。它只在 switch 语句和循环语句中使用，允许从 switch 语句的 case 子句中或从循环体内跳出。

break 语句分为带标号和不带标号两种形式。

```
break;
break 标号名;
```

其中，标号名用标识符表示，用来标识 break 语句欲跳出的语句块，它必须位于 break 语句所在的封闭语句块的开头处；标号名用冒号与其后面的语句分开。

带标号的 break 语句可以从多重循环体的最内部跳出所有的循环，而不带标号的 break 语句只能跳到当前循环外层。

例 2.12 break 语句应用示例。

程序源代码如下：

```
//文件名为 Jpro2_12.java
1   public class Jpro2_12
2   {
3       public static void main(String args[])
4       {
5           for(int i=0; i<10; i++){
6               if(i==5) break;        //若 i 为 5 则终止循环
7               System.out.print("i="+i);
8           }
9       }
10  }
```

程序运行结果如下：

```
i=0  i=1  i=2  i=3  i=4
```

注意：在程序中，当 i 的值为 0、1、2、3、4 时，i==5 的值为 false，不执行 break 语句，而是执行输出语句；当 i 的值变化到 5 时，i==5 的值为 true，执行 break 语句而中断循环，循环结束。本程序循环执行的次数为 5。

2. continue 语句

continue 语句只能用在循环语句中,它的作用是终止当前这一轮循环,跳过本轮剩余的语句,直接进入下一轮循环。continue 语句具有带标号和不带标号两种形式。

```
continue;
continue[标号名];
```

这个标号名必须放在循环语句之前,用于标识这个循环体。在 while 和 do-while 循环中,不带标号的 continue 语句使程序流程直接跳到循环条件的判断上;在 for 循环中,不带标号的 continue 语句直接计算表达式 3 的值,再根据表达式 2 的值决定是否继续循环。

例 2.13　continue 语句应用示例。

程序源代码如下:

```
//文件名为 Jpro2_13.java
1   public class Jpro2_13
2   {
3       public static void main(String[] args)
4       {
5           for(int i=0;i<10;i++){
6           if(i==5)continue;
7           System.out.print("i="+i);
8           }
9       }
10  }
```

程序运行结果如下:

```
i=0  i=1  i=2  i=3  i=4  i=6  i=7  i=8  i=9
```

注意:在程序中,当 i 的值为 0、1、2、3、4 时,i==5 的值为 false,不执行 continue 语句,而是执行输出语句;当 i 的值变化到 5 时,i==5 的值为 true,执行 continue 语句,跳过输出语句,然后转向执行 for 语句中的 i++,开始下一轮循环。

请读者注意例 2.12 和例 2.13 的区别。

3. return 语句

return 语句用在某个方法中,当程序执行到这条语句时,终止当前方法的执行,返回到调用这个方法的位置之后。

return 语句有带参数和不带参数两种形式。

```
return;
return(表达式);
```

带参数的形式也可以为:

return 表达式；

不带参数的 return 语句被执行时，不返回任何值。这种方法的返回值类型为 void 类型。在没有返回值的方法体中，也可以不用 return 语句，程序执行完方法体的最后一条语句后，遇到方法的结束标志"}"时，程序流程将自动返回到调用这个方法的程序中。

带参数的 return 语句后面跟一个表达式，当程序执行到这个语句时，就计算这个表达式，然后将其值返回到调用该方法的程序中。当表达式值的数据类型与方法的数据类型不一致时，以方法的数据类型作为返回值类型。

关于 return 语句的应用在后续内容中将有多处涉及。

【练习 2.3】

1. switch 后的表达式的值是哪些数据类型？使用 switch 语句需要注意什么？

2. while 语句和 do-while 语句之间的区别是什么？

3. 下列程序段执行后，k 的值是（　　）。

```
int x=3,y=5,k=0;
switch(x%y+3){
  case 0: k=x*y;break;
  case 6: k=x/y;break;
  case 12: k=x-y;break;
default : k=x*y-x;break;
}
```

    A. 12   B. 0   C. 15   D. -2

4. 下列程序的执行结果是（　　）。

```
public class A{
    public static void main(String[] args){
        int a=3;
        int b=4;
        int x=5;
        if(a*a+b*b==x*x)
            x=x<<(b-a);
        System.out.print(x);
    }
}
```

    A. 5   B. 6   C. 10   D. 3

5. 下列程序执行之后，将会输出（　　）。

```
public class A{
    public static void main(String[] args){
        int j=0;
        for(int i=3;i>=0;i--)
        {j+=i;
```

```
        System.out.print(j);
        }
    }
}
```

    A. 3566   B. 3522   C. 6753   D. 3255

6. 下列语句执行之后, j 的值是(   )。

```
int j=9,i=6;
while(--i!=3)
  j=j+2;
```

    A. 9   B. 11   C. 13   D. 15

7. 下列语句执行之后, j 的值是(   )。

```
int j=0;
for(int i=5;i>0&j<10;i--)
  j+=i;
```

    A. 9   B. 10   C. 11   D. 12

2.4 使 用 数 组

在例 2.1 中,学生成绩存储在数组中,如果用基本变量来存储这 50 个学生数据,则需要 50 个变量,这样的程序健壮性和可移植性非常差。而引例使用一个数组变量便可存储 50 个相互独立访问的数据,大大提高了程序的效率。这就是程序设计语言中引入数组的主要原因。

2.4.1 创建数组

数组是 Java 中的一种复合数据类型,它是由类型相同的数据组成的有序数据集合。集合中的每个数据都是一个数组元素。数组的特点如下:

- 每个数组元素的数据类型都是相同的,在数组声明时定义。
- 内存中数组的各个元素是连续有序的。
- 所有元素共用一个数组名,利用数组名和下标唯一地确定数组中每个元素的位置。

数组要经过声明、分配内存以及赋值后,才能被使用。

1. 声明数组

数组的声明方式有下面两种:

- 数据类型 数组名[];
- 数据类型[]数组名。

数组类型既可以是基本数据类型,也可以是复合数据类型,甚至还可以是其他的数组类型数据。数组名命名规则和变量名相同,遵循标识符命名规则。

以下是几个数组声明的例子:

```
int array_int[];
double array_double[];
char str1[];
String[] str2;
```

以上语句声明了一个整型数组 array_int、一个双精度型的数组 array_double、一个字符数组 str1 以及一个 String 类数组 str2(str2 中的每个元素可存放一个字符串)。

2. 创建数组

数组中元素的个数称为数组大小或数组长度。与其他高级语言不同的是,在声明数组时不能指定它的长度,必须通过创建数组来指定长度。可用以下方法来创建数组。

利用关键字 new 来为数组分配内存,即创建数组。创建数组的格式如下:

数组名=new 数据类型[数组长度];

例如

```
mlist=new int[10];
```

这条语句创建了一个数组名为 mlist 的数组,有 10 个数组元素,为 int 型。

数组被创建以后,每个数组元素将获得与定义的数据类型相应大小的内存,同时自动用数据类型的默认值初始化所有的数组元素。各数据类型的默认值分别如下。

* 整型:0
* 实型:0.0f 或 0.0D
* 字符型:'\0'
* 类对象:null

创建数组之后不能改变其大小。使用数组的 length 属性可以获得其长度,格式如下:

数组名.length

例如

```
mlist.length=10;
```

如果声明了一个数组但没有用 new 来开辟空间,则数组不指向任何内存空间,其值为默认值。声明一个数组并开辟内存空间后,则数组名是指向该内存空间的首地址。

声明数组变量以及创建数组可以组合在一条语句中,有下面两种形式:

数据类型[] 数组名=new 数据类型[数组长度];
数据类型 数组名[]=new 数据类型[数组长度];

例如

```
int array_int[]=new int[10];
```

这条语句声明并创建了一个 int 型的数组 array_int,该数组包含 10 个元素。语句执行后,数组 array_int 将获得 10 个连续的内存空间。也可以这样理解,10 个数组元素相当于定义了 10 个变量,只是它们之间的处理更方便。

3. 数组的赋值及引用

数组声明和创建后,使用数组元素前必须先赋值。数组的赋值有以下两种形式。

(1) 声明数组的同时初始化数组

因为数组是引用类型,所以它们的赋值与基本类型变量的赋值是不同的。

如果已知一组数据元素序列并要保存到数组中,那么可以将这一组有序的元素放在大括号中,各元素之间用逗号隔开,将其赋给数组,实现声明数组的同时并赋值。格式如下:

数据类型[] 数组名={第一个元素,第二个元素,第三个元素,… };

例如

```
int[] a={1,2,3,4,5};
float[] b={1.0f,2.0f,3.0f,4.0f,5.0f};
char[] c={'q','w','e','r','t'};
```

以上语句分别声明并创建了 int 型数组 a、float 型数组 b 和 char 型数组 c,大括号中是各数组相对应元素的值。

(2) 先声明并创建后再赋值

例如

```
int[] array1=new int[10];
```

声明了包含 10 个元素的整型数组 array1 并为该数组分配了存储空间,然后可通过赋值语句给数组中的各个元素赋值。例如

```
array1[0]=6;
array1[1]=7;
array1[2]=8;
```

数组元素 array1[0]、array1[1]和 array1[2]分别被赋值为 6、7、8。

数组通过以上两种形式被赋值后,就可以被引用了。实际上,在创建数组时,数组元素已被初始化为数据类型的默认值,但没有任何意义。因此,一般会重新赋值。

数组元素通过其下标引用,下标范围为 0～数组名.length-1。引用格式如下:

数组名[下标];

例如,mlist[0]表示引用数组 mlist 中的第一个元素,mlist[1]表示引用数组 mlist 中

的第二个元素。下标必须为一个整数或一个整型表达式。引用数组元素时,方括号中的下标不能超出它的取值范围。下面是一个数组引用的程序段。

```
for(int i=0;i<a.length;i++)
System.out.println(a[i]);
```

上面的 for 循环实现的功能是依次输出数组 a 中每个元素的值。

通常,Java 会自动进行数组下标越界检查,如果下标超出该范围,会产生 ArrayIndexOutOfBoundsException 异常,即数组下标越界异常。因此,编写程序时最好使用数组的 length 属性获得数组大小,从而使下标不超出其取值范围。程序编译时,数组下标越界没有错误提示,但当程序运行时会产生运行错误。

例 2.14 借用例 2.1,要求输出所有同学成绩并输出该课程的最高分和最低分。

分析:输出数组元素是一个重复操作,可以用 for 循环实现,应用 println() 和 print() 方法可控制输出格式。求最小值可以用以下算法实现:定义变量 min 存放最低成绩,定义变量 max 存放最高成绩。先将 pro_score[0] 的值赋给 min,然后 min 分别与 pro_score[i] (i=1~pro_score.length−1) 比较。若 pro_score[i] 小于 min,则将 pro_score[i] 的值赋给 min,否则 min 不变。比较操作完成后,min 中存放的数值即为数组 pro_score 中的最小值,即最低成绩。求最高成绩的方法同上(下列代码中没有输入所有同学成绩)。

程序源代码如下:

```
//文件名为 Jpro2_14.java
1    import java.io.*;
2    import java.util.*;
3    public class Jpro2_14
4     {
5      public static void main(String args[])
6      {
7        int i,min,max;
8        int pro_score[]=new int[50];            //声明定义数组
9        Scanner reader;                         //声明输入流类对象 reader
10       reader=new Scanner(System.in);
11       max=min=pro_score[0]=reader.nextInt();
12       for(i=1;i<pro_score.length;i++)         //定义循环体
13       {
14         if(pro_score [i]<min)
15           min=pro_score [i];
16           if(pro_score [i]>max)
17             max=pro_score [i];
18           }
19       System.out.println();
20       System.out.println("最高成绩是:"+max);
21       System.out.println("最低成绩是:"+min);
22      }
```

```
23  }
```

请读者自行运行程序并分析结果。

2.4.2　字符数组

字符数组中的每个元素都是字符类型的数据,它的创建方法与一般的数组相似。

1. 字符数组的声明和创建

首先是字符数组的创建。例如

```
char ch[]=new char[10];
```

该语句声明并创建了字符数组 ch,其中可以存储 10 个字符。

字符数组可以初始化。例如

```
char ch={'a', 'b', 'c ', 'd ', 'e '};
```

其中,ch 是一个字符数组,共有 5 个元素:ch[0]为'a'、ch[1]为'b',ch[2]为 'c '、ch[3]为'd '、ch[4]为'e '。

字符数组的元素可以被赋值。例如

```
ch[1]='d ';
```

下面通过 for 循环语句给一个字符数组赋值。

```
char ch[]=new char[100];
for(int i=0;i<26;i++)
  ch[i]='A'+i;
```

经过上述循环后,数组 ch 中将存储 26 个大写字母。

2. 字符串与字符数组

字符串不是字符数组,但是可以转换为字符数组,反之亦然。字符串和字符数组之间的转换有以下几种形式。

(1) 使用 toCharArray 方法将字符串转换为字符数组。

例如,下列语句将字符串"word"中的字符转换为数组 charArray 中的数组元素。

```
char[] charArray="word".toCharArray();
```

则 charArray[0]是'w'、charArray[1]是'o'、charArray[2]是'r '、charArray[3]是'd'。

(2) 使用 String(char[])构造方法或 valueOf(char[])方法将字符数组转换为字符串。

例如,下列语句使用 String 类的构造方法通过数组构造了一个字符串。

```
String str=new String(new char[]{'w','o','r','d'});
```

下列语句使用 valueOf 方法通过数组构造了一个字符串。

```
String str=String.valueOf(new char[]{'w','o','r','d'});
```

关于此知识点的详细介绍请参考常用实用类中字符串相关的 API。

例 2.15 编写程序判断输入的字符串是否为回文。

分析：回文是指一个字符串的顺序和逆序相同,例如 mom 是回文。判断是否是回文的方法很多,本例采用以下算法实现：将字符串复制给一个字符数组,检查字符数组的第一个元素是否和最后一个元素相同。如果相同,则继续检查第二个元素是否和倒数第二个元素相同。这个过程持续到检查出不相同的元素或字符串中的所有字符都已检查完。一旦检查过程中出现不相同的元素,则该字符串不是回文；若所有元素均比较完且未出现不相同元素,则该字符串为回文。

程序源代码如下：

```
//文件名为 Jpro2_15.java
1   import javax.swing.JOptionPane;
2   import java.io.*;
3   public class Jpro2_15
4   {
5     public static void main(String[] args) throws IOException
6     {
7       String s;
8       BufferedReader buf=new BufferedReader(new InputStreamReader(System.in));
9       s=buf.readLine();
10        if(comp(s))
11            System.out.println(s+"是回文");
12         else
13            System.out.println(s+"不是回文");
14      }
15    public static boolean comp(String s)
16    {
17      int i=0;
18      char[] charArray=s.toCharArray();
19      while(i<s.length()/2){
20            if(charArray[i]!=charArray[s.length()-1-i])
21            return false;
22            i++;
23          }
24      return true;
25    }
26  }
```

请读者自行运行程序并分析结果。

2.4.3　遍历数组

数组是 Java 的一种数据类型,指的是一组相关类型的变量集合,并且这些变量可以按照统一的方式进行操作。数组遍历在项目开发中经常用到,是把数组中的每个数都读一遍(部分有 if 条件＋break 语句的则可能不会完全遍历)。可以对数组中的每个数进行处理,或者是找到数组中需要的数。

使用标准的 for 循环可以完成一个数组的遍历。

例 2.16　编写程序遍历数组每个元素并输出。

程序源代码如下:

```
//文件名为 Jpro2_16.java
1  public class Jpro2_16{
2      public static void main(String[] args){
3          int[] ns={ 1, 4, 9, 16, 25 };
4          for(int i=0; i<ns.length; i++){
5              int n=ns[i];
6              System.out.println(n);
7              }
8          }
9  }
```

程序分析:第 4 行～第 7 行为数组遍历。为了实现 for 循环遍历,初始条件为 i＝0,因为索引总是从 0 开始。继续循环的条件为 i＜ns.length,因为当 i＝ns.length 时,i 已经超出索引范围(索引范围是 0～ns.length－1),每次循环后 i＋＋。

如果直接输出每个元素,如何修改代码?

2.4.4　多维数组

我们已经学习了如何使用一维数组来表示线性集合。当要处理 n 维的数据结构时,n 维数组是必要的,例如当表示一个矩阵或一个表格时,要使用二维数组。我们把 n 维数组称为多维数组。大多数情况下,程序中会使用多维数组中的二维数组,因此这里重点介绍二维数组。

1. 二维数组的声明、创建和初始化

声明二维数组的格式有如下两种:

数据类型[ ][ ] 数组名;
数据类型 数组名[ ][ ];

数组名后的第一个方括号[ ]中的整数值是行下标,第二个方括号[ ]中的整数值是列下标。与一维数组一样,二维数组的每个下标是 int 型且从 0 开始。

例如,用上面两种格式声明整型的二维数组变量 array。

```
int[ ][ ] array;
int array[ ][ ];
```

创建二维数组的方法是使用关键字 new。格式如下:

数组名=new 数据类型[行长度][列长度];

例如

```
array=new int[5][5];
```

二维数组也可以如下方式声明和创建。

数据类型 数组名[][]=new 数据类型[行数][列数];

通过给每个数组元素单个赋值,可以实现二维数组的初始化,例如

```
array[0][0]=1;
array[2][4]=7;
```

也可以使用一个简化的方式来声明、创建和初始化二维数组。例如

```
int[][] array={{1,2,3},{4,5,6},{7,8,9},{11,12,13}};
```

2. 不规则数组

在二维数组中,每一行本身就是一个一维数组,因此这些行可以有不同的长度。这种数组称为不规则数组。例如

```
int[][] array={{1,2,3,4}{1,2,3}{1,2}};
```

则 array[0].length=4、array[1].length=3、array[2].length=2。
若预先不确定一个不规则数组中的列数,则可以使用下面的语句创建。

```
int[][] array=new int[3][];
array[0]=new int[4];
array[1]=new int[3];
array[2]=new int[2];
```

注意:在这种方法中,int[3][]中的第一个下标不可省略。

例 2.17   编写程序,定义一个整型的 4 行 4 列的二维数组,并且给数组第 0 行赋值 1、2、3、4,第 1 行赋值 5、6、7、8,以此类推。分行输出每行数组元素并求所有元素之和。

分析:定义二维数组 b[4][4],各个元素值的通项公式为 b[i][j]=i*4+j(i 表示行,j 表示列),用嵌套的双层循环实现程序功能。外层 for 语句控制数组 b 的各行,行下标从 0 开始到 b.length-1,内层 for 语句控制数组 b 的第 i 行的各列,列下标从 0 开始到 b[i].length-1。

程序源代码如下:

```
//文件名为 Jpro2_17.java
1   public class Jpro2_17{
2
3     public static void main(String[] args){
4
5       int sum=0;
6       int b[][]=new int[4][4];              //赋值
7       for(int i=0;i<b.length;i++)
8         for(int j=0;j<b[i].length;j++)
9            b[i][j]=i*4+j;                   //求和并显示
10      System.out.print("数组元素如下:\n");
11      for(int i=0;i<b.length;i++){
12        for(int j=0;j<b[i].length;j++){
13          System.out.print("   "+b[i][j]);
14          sum+=b[i][j];
15        }
16      System.out.println();
17      }
18      System.out.println("二维数组所有元素的和等于"+sum);
19    }
20  }
```

程序运行结果为：

数组元素如下

```
 0   1   2   3
 4   5   6   7
 8   9  10  11
12  13  14  15
```
二维数组所有元素的和等于 120

【练习 2.4】

1. [单选题]下面正确声明整型数组的语句是(   )。

   A. int Array[] a1,a2；   B. int[] a1,a2；

      int a[]={1,2,3,4,5}；   int a3[]={1,2,3,4,5}；

   C. int a1,a2[]；   D. int[] a1,a2；

      int a3={1,2,3,4,5}；   int a3=(1,2,3,4,5)；

2. [单选题]若已定义 int[] a=new int[10];,则对 a 数组元素正确引用的是(   )。

   A. a[-3]   B. a[10]   C. a[5]   D. a(0)

3. [单选题]定义语句 int a[]={11,22,33};,则以下语句叙述错误的是(   )。

   A. 定义了一个名为 a 的一维数组   B. a 数组有三个元素

   C. a 数组的下标为 1,2,3   D. 数组中的每个元素均为整型

2.5 实 例

在一张无序的成绩表中寻找最高分和最低分是困难的,在进行成绩分析时也很难做出比较,但是如果成绩是按照由低到高进行排序的,就会比较方便对成绩做出分析。下面的这个例子就是使用冒泡排序法对成绩进行排序。

例 2.18 某学期结束后,计算机专业学生的 Java 程序设计课程考试已结束。设计一个程序,从键盘输入学生的考试成绩并按从低分到高分的顺序排序。

```java
//文件名为 Jpro2_18.java
1   import java.io.*;
2   import java.util.*;                        //引入类
3   public class Jpro2_19                       //定义主类
4   {
5    public static void main(String[] args) throws IOException //定义 main()方法
6    {
7       int i=0,j,k=0;                          //声明变量
8       int score[]=new int[100];               //声明并定义数组
9       BufferedReader buf;                     //声明缓冲字符输入流类对象 buf
10      buf=new BufferedReader(new InputStreamReader(System.in));
11                                              //创建缓冲字符输入流类对象 buf
12      score[0]=Integer.parseInt(buf.readLine());
13      do                                      //定义循环体,输入成绩
14        {
15          k++;
16          score[k]=Integer.parseInt(buf.readLine());
17        }while(score[k]!=-1);
18      for ( i=0; i<k-1; i++){                  //循环冒泡排序
19       for ( j=0; j<k-i-1; j++){
20          if (score[j]>score[j+1]){           //交换 score[j]和 score[j+1]
21             int tmp=score[j];
22             score[j]=score[j+1];
23             score[j+1]=tmp;
24           }
25        }
26     }
27     System.out.println(Arrays.toString(score));    //排序后成绩
28    }
29  }
```

请读者自行运行程序并分析结果。

习　题　2

1. 程序阅读题

（1）分析下列程序，写出执行结果。

```java
public class A{
  public static void main(String[] args){
    int a=0;
    Label:for(;a<4;a++){
    for(int j=0;j<2;j++){
          if(a==2)
            break Label;
          System.out.print(a*2+j+"\t");
          }
        System.out.println("a="+a);
      }
    }
  }
```

（2）分析下列程序，写出执行结果。

```java
public class A {
    public static void main(String[]args){
        int a=8;
        if(a<8||a>8)
            System.out.println("a<>8");
        else
            System.out.println("a+8");
        }
    }
```

（3）分析下列程序，写出执行结果。

```java
public class A{
  public static void main(String[] args){
    int j=0;
    for(int i=3;i>0;i--){
      j+=i;
      int x=2;
      while(x<i){
      x+=1;
        System.out.print(x);
      }
```

```
        }
      }
    }
```

（4）分析程序，写出程序运行结果。

```java
public class A{
  public static void main(String args[]){
    String str="Hello,";
    str=str+"guys!";
    System.out.println(str);
    }
  }
```

（5）分析程序，写出程序运行结果。

```java
public class A {
  public static void main(String[] args){
    int index=1;
    Boolean[] test=new Boolean[3];
    Boolean bb=test[index];
    System.out.println(bb);
    }
  }
```

（6）分析程序，写出程序运行结果。

```java
public class A{
  public static void main(String[] args){
    int i;
    int a[]=new int[10];
    for(i=0;i<a.length;i++)
      a[i]=i*6+i;
    for(i=1;i<a.length;i++)
      if(a[i]%3==0)
        System.out.println(a[i]);
      }
    }
```

2. 编程题

（1）编写并测试一个 Java 类，计算一个一般三角形的面积。公式为 area $=$ $\sqrt{p(p-a)(p-b)(p-c)}$，其中已知三角形的三条边为 a、b、c，$p=(a+b+c)/2$。

（2）求 50～100（包含 50 和 100）的素数并输出。素数是指除 1 和它本身是该数的因子外没有别的因子的自然数。

（3）打印输出 10 行杨辉三角形。

（4）在数组中存放 10 个随机产生的整数，输出数组并查找该数组中的最小数。

（5）请用选择排序法将数列 2,8,4,3,7,1,5 按从小到大顺序排序。选择排序就是每次寻找这一序列中最大的数并将其与序列的最后面的数交换位置，然后寻找未排序序列中的最大数与最后面的数交换位置，以此类推直到全部排序完成。

第3章

类 与 对 象

内容导览

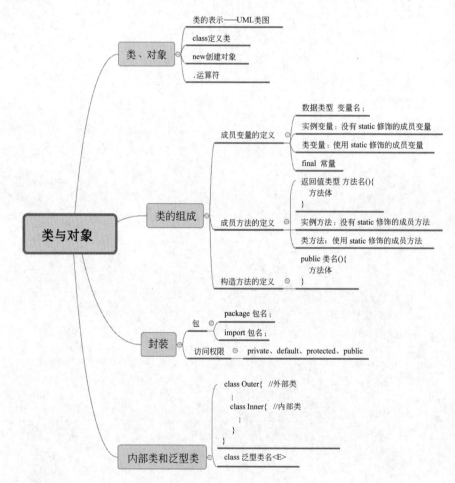

学习目标

- 能够根据问题需求运用面向对象思想设计类
- 能够用 Java 语言定义类并运用类创建对象
- 能够运用类和对象以及封装的思想来设计简单的 Java 程序

● 能够识别内部类和泛型类并应用其解决特殊问题

3.1 引　　例

例 3.1　单双号限行制度是为了缓解城市交通压力而催生的一种交通制度。用面向对象的思想来设计一个简单的 Java 程序,查询轿车车牌,输出该车的车牌号为单号还是双号。

说明：单双号的界定是根据车牌号尾数数字来识别,单数为单号,双数为双号。本例不考虑机动车牌号尾数为字母的情况,即默认车牌最后一位为数字。

分析：以面向对象的思想来思考这一问题,不同种类的轿车统称为轿车类。在这个问题中,轿车类有什么共同的静态特征和操作? 轿车类的静态特征为车牌(又称为属性),操作(又称为方法)为查询单双号,如图 3-1 所示。

类名：Car
属性：carNum
方法：searchNum()

图 3-1　描述轿车类

查询一辆轿车的车牌是单号还是双号,可以通过以下几步来解决：

① 用一个合适的名称(如 Car)来标识要分析的客观实体类(汽车类)。

② 分析客观实体类的共有特征"车牌",用 carNum 属性对其进行描述。

③ 分析客观实体的共有功能,用 searchNum()方法来实现其功能。

④ 设计轿车类和一个测试类。

⑤ 在测试类中,用轿车类产生一辆轿车对象并计算输出车牌是单号还是双号。

程序代码如下：

```
//文件名 Jpro3_1.java
1  class Car{        ——→ 类名
2      String carNum;   ——→ 成员变量
3      public Car(String num){
4          carNum=num;
5      }
6      void searchNum(){
           //charAt()索引范围为从 0 到 length()-1
7          char endNum=carNum.charAt(carNum.length()-1);
8          int num=Integer.parseInt(String.valueOf(endNum));
9          if(num %2==0)
10             System.out.println("该车牌号是双号");
11          else
12             System.out.println("该车牌号是单号");
13      }
14  }
15  public class Jpro3_1{   ——→ 测试类
```

成员方法（第6行到第13行）

```
16      public static void main(String[] args){ ──→ main 方法
17          Car myCar=new Car("京 A08L34");
18          myCar.searchNum();
19          myCar.carNum="京 A08L35";
20          myCar.searchNum();
21      }
22  }
```

程序运行结果如下：

该车牌号是双号
该车牌号是单号

程序分析：在上述 Java 源程序 Jpro3_1.java 中定义了两个类。第一个类为轿车类，类名为 Car，用于实现对轿车实体的共同的属性和方法的封装；第二个类的类名 Jpro3_1 与源程序名相同，该类的主要功能不是用来封装实体，而是用于编写算法对前面的 Car 类的功能进行测试，因此不妨称其为测试类。在测试类中首先定义了一个程序执行的入口方法 main()，在该方法中用轿车类定义了轿车对象，再利用轿车对象调用其相应的方法完成相应的功能。

在解决这个问题时，我们提到了几个概念：类、对象、属性和方法。它们究竟有什么意义？下面将一一介绍。

3.2 认识类和对象

将客观世界中的一个特定种类的实体放在一起并抽取它们身上的共性加以描述，这就得到了软件系统中的类。因此，通常从下面三个方面来描述一个类：

- 有一个名称来唯一标识它所描述的客观实体；
- 有一组属性来描述客观实体的共有特征；
- 有一组方法来实现客观实体的共有行为。

类封装了一类对象的属性和方法，是对象定义的前提。例如，学生类、教师类、课程类、图书类、登录各类网站的用户类等。类是一组具有共同属性和共同行为的对象的统称，是一种复合的数据类型，是组成 Java 程序的基本要素。

3.2.1 认识类

3.2.1

思政素材

世间万事万物都是客观存在的对象，都可以抽象为包含属性和行为的类。类是具备某些共同特征的实体的集合，是对现实生活中某类对象的抽象，是一种抽象的数据类型。

1. 类的构成

定义类的目的是为了描述一类事物共有的属性和功能，即将数据和对数据的操作封

装在一起,这一过程由类体来实现。类体通常有两种类型的成员:

- 成员变量——通过变量的声明定义来描述类创建的对象的属性。
- 成员方法——通过方法的声明定义来描述类创建的对象的功能。

如何才能做到对类的合理封装呢?这要通过合理地定义类中的成员变量和成员方法来实现。

2. 类的表示——UML 类图

描述同一类对象的属性和行为可采用软件分析或软件设计中的建模语言(UML 类图)进行建模,然后再用 Java 代码实现。UML 类图可以表示类(包括类名、类的属性和操作)和类之间的关系。在 UML 中,类一般表示为一个划分成三格的矩形框,如图 3-2 所示。

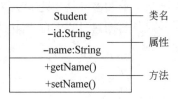

图 3-2　UML 类图示例

在表示类的矩形框中,第一格指定类的名称,即类名。类名应尽量使用领域中的术语,明确且无歧义,以利于开发人员与用户之间的交流。其命名规则与标识符的命名一致。类名的命名规则是类名的第一个字母通常要大写,如果类名是由多个单词连接而成,则每个单词首字母都大写,如 UserDao、LoginController、LoginVo 等。

第二格包含类的属性,用于描述该类对象的共同特点。不同属性具有不同的可见性。常用的可见性有 public、private 和 protected 这三种,在 UML 中分别表示为+、-和♯。其中,public 可见性表示所有的对象都可以访问;private 表示只有类本身的对象可以访问;protected 表示类本身及其子类的对象可以访问。

第三格表示类的操作,也称为方法,用于修改、查询类的属性或执行其他动作。

UML 建模工具有 Rational Rose、Visio、StarUML 等,具体操作请查阅相关资料。

3. 类的声明

Java 语句中类的定义通常包含两个部分:类声明和类体。其基本格式如下:

```
class 类名{
    类体
}
```

其中,"class 类名"是类的声明部分。class 是关键字,用来定义类。

当定义一个类时,我们可以在"class 类名"前加 public、abstract 和 final 等修饰符对类的特征进行限制;还可以在其后加 extends<父类名>和 implements<接口名列表>来说明类的继承性。这些内容在后面的章节中将会陆续介绍。

3.2.2　认识对象

3.2.2

对象表示现实世界中某个具体的事物,对象与实体是一一对应的。也就是说,现实世界中的每个实体都是一个对象,对象是一个具体的概念。

1. 对象的定义

一般情况下,要使用一个类,就必须创建这个类的对象。对象是指一个个的实例,是以类作为"模板"创建的。类是具有共同特性的实体抽象,而对象又是现实世界中实体的表现。类是用来定义对象的模板,当使用一个类创建了一个对象时,也可以说给出了这个类的一个实例。对象是类的实例化,对象(object)和实例(instance)两个词语通常可以互换。当然,实例也可理解为类的具体实现。类和对象的关系是一般与个别的关系,可以比作一张图纸和多幢楼房之间的关系。

对象的创建过程实际上就是类的实例化过程。可使用操作符 new 创建对象,其格式有两种。

类名 对象名=new 类名([参数 1,参数 2,…]);

例如:

Car myCar=new Car("京 A08L34");

或者

类名 对象名;
对象名=new 类名([参数 1,参数 2,…]);

例如:

Car myCar;
myCar=new Car("京 A08L34");

第一种方式将对象的声明和创建合并在一起,其功能是为对象分配内存空间,然后执行构造方法中的语句为成员变量赋值,最后将所分配存储空间的首地址赋给对象变量。存储空间相当于一个抽屉,数据放在抽屉中,对象变量中所放的是打开这个抽屉的钥匙。其内存模型如图 3-3(b)所示。

第二种方式是先声明对象变量,对象变量声明后,该对象变量还没有引用任何实体,我们称这时的对象为空对象,其内存模型如图 3-3(a)所示。空对象必须再用 new 操作符分配实体后才能使用,其内存模型如图 3-3(b)所示。

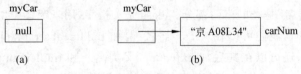

图 3-3　对象的内存模型

使用 new 操作符的结果是返回新创建的对象的一个引用。new 为指定的类创建一个对象时,首先为该对象在内存中分配内存空间,然后以类为模板构造该对象,最后把该对象在内存中的首地址返回给对象名。这样我们就可以像使用一个普通变量一样通过对象名来使用对象。同时,使用 new 操作符创建对象时,也调用了该类的构造方法实现对象的初始化。

一个类使用 new 运算符可以创建多个不同的对象,这些对象被分配不同的内存空间,因此改变一个对象的内存状态不会影响其他对象的内存状态。例如,我们使用 Car 类创建两个对象 c1 和 c2,其内存模型如图 3-4 所示。

```
Car c1=new Car("京 A08L35");
Car c2=new Car("京 A08L36");
```

图 3-4　多个对象的内存模型

2. main()方法

对象的创建是设计在同一个类中还是应该设计在另一个类中呢? 答案是两者都可以,但最好是在另一个类中。这样,没有对象定义的纯粹的类设计部分就可以单独保存在一个文件中,不会影响该类的重复使用。

在例 3.1 中,轿车类和测试类分别放在两个类中来进行设计,这是类重复使用思想的体现。由于 main()方法是每个 Java 应用程序执行的入口方法,因此在 Jpro3_1 类中设计了 main()方法。main()方法的定义格式如下:

```
public static void main(String args[])
```

public 修饰符说明 main()方法可以被所有类访问。static 修饰符表明 main()方法是静态方法。main()方法用于启动 Java 应用程序,因为是用 static 定义的,所以当应用程序启动后,实际上系统中并不存在任何对象,可以直接调用。因此,main()方法的主要工作就是创建启动程序所需的对象。它的返回值类型为 void,即无实际返回值。args[]是形式参数。

3.2.3　对象的使用

一旦创建了对象,就可以使用它编写程序,完成相应的功能。对象的使用主要有以下三种情况。

3.2.3

1. 使用对象的成员变量和成员方法

对象不仅可以操作自己的成员变量来改变状态,而且还可以使用类中的方法,它通过这些方法产生一定的行为。对象通过运算符"."来引用自己的属性或方法。例如例 3.1 中的第 18、19 行语句:

```
myCar.searchNum();              //调用方法,查询单双号
myCar.carNum="京 A08L35";        //调用属性,修改车牌号
```

当方法有返回值时,可以将返回值赋给相同类型的变量,也可以直接输出返回值。

2. 对象间的赋值

相同类型的变量可以互相赋值。如果两个对象有相同的值,那么它们就具有相同的实体,即指向同一个内存空间。例如以下语句:

```
Car c1=new Car("京 A08L35");
Car c2=new Car("京 A08L36");
c1=c2;
```

执行赋值语句"c1＝c2;"后,c1 和 c2 引用的实体就一样了,即 c1 和 c2 指向同一个存储空间。c1 原先所引用的存储空间失去了引用对象,变成一块垃圾内存,其内存模型如图 3-5 所示。此时 c1 和 c2 的成员完全相同,其值也相同。

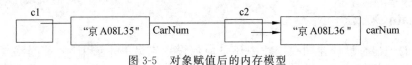

图 3-5　对象赋值后的内存模型

3. 将对象作为方法的参数

对象也可以像变量一样,作为方法的参数使用。

例 3.2　分别定义两个类:学生类和登录服务类,将学生类对象作为登录服务类的成员变量,并且编写测试类进行功能测试。

```
//文件名为 Jpro3_2.java
1   class Student{                              //定义学生类 Student
2        private String account;
3        private String password;
4        public Student(String account, String password){
5            this.account=account;
6            this.password=password;
7        }
8        public String getAccount(){
9            return account;
10       }
11      public String getPassword(){
12      return password;
13       }
14  }
15  class LoginService{                          //定义登录服务类 LoginService
16     private Student t;                        //定义引用型成员变量
17     public String isLogin(Student t){    //形参为引用型的变量
18        if (t.getAccount()=="admin" && t.getPassword()=="admin"){
19            return "登录成功!";
```

```
20          }
21          return "用户名或密码错误!";
22      }
23  }
24  public class Jpro3_2{                        //定义测试类 Jpro3_2
25      public static void main(String[] args){
26          Student t1=new Student("admin", "admin");
27          LoginService ls=new LoginService();
28          String result=ls.isLogin(t1);        //实参为对象变量
29          System.out.println(result);
30      }
31  }
```

程序运行结果为:

登录成功!

程序分析:从第 25 行的 main()主方法来阅读程序,第 26、27 行分别创建一个 Student 类的对象 t1、登录服务 LoginService 类的对象 ls,执行的是第 1 行和第 15 行程序;在第 28 行将 t1 作为方法 isLogin()的实参去判断用户登录是否成功,执行的是第 17 行代码。那么实参 t1 传递给形参 t 的是什么呢?是对象变量本身所存储的内容,即所引用对象的内在空间的首地址,而不是所引用的实体的内容。

注意:在第 16 行中,LoginService 类的成员变量 t 的类型为 Student,在第 17 行的 isLogin()登录方法中有这个相应的参数 Student t 来调用其用户名和密码。

3.2.4 垃圾对象的回收

当对象被创建时,会在 Java 虚拟机的堆区中拥有一块内存。在 Java 虚拟机的生命周期中,Java 程序会陆续地创建多个对象,假如所有的对象都永久占有内存,那么内存有可能很快被消耗,引发内存空间不足。因此,必须采取一种措施及时回收那些无用对象占用的内存,以保证内存可以被重复利用。

Java 虚拟机提供了一个系统级的垃圾回收器线程,它负责自动回收那些无用对象所占用的内存,这种内存回收的过程被称为垃圾回收。

在图 3-5 中,c1 和 c2 是 Car 类的两个对象,分别指向两个实体,占用不同的内存空间,如果执行语句

c1=c2;

则 c1 与 c2 均指向 c2 所引用的内存空间,而 c1 以前指向的内存空间将成为垃圾内存。Java 虚拟机会自动回收这个没用的对象空间。

【练习 3.1】

1.[单选题]一个可以独立运行的 Java 应用程序(   )。

A. 可以有一个或多个 main()方法　　　　B. 最多只能有两个 main()方法

C. 可以没有 main()方法　　　　　　　　D. 只能有一个 main()方法

2. [单选题]若要创建 User 类的一个对象 guest,以下书写正确的是(　　　)。

A. User guest＝new User ();　　　　B. User guest＝new guest();

C. guest＝new User();　　　　　　　D. User guest＝A();

3. [单选题]下列说法中能正确地描述类与对象关系的是(　　　)。

A. 对象是类的实例化　　　　　　　　B. 对象是抽象的,类通过对象来生成

C. 对象是类的另一个名字　　　　　　D. 包含关系

4. [单选题]下列不能正确地定义类的是(　　　)。

A. class Person　　　　　　　　　　B. public class Person

C. new Person　　　　　　　　　　　D. protected class Person

3.3　成员变量和成员方法

Java 中以类来组织程序。类体中所声明的变量被称为成员变量,体现对象的属性。类中的方法称为成员方法,用于对类中声明的变量进行操作,体现对象所具有的行为。

3.3.1　实例变量和类变量

实例变量和类变量都是类的成员变量。成员变量在整个类内有效,其有效范围与在类中书写的先后位置无关。

1. 成员变量

定义成员变量最简单的格式为:

类型 变量名 1[,变量名 2,…]

变量名前的所有关键字称为该变量的修饰符,变量的类型修饰符是必须有的,它决定该变量在内存中分配的空间的大小。成员变量可以是简单类型,如 byte、int、long、boolean、float、double;也可以是数组、字符串或类等引用类型。

每个类中的成员变量类型的定义要根据具体情况来定,不能一概而论。例如,如果在例 3.1 的 Car 类中增加 speed 属性,该如何定义?

```
class Car{
    String carNum;
    double speed;
}
```

上述代码中关于轿车车牌和速度的定义是否合理呢?

从类的封装性来看,上面的定义并不理想。由于 Car 类中的成员变量的访问权限修饰符为缺省情况,因此在测试类中可以对 Car 类的成员变量直接进行操作。

```
1  pubic class Jpro3_1{
2    public static void main(String args[]){
3        Car myCar=new Car("京 A08L34");
4        myCar.speed=60.5;              //调用属性,设置速度
5    }
6  }
```

这就相当于一台电视机除去了机壳,任何人都可以对其里面的器件直接进行操作。没了任何封装,其安全性就受到了威胁。

对于软件系统来说,封装有什么作用呢? 在一个包含许多对象的系统中,对象之间以各种方式相互依赖。如果其中一个对象出现了故障,软件工程师不得不修改它,对其他的对象隐藏这个对象的操作意味着只需要修改这个对象而无须改变其他对象。例如上面的 Car 类的定义中,如果将成员变量 speed 的类型由 double 改为 int,那么第 4 行语句将不能通过编译。

要解决上述问题,我们可以在定义成员变量时再加上访问权限修饰符,其格式如下:

［访问权限］类型 变量名 1［,变量名 2,…］

Car 类中的成员变量没有使用访问权限修饰符,也就是访问权限修饰符缺省。此时,同一包(具体见 3.4.2 节)中的其他类能对其进行访问。要实现类的成员变量在类的外部不可见,必须使用 private 修饰符对其进行限定。用 private 修饰的成员变量只在本类中有效,因此可以实现数据最严密的封装。

将例 3.1 中关于汽车车牌和速度的定义修改成如下形式:

```
class Car{
    private String carNum;
    private double speed;
}
```

这样,外部类就不能直接访问其实例变量。如果将 Car 类的两个实例变量定义为私有,那么测试类 Jpro3_1 中访问实例变量的语句将无效。例如

```
public class Jpro3_1{
    public static void main(String args[]){
        Car myCar=new Car("京 A08L34");
        myCar.speed=60.5;              //非法
        myCar.carNum="京 A08L35";       //非法
    }
}
```

接下来的问题是:如果外部类无法访问其他类私有的实例变量,那么每个类私有的

实例变量又该如何赋值呢？我们有三种途径来解决这个问题。

- 在定义成员变量时赋初值。
- 在类中定义成员方法给成员变量赋值，一般命名为 setXxx()。
- 利用构造方法给成员变量赋初值。

成员变量定义时如果没有赋值，则其初值是它的默认值。例如，byte、short、int 和 long 类型的默认值为 0，float 类型的默认值为 0.0f，double 类型的默认值为 0.0，boolean 类型的默认值为 false，char 类型的默认值为'\u0000'，引用类型的默认值为 null。但有时我们需要变量具有其他初值，那么可以在定义的同时给变量赋值。例如在定义 Car 类的成员变量时，直接给 speed 赋初值。

```java
class Car{
    private double speed=15.5;
}
```

注意以下的写法是错误的。

```java
class Car{
    private double speed;
    speed=15.5;                  //非法
}
```

上述程序中的错误反映了这样一个问题：对实例变量的操作应放在方法中进行。当程序执行过程中要改变成员变量的值时，可通过设计相应的 setXxx() 方法，在方法体内通过相应的语句来修改。例如

```java
public void setSpeed(double speed){          //设置 speed 的值
        this.speed=speed;
    }
```

2. 实例变量

没有用关键字 static 修饰的成员变量称为实例变量。例如在下面的 Student 类中，account 和 password 均为实例变量。

```java
class Student{
    private String account;        //实例变量定义
    private String password;       //实例变量定义
}
```

3. 类变量

用关键字 static 修饰的成员变量称为类变量。类变量又称为静态变量。例如在下面的 Student 类中，name 是实例变量，而 number 是类变量。

```java
class Student{
    private String account;            //实例变量定义
```

```
        static int number;                    //类变量定义
}
```

具体来说,实例变量和类变量的主要区别为以下三点。

- 内存分配的空间。不同对象的同名实例变量分配不同的内存空间,变量之间的取值互不影响;不同对象的同名类变量分配相同的内存空间,也就是说多个对象共享类变量,改变其中一个对象的类变量的值会影响其他对象中相应的类变量的值。
- 内存分配的时间。当类的字节码文件被加载到内存时,类变量就分配了相应的内存空间;实例变量是当类的对象创建时才会被分配内存。
- 访问方式。实例变量必须用对象名访问;类变量可以用类名访问,也可以用对象名访问。

例 3.3 编写一个学生类,用类变量统计所创建的学生对象的个数。

分析:需要一个变量来存储学生对象个数,多个学生对象要共享一个变量才能记录下总数,因此定义 number 变量为类变量,用于统计学生对象个数。

```java
//文件名为 Jpro3_3.java
1   class Student{
2       private String name;
3       static int number=0;                          //定义类变量
4       public Student(String n){                      //定义构造方法
5           name=n;
6           number++;                                  //改变类变量的值
7       }
8   }
9   public class Jpro3_3{
10    public static void main(String args[]){          //用两种方式访问类变量
11        System.out.println("当前学生对象的个数为:"+Student.number);
12        Student s1=new Student("王翰");
13        System.out.println("当前学生对象的个数为:"+s1.number);
14        Student s2=new Student("李媛");
15        System.out.println("当前学生对象的个数为:"+s1.number);
16        System.out.println("当前学生对象的个数为:"+s2.number);
17        System.out.println("当前学生对象的个数为:"+Student.number);
18    }
19  }
```

程序运行结果为:

当前学生对象的个数为:0
当前学生对象的个数为:1
当前学生对象的个数为:2
当前学生对象的个数为:2
当前学生对象的个数为:2

程序分析:main()方法的第一条语句被执行时,系统首先将 Student 类加载到内存并为类变量 number 分配内存空间,此时可以用类名 Student 直接引用类变量 number;当执行了第 12 和第 14 行,系统创建了学生对象 s1 和 s2 后,才可以用对象 s1 和 s2 来引用类变量 number,但我们并不提倡使用这种方式,因为其可读性较差。从最后三条语句的输出结果也可看出,s1、s2 和 Student 共享类变量 number。

4. 常量

如果一个类的成员变量前加 final 修饰符,那该成员变量就为常量。常量的名称习惯上用大写字母表示,例如

```
private final double PI=3.14159;
final String SUCCESS="success";
```

常量不占用内存,这意味着在声明常量时必须初始化。对象可以使用常量,但不能更改它的值。

3.3.2 实例方法和类方法

在 Java 中,方法只能作为类的成员,也称为成员方法。类有两种不同类型的成员方法:实例方法和类方法。

1. 成员方法

方法用于操作类所定义的数据并提供对数据访问的代码。大多数情况下,程序都是通过类的方法与其他类的实例进行交互。在类体中,有一些方法的设置是为了实现类的相应功能,例如例 3.1 中的 searchNum()方法用来查询车牌单双号。成员方法往往是类对象的功能体现。

成员方法包括方法声明和方法体。创建成员方法的最简单的格式为:

```
返回值类型 方法名([参数列表]){
    方法体
}
```

第一行为方法声明,大括号中的是方法体。方法体可以包含一个或多个语句,每个方法执行一项任务。每个方法只有一个名称,通过使用这个名称,方法才能被调用。方法名的定义与标识符定义一致,最好能够体现方法的含义,达到"见名知义"的程度。方法名一般用小写字母表示,如例 3.1 中定义的 searchNum()方法。当方法名由多个英文单词组成时,一般第一个单词用小写,后面每个单词的首字母都大写,如 isLogin()、toString()等。

返回值类型是指方法返回值的数据类型。若方法不返回任何值,则返回值类型为关键字 void。除构造方法外,所有的方法都要求有返回值类型。类中可以定义专门操作成员变量的方法,一般命名为 setXxx()和 getXxx(),例如 void setPassword(String password)方法用于设置密码,而 String getPassword()方法用于返回密码的值。

方法名后的参数列表是可选的。列表中的参数称为形式参数,简称为形参。

Java 面向对象程序设计(第 3 版)

成员方法也可加访问权限修饰符,用来限定该方法的使用范围。成员方法的访问权限修饰符与成员变量相同,共有四种,其意义也相似。具体内容将在 3.4.2 节中介绍。

2. 实例方法

没有用关键字 static 修饰的成员方法称为实例方法。对上面的 Student 类进行修改,增加两个专门用于操作成员变量的实例方法。

```
1   class Student{
2       private String account;
3       private String password;
4       public String getPassword(){          //实例方法,获取密码
5           return password;
6       }
7       public void setPassword(String password){    //实例方法,设置密码
8           this.password=password;
9       }
10  }
```

在第 4 行中,getPassword()方法用来获取成员变量 password 的值。在第 7 行中,setPassword()方法用来设置成员变量 password 的值。由于成员变量的访问权限被定义为 private,从 Student 类的外部无法对 password 变量进行访问,因此程序中提供了 setXxx()和 getXxx()方法用于对该成员变量进行读写操作。如果只设置 getXxx()方法,那么该变量对外来说是只读的;如果只设置 setXxx()方法,那么该变量对外来说是只写的。

如果希望方法有返回值,则在方法体的最后使用 return xxx;语句,终止方法并返回一个值给该方法的调用者。

3. 类方法

类方法又称为静态方法。用关键字 static 修饰的成员方法称为类方法。在例 3.3 中,若要在 Student 类中定义一个方法来访问静态变量 number,则该方法必须定义为静态方法。

例 3.4 定义静态方法访问静态变量。

```
//文件名为 Jpro3_4.java
1   class Student{
2       private String name;
3       private static int number=0;        //定义类变量
4       public Student(String n){
5           name=n;
6           number++;
7       }
8       public static void print(){          //定义类方法访问类变量
```

```
9              System.out.println("当前学生对象的个数为:"+number);
10         }
11  }
12  public class Jpro3_4{
13      public static void main(String args[]){
14          Student.print();
15          Student s1=new Student("王翰");
16          Student s2=new Student("李媛");
17          Student.print();
18      }
19  }
```

程序运行结果为:

当前学生对象的个数为:0
当前学生对象的个数为:2

具体来说,实例方法和类方法的主要区别如下。

- 内存分配的时间。当类的字节码文件被加载到内存时,类方法就分配了相应的入口地址;实例方法是当类的对象创建时才会被分配入口地址。
- 访问方式。实例方法必须用对象名访问;类方法一般用类名访问,也可用对象名访问。
- 操作的对象。类方法只能操作类变量,不能操作实例变量;而实例方法既可以操作类变量也可以操作实例变量。
- 另外,实例方法中可以调用实例方法和类方法,而类方法中只能调用类方法,不能调用实例方法。

4. 方法中的参数传递

当方法被调用时,形参被数据或变量替换,这些数据或变量称为实际参数,简称为实参。这种在方法调用时用实参代替形参的形式称为参数传递。

当方法被调用时,如果它有参数,参数变量必须有具体的值。例如构造方法

```
public car(String num){                              //形参
    carNum=num;
}


public student(String account, String password){  //形参
    this.account=account;
    this.password=password;
}
```

其调用语句为:

```
car myCar=new Car("京 A08L34");                      //实参
student t1=new Student("admin", "admin");            //实参
```

在 car()和 student()两个构造方法的声明中设计的参数(String num 以及 String account、String password)均为形式参数。在调用这两个方法时所传递的参数可以是一个常量,如 Car("京 A08L34")中的"京 A08L34";也可以是一个已赋值的基本数据类型的变量,如

```
String a="guest";
String b="123456";
Student s1=new Student(a,b);
```

实参还可以是一个引用类型的对象,如例 3.2 的第 17 行 public String isLogin (Student t) 方法中的 t。调用方法时,实参的值传递给形参。不管参数是何类型,传递时都是按值传递,下面分两种情况进行说明。

(1) 基本数据类型参数的传值

对于基本数据类型的参数,实参数据类型的级别不能高于形参的级别。例如,不能向 int 类型的形参传递一个 float 类型的值,但可以向 double 类型的形参传递一个 float 类型的值。

另外,如果改变形参变量的内容,实参的内容不会跟着变化。

例 3.5　当方法的类型为基本数据类型时,如果改变形参变量的内容,实参的内容不会跟着变化。

```
//文件名为 Jpro3_5.java
1   class Student{
2       public void setPassword(String password){
3           password="abcd";
4           System.out.println("password="+password);
5       }
6   }
7   public class Jpro3_5{
8       public static void main(String args[]){
9           Student t1=new Student();              //创建对象
10          String pwd="1234";
11          t1.setPassword(pwd);                   //调用方法,设置 password 的值
12          System.out.println("password="+pwd);
13          System.out.println("pwd="+pwd);
14      }
15  }
```

程序运行结果为:

```
password=abcd
password=1234
pwd=1234
```

程序分析:在第 11 行,当对象 t1 调用方法 setPassword()时,pwd 将 1234 传递给形参 password,password 的值就为 1234,但输出结果执行的是第 4 行代码,即 password=

abcd。

在第 12 行,输出结果是修改后的 password 的值,即 password＝1234。

在第 13 行,pwd 的值并没有改变,仍为 1234,即输出结果为 pwd＝1234。

(2) 引用类型参数的传值

引用类型数据包括对象、数组以及接口等。当方法的参数是引用类型时,实参传递的是对象的引用,而不是对象的内容。

当实参的值传递给形参时,实参和形参对象都指向同一个存储空间。如果改变形参所引用实体的内容,实参所引用实体的内容会跟着变化。

例 3.6 引用类型参数的传值示例。

```java
//文件名为 Jpro3_6.java
1   class Point{                //定义圆点类
2     int x;
3     int y;
4     Point(int a,int b){
5       x=a;
6       y=b;
7     }
8   }
9   class Circle{               //定义圆类
10    int r;                    //属性半径
11    Point point;              //属性圆点
12    Circle(int r1,Point p1){
13      r=r1;
14      //p1.x=10;              //改变 p1 的坐标
15      //p1.y=10;
16      point=p1;
17    }
18    void output(){
19      point.x=10;    //改变 point 的坐标
20      point.y=10;
21      System.out.println("圆心的坐标是:"+"("+point.x+","+point.y+")");
22    }
23  }
24  public class Jpro3_6{
25    public static void main(String args[]){
26      Point p=new Point(1,2);
27      System.out.println("点的坐标是:"+"("+p.x+","+p.y+")");
28      Circle c=new Circle(5,p);
29      c.output();
30      System.out.println("点的坐标是:"+"("+p.x+","+p.y+")");
31    }
32  }
```

程序的运行结果为：

点的坐标是：(1,2)
圆心的坐标是：(10,10)
点的坐标是：(10,10)

程序分析：首先定义了一个坐标为(1,2)的点对象 p，把 p 作为实参创建一个圆对象 c，将实参 p 的值传递给形参 p1。不管是在构造方法中改变 p1 的坐标，还是在 output()方法中改变 point 的坐标，p 的坐标都会随之改变。

3.3.3 构造方法

构造方法是一种特殊方法，它的名称必须与它所在类的名称完全相同，并且不返回任何数据类型。Java 程序中的每个类允许定义若干个构造方法，但这些构造方法的参数必须不同。

每个类都有一个默认的构造方法(它没有任何参数)。如果类没有重新定义构造方法，则创建对象时系统自动调用默认的构造方法；否则，创建对象时调用自定义的构造方法。

在例 3.1 的 Car 类中，在定义成员变量的同时给变量赋了初值，这意味着用此类创建的任何轿车对象其初始的车牌号是一样的。如果我们希望每次能得到车牌号不一样的轿车对象，又该如何来设计呢？请看下面的程序：

```
class Car{
    private String carNum;
    public Car(){
        carNum="京 A08L34";
    }
    public Car(String num){
        carNum=num;
    }
        ⋮
}
```

在 Car 类中，增加了两个构造方法，分别用于创建类的对象。那么，在测试类 Jpro3_1 中，就能调用这两个构造方法来创建对象，程序代码如下：

```
public class Jpro3_1{
    public static void main(String args[]){
        Car r1=new Car();
        Car r2=new Car();
        Car r3=new Car("京 A08L38");
        Car r4=new Car("京 A08L39");
            ⋮
    }
}
```

每次调用无参构造方法所创建的轿车对象的车牌号都有一个固定的初值,例如 r1 和 r2 的车牌号均为"京 A08L34"。而每次调用带参构造方法时,只要实参不同,就能构造出不同的轿车对象,例如 r3 的车牌号为"京 A08L38",而 r4 的车牌号为"京 A08L39"。

3.3.4　关键字 this

this 是 Java 中的关键字,代表本类对象。下面从两个方面介绍它的应用。

1. 使用 this 区分成员变量和局部变量

在方法体中声明的变量以及方法的参数称为局部变量,方法的参数在整个方法内有效,方法内定义的局部变量从它定义的位置之后开始有效。成员变量在整个类内有效。

在一个类中,如果出现局部变量的名称与成员变量的名称相同,则成员变量被隐藏,即这个成员变量在这个方法内暂时失效。例如

```
1  class Car{
2      String carNum;
3      public Car(String carNum){
4          carNum=carNum;            //成员变量被隐藏
5      }
6  }
```

如果希望成员变量 carNum 被成功赋值,必须在其前面加 this。this. carNum 表示当前对象的成员变量 carNum,而不是局部变量 carNum。例如

```
1  class Car{
2      String carNum;
3      public Car(String carNum){
4          this.carNum=carNum;       //成员变量被隐藏
5      }
6  }
```

2. 用 this 调用本类中的其他构造方法

如果在构造方法中用 this 调用本类中的其他构造方法,调用时要放在构造方法的首行。例如

```
class Car{
    private String carNum;
    public Car(){
        this("京 A08L34");           //调用了带参构造方法
    }
    public Car(String num){
        carNum=num;
    }
}
```

注意：实例方法中可以使用 this，类方法中不可使用 this。实例方法中使用 this 来引用的成员表示当前对象的成员，通常情况下省略不写，其含义相同。类方法中不可使用 this，因为类方法可以通过类名直接调用，这时可能还没有创建任何对象。

【练习 3.2】

1. ［单选题］下列关于 Java 变量的描述，错误的是(　　)。

 A. 在 Java 程序中要使用变量，必须先对其进行声明

 B. 类变量可以使用对象名进行调用

 C. 变量不可以在其作用域之外使用

 D. 成员变量必须写在成员方法之前

2. ［单选题］SLOW 是 int 型 public 成员变量，变量值保持为常量 1，可用(　　)语句定义这个变量。

 A. public int SLOW=1；   B. final int SLOW=1；

 C. final public int SLOW=1；   D. public final int SLOW=1；

3. ［单选题］以下不属于构造方法特征的是(　　)。

 A. 构造方法名与其类名相同   B. 构造方法有返回值类型

 C. 构造方法在创建对象时自动执行   D. 每一个类可以有多个构造方法

4. ［单选题］类 A 有 3 个 int 型成员变量 a、b、c，则(　　)是类 A 的正确构造方法。

 A. void A(){a=0；b=0；c=0；}

 B. public void A(){a=0；b=0；c=0；}

 C. public int A (int x，int y，int z){a=x；b=y；c=z；}

 D. public A(int x，int y，int z) {a=x；b=y；c=z；}

5. ［单选题］this 关键字的含义是(　　)。

 A. 本类   B. 本类对象   C. 这个类   D. 父类对象

6. ［多选题］以下(　　)方法是不能编译的？

 A. void f(int i) {   B. void f(int i){   C. int f(int i){   D. int f(){

 　　return i；   　　return 0；   　　return 0；   　　return 0；

 }   }   }   }

7. ［程序填空］已知圆半径，输出圆的面积和圆的个数。

```
1   class Circle{
2   _____ double PI=3.14;          //定义一个名为 PI 的常量
3   int radius;
4   _____ int num;                 //定义静态变量 num,记录创建的 Circle 类对象的个数
5   public Circle(int radius){
6       _____.radius=radius;
7       num++; }
8   double area(){
```

```
9             _____ PI * PI * radius;        //返回圆的面积
10    }
11  }
12  public class Ex3_1{
13      public static void main(String args[]) {
14          Circle c1=new Circle(3);        //创建一个半径为 3 的 Circle 类对象
15          System.out.println(c1.area());
16          Circle c2=new Circle(4);        //创建一个半径为 4 的 Circle 类对象
17          System.out.println();           //调用 num 属性
18      }
19  }
```

8. [程序阅读]下列程序段的执行结果是(   )。

```
public class Ex3_2{
    static void fun(int a,String b,String c) {
        a=a+1;
        b.trim();
        c=b; }
    public static void main(String[] args) {
        int a=0;
        String b="Hello World";
        String c="OK";
        fun(a,b,c);
        System.out.println(""+a+","+b+","+c);}}
```

A. 0,Hello World,OK   B. 0,Hello World，Hello World
C. 0,HelloWorld,OK   D. 0,HelloWorld，HelloWorld

3.4

3.4　封　　装

在面向对象编程中,封装是将对象运行所需的资源封装在程序对象中。数据被保存在内部,程序的其他部分只有通过被授权的操作(成员方法)才能对数据进行操作。例如当人们看电视时,通常大部分人都不用关心电视机机壳里隐藏的复杂电子元器件,也不用关心这些电子器件是如何工作来产生电视画面的。电视机做了自己要做的事并对我们隐藏了它的工作过程。我们只需要通过公共的开关电视机方法来操作电视即可。

在面向对象的体系中,通过包把多个类收集在一起成为一组。包也是一种封装机制,可用来有序组织类和接口。不同包中的类有些是公共的,可以被外界访问;有些是被保护的,仅提供部分访问权限。

3.4.1　包

包是 Java 提供的类的组织方式。一个包对应一个文件夹,其中可以放置许多类文件和子包。

Java 语言把类文件存放在不同层次的包中,其目的是在设计软件系统时,如果系统中的类较多,就可以分类存放不同的类文件,从而大大方便软件的维护和资源的重用。Java 语言规定:同一个包中的文件名必须唯一,不同包中的文件名可以相同。包的组织方式和表现方式与 Windows 中的文件和文件夹完全相同。

1. 自定义包

定义包语句的格式为:

```
package  <包名>;
```

其中,package 是包的关键字,<包名>是包的标识符。一个包中还可以定义子包,可由标识符加“.”分隔而成。包名的命名规范是按照网址倒叙方式命名,以方便区分不同项目及模块,例如表示学生管理项目的实体模块包:

```
package com.xsgl.entity;
```

package 语句指出该语句所在的 Java 源文件中的所有类编译后所存放的位置。

Java 文件规定,如果一个 Java 源程序中有 package 语句,那么 package 语句必须写在 Java 源程序的第一行。例如

```
package com.xsgl.entity;
public class Student{
    ⋮
}
```

在 com.xsgl.entity 包中存放一个名叫 Student 的类,则该类的全名应为:

```
com.xsgl.entity.Student
```

如果源程序中省略了 package 语句,那么源文件中的类经编译后放在与源程序相同的一个无名包中。

2. 系统包

除了自定义包外,系统也提供了大量自带包,即平时所说的 Java 类库。Java 类库是系统提供的已实现的标准类的集合,是 Java 编程中的 API。

Java 系统根据功能的不同,将类库划分为若干个不同的系统包,每个包中都有若干个具有特定功能和相互关系的类和接口。在程序中使用 import 语句把包加载到程序中,就可以使用该包中的类与接口。

表 3-1 列出了其中常用的系统包。

表 3-1　系统包及其功能

包　名	主　要　功　能
java.lang	包含 Java 语言的核心类库
java.io	标准输入/输出类
java.awt.event	窗口事件处理类
java.util	提供各种实用工具类
java.swing	提供图形窗口界面扩展的应用类
java.net	实现 Java 网络功能的类库
java.sql	提供与数据库连接的接口
java.security	提供安全性方面的有关支持

（1）java.lang

java.lang 包是 Java 语言的核心类库,包含了运行 Java 程序必不可少的系统类,如后面介绍的基本数据类型及 System、Math 等常用类。

由于该包几乎每个程序都会用到,因此在 Java 程序运行时,系统都会自动加载该包,而无须用户自己导入,方便了编程。

（2）java.io

java.io 包提供输入/输出流控制类,凡是有输入输出操作的 Java 程序,都需要导入该包。如果需要使用该包中所包含的类,则应该使用如下语句将此包加载到程序中。

```
import java.io.*;
```

我们将在第 7 章详细介绍它。

（3）java.awt.event

java.awt.event 包提供窗口事件处理类。

（4）java.util

java.util 包提供高级数据类型及操作,主要有 Date 类、Random 类、Vector 类等。

（5）java.swing

java.swing 包提供图形窗口界面扩展的应用类,比 AWT 更强大和更灵活。本书第 8 章主要介绍该包。

（6）java.net

Java 语言是一门适合分布式计算环境的程序设计语言,java.net 正是为此设计的,其核心就是对 Internet 协议的支持。

（7）java.sql

应用系统几乎都需要数据存储,目前数据存储多数使用数据库完成,java.sql 包提供了驱动数据库链接、创建数据库连接、SQL 语句执行、事务处理等操作的接口和类。本书第 9 章主要介绍该包。

（8）java.security

java.security 包提供安全性方面的有关支持。

3. 使用包

包中存放的是编译后的字节码文件。用户在编程时，可以通过 import 语句导入包中的类，从而直接使用导入的类。

import 语句的使用分为两种情况：

① 导入某个包中的所有类，例如

```
import java.io.*;
```

② 导入某个包中的一个类，例如

```
import com.xsgl.entity.Student;
```

注意：导入的类是要占用内存空间的，当某包中的类很多而用到的类也很多时，就用方式①导入；当某包中的类很多而要用的类却很少时，就用方式②导入。当用方式①导入类时，如果包中还有子包，则子包中的类不会被导入。

例 3.7 修改例 3.2，将 Student 类放到 entity 包中，并用 public 修饰类名，用文件名 Student.java 保存；将 LoginService 类放到 service 包中，并用 public 修饰类名，用文件名 LoginService.java 保存；将 Jpro3_2 类用文件名 Jpro3_7.java 保存。修改后的程序如下：

```
//文件名为 Student.java
1    package com.xsgl.entity;          //定义包
2    public class Student{
3        private String account;
4        private String password;
5        public Student(String account, String password){
6            this.account=account;
7            this.password=password;
8        }
9        public String getAccount(){
10           return account;
11       }
12       public String getPassword(){
13           return password;
14       }
15   }
```

Student.java 编译后，在项目路径中产生文件夹 com\xsgl\entity，在 entity 文件夹中生成类文件 Student.class，如图 3-6 所示。

```
//文件名为 LoginService.java
1    package com.xsgl.service;                //定义包
2    import com.xsgl.entity.Student;          //导入 Student 类
```

图 3-6　创建包

```
3    public class LoginService{
4        private Student t;                    //定义引用型成员变量
5        public String isLogin(Student t){    //形参为引用型的变量
6            if (t.getAccount()=="admin" && t.getPassword()=="admin"){
7                return "登录成功!";
8            }
9            return "用户名或密码错误!";
10       }
11   }
```

LoginService.java 编译后,在项目路径中产生文件夹 com\xsgl\ service,在 service 文件夹中生成类文件 LoginService.class。

```
//文件名为 Jpro3_7.java
1    import com.xsgl.service.LoginService;      //导入 LoginService 类
2    import com.xsgl.entity.Student;            //导入 Student 类
3    public class Jpro3_7{
4        public static void main(String[] args){
5            Student t1=new Student("admin", "admin");
6            LoginService ls=new LoginService();
7            String result=ls.isLogin(t1);          //实参为对象变量
8            System.out.println(result);
9        }
10   }
```

程序分析：程序的输出同例 3.2,但由于三个类不在同一个包中,被导入的类的访问权限必须是 public。被导入的类的成员要想被访问到,其访问权限也要随之改变。

当类存放到不同的包中时,对类及其成员的访问将受到其访问权限的限制。

3.4.2　访问权限

3.4.2

　　Java 提供了访问权限修饰符,用于直观地反映出类、类的成员变量以及成员方法的封装程度,指明其可访问程度。

成员变量常用的访问权限修饰符有四种：public（公共的）、protected（受保护的）、default（默认的）和 private（私有的）。它们从最大权限到最小权限依次为：public→protected→default（没有关键字）→private。

其访问权限如表 3-2 所示。

表 3-2　访问权限

修饰符	同类	同包	子类	不同包之间的通用性
public	√	√	√	√
protected	√	√	√	×
default	√	√	×	×
private	√	×	×	×

1. 类与构造方法的访问权限

（1）public 类和友好类

对类的访问权限的控制只有两种。一种是加 public 修饰符，例如

```
public class A{
    ⋮
}
```

用 public 修饰符修饰的类称为公共类，公共类可以被任何包中的类访问。

另一种是不加任何访问权限修饰符，例如

```
class A{
    ⋮
}
```

这样的类被称为友好类。如果在另一个类中使用友好类，一定要保证它们在同一个包中。

（2）构造方法的访问权限

类中默认构造方法的访问权限和类的访问权限保持一致。当用户自定义构造方法时，也要保证其访问权限与类相同。因此，构造方法一般只用 public 和 default 两种权限修饰符。当 public 类的构造方法的访问权限缺省时，在不同包的类中将不能用此构造方法来创建对象。

2. 成员变量和成员方法的访问权限

（1）私有变量和方法

用关键字 private 修饰的成员变量和成员方法被称为私有变量和私有方法。例如

```
class A{
    private int x;
```

```
        private void printX()
        {
            ⋮
        }
        ⋮
}
```

私有成员只在本类中有效。只有在本类中创建该类的对象时,这个对象才能访问自己的私有成员。从类的封装性来说,成员变量大多定义为私有,而成员方法往往是类的对外访问接口,定义为私有就失去了意义。

(2) 公有变量和方法

用关键字 public 修饰的成员变量和成员方法被称为公有变量和公有方法。例如

```
public class A{
    public int x;
    public void printX(){
            ⋮
    }
    ⋮
}
```

公有的变量和方法通常定义在公共类中,不管是否处于同一个包,公共类对象都能访问自己的公有变量和方法。

(3) 友好变量和方法

不使用任何访问权限修饰符修饰的成员变量和成员方法被称为友好变量和友好方法。例如

```
class A{
        int x;
    void printX(){
            ⋮
        }
    ⋮
}
class B{
    void g(){
        A a=new A();
        a.x=10;
        a.printX();
    }
}
```

友好成员通常定义在友好类中,友好成员的有效范围是同包中的类。若类 A 与类 B

定义在同一个源文件中，那么编译后，类 A 与类 B 为同一个包中的类。此时，在 B 类中用 A 类创建的对象可直接引用其友好成员。

（4）受保护的变量和方法

用关键字 protected 修饰的成员变量和成员方法被称为受保护的变量和受保护的方法。例如

```
public class A{
     protected int x;
  protected void printX()
  {
        ⋮
     }
  ⋮
}
```

受保护的成员通常用在父类与子类之间，体现了继承的概念。对于同一个包中的类，受保护的成员的用法与友好成员相同；对于不同包中的类，只有子类对象才能访问受保护的成员。其具体用法将在第 4 章中介绍。

【练习 3.3】

1. [单选题]被声明为 private、protected 及 public 的类成员对于类的外部来说，以下说法中（　　）是正确的？

    A. 都不能访问

    B. 都可以访问

    C. 只能访问声明为 public 的成员

    D. 只能访问声明为 protected 和 public 的成员

2. [单选题]在 Java 语言中，被（　　）修饰符修饰的成员变量只可以被该类本身访问。

    A. public   B. protected   C. default   D. private

3. [单选题]用（　　）修饰的成员变量可以被其他包中的子类访问，但是不能被同一包中的非子类访问。

    A. public   B. protected   C. default   D. private

4. [程序阅读]下列 Ex3_1 类的类体中【代码 1】～【代码 5】哪些是错误的？

```
1   class Man{
2       private int height=175;
3       protected int age=18;
4       int weight=72;
5       private void sgInfo(){
6           height=180;
7           System.out.println("身高:"+height);
8       }
```

```
9        void tzInfo(){
10           weight=180;
11           System.out.println("体重:"+weight);
12        }
13    }
14    public class Ex3_1{
15        public static void main(String args[]){
16        Man tom=new Man();
17        tom.height=185;        //【代码 1】
18        tom.age=20;            //【代码 2】
19        tom.weight=75;         //【代码 3】
20        tom.sgInfo();          //【代码 4】
21        tom.tzInfo();          //【代码 5】
22        }
23    }
```

5. [编程题]设计一个日期类及其测试类,要求:把日期类放在 MyPackage 包中,测试类和日期类不在同一包中。

3.5　内部类和泛型类

上述内容为 Java 一般类的定义和应用,在解决实际问题时,我们还将用到内部类和泛型类。内部类可作为事件监听器类,将在 8.5 节中详细介绍。泛型是 JDK 1.5 的新特性。在 JDK 1.5 之前,在没有泛型的情况下,是通过对类型 Object 的引用来实现参数的"任意化"。"任意化"带来的缺点是要做显式的强制类型转换,而这种转换是在开发者对实际参数类型可以预知的情况下进行的。对于强制类型转换错误的情况,编译器可能不提示错误,在运行时才出现异常,这是一个安全隐患。Java 语言引入泛型的好处是安全简单。泛型的具体应用将在 5.4 节中体现。

3.5.1　内部类

类可以嵌套定义,即在一个类的类体中可以嵌套定义另外一个类。被嵌套的类称为内部类,它的上级称为外部类。内部类中还可以再嵌套另一个类,最外层的类被称为顶层类。内部类的创建方法与外部类相似。

除外部类外,其他类无法访问内部类。当一个类只在某个类中使用,并且不允许除外部类外的其他类访问时,可考虑把该类设计成内部类。

例 3.8　内部类的使用。

```
//文件名为 Jpro3_8.java
1    class Outer{
```

```
2      private int index=100;                        //外部类成员
3      class Inner{
4        private int index=50;                       //内部类成员
5          void print(){
6             int index=30;                           //内部类局部变量
7             System.out.println(index);              //输出内部类局部变量
8             System.out.println(this.index);         //输出内部类成员变量
9             System.out.println(Outer.this.index);   //输出外部类成员变量
10         }
11     }
12     void print(){
13         Inner inner=new Inner();                   //创建内部类对象
14         inner.print();                             //调用内部类方法
15     }
16 Inner getInner(){
17         return new Inner();                        //创建匿名内部类对象
18     }
19 public class Jpro3_8{
20     public static void main(String args[]){
21         Outer outer=new Outer();                   //创建外部类对象
22         outer.print();
23         Outer.Inner inner=outer.getInner();        //创建内部类对象
24         inner.print();
25     }
26 }
```

程序运行结果为:

```
30
50
100
30
50
100
```

程序分析：在外部类 Outer 中定义了一个内部类 Inner，外部类对象 outer 调用的 print()方法是自己的方法。要调用内部类的 print()方法，必须先构造内部类对象。内部类调用 getInner()方法，该方法用匿名的方式创建了一个内部类对象。

若将 main()方法放在另一个类 Jpro3_9 中，那么创建内部类对象的方式将会改变，基本格式为：

外部类.内部类 内部类对象=外部类对象.new 内部类();

例 3.9　修改例 3.8。

```
//文件名为 Jpro3_9.java
```

```
      ⋮
public class Jpro3_9{
    public static void main(String args[]){
        Outer outer=new Outer();
        outer.print();
        Outer.Inner inner=outer.new Inner();            //创建内部类对象
        inner.print();
    }
}
```

还有一种类称为匿名内部类,是指可以利用内部类创建无名对象,并且利用它访问类中的成员。匿名内部类的创建不同于普通的内部类的创建,不需要定义类名,直接用 new 创建对象。例如例 3.8 中 getInner()方法中的语句:

```
Inner getInner(){
    return new Inner();                  //创建匿名内部类对象
}
```

匿名内部类的应用主要是简化程序代码。在 Java 的窗口程序设计中,常会利用匿名内部类的技术编写"事件"的程序代码,具体应用参见第 8 章。

3.5.2 泛型类

泛型的本质是参数化类型,也就是说所操作的数据类型被指定为一个参数。这种参数类型可以用在类、接口和方法的创建中,分别称为泛型类、泛型接口、泛型方法。

1. 泛型类声明

声明泛型类的一般格式为:

class 类名<泛型列表>

例如

class A<E,F>

其中,A 是泛型类的名称,E、F 是泛型类的参数,也就是说泛型类的参数类型没有指定。它可以是任何引用类型,但不能是基本数据类型。泛型类声明时,其参数类型可能作为类成员变量和成员方法的类型。

2. 泛型类的使用

使用泛型类创建对象的方法和普通类是相同的,其格式如下:

类名<泛型列表> 对象名=new 类名<泛型列表>();

例 3.10 计算学生对象的数量。

分析：以学生信息管理系统的开发为背景，其中涉及学生类 Student、对学生信息的遍历等。设计一个 ArrayList<Student>泛型类的对象，用于统计学生的数量。

```java
//文件名为 Jpro3_10.java
1   import java.util.ArrayList;
2   class Student{
3   private String account;
4   private String password;
5       public Student(String account, String password){
6       this.account=account;
7       this.password=password;
8       }
9   }
10  public class Jpro3_10{
11      public static void main(String[] args){
12          ArrayList<Student>as=new ArrayList<Student>();    //创建泛型类对象 as
13          Student s1=new Student("admin", "123456");        //创建学生用户对象 s1
14          Student s2=new Student("guest", "123456");
15          as.add(s1);                                       //将 s1 添加到 as 中
16          as.add(s2);
17          System.out.println("学生对象的数量:"+as.size()); //输出 as 中对象的数量
18      }
19  }
```

程序运行结果为：

学生对象的数量: 2

程序分析：ArrayList<Student>泛型类的参数是 Student 类，表示装有 Student 对象的容器，第 12 行语句的作用是创建泛型类的对象。ArrayList<E>泛型类存放于 java.util 包中，使用时须在程序的第 1 行导入该类。ArrayList<E>泛型类常用于各类系统开发中，具体用法请查阅 JDK API。

【练习 3.4】

1. [思考题]内部类的外部类的成员变量在内部类中仍然有效吗？

2. [思考题]内部类中的方法可以调用外部类中的方法吗？

3. [思考题]内部类的类体可以声明类变量和类方法吗？

4. [判断题]使用"class 名称<泛型列表 E>"声明一个泛型类，E 可以是类或接口等引用数据类型，也可以是基本数据类型。　　　　　　　　　　　　　　　　（　　）

3.6 实　　例

例 3.11　以某鲜花销售平台"鲜花信息管理子模块"为例,设计一个名为 Catalog 的品种类和一个名为 Flower 的花类,定义属性的 setXxx() 和 getXxx() 方法,每个类均定义无参构造方法,定义除 id 外全部属性为参数的构造方法;Flower 类还定义了 toString() 方法,用于输出花的基本信息,如图 3-7 所示。要求在测试类中输出一朵花的基本信息。

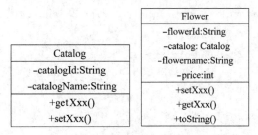

图 3-7　UML 类图

分析:在系统开发中,一般 id 将由表格或类自动生成。因此,在定义构造方法时,不将 id 作为参数。Flower 类中有 catalog(品种)属性,因此要先定义 Catalog 类,再定义 Flower 类,最后定义测试类。在测试类中,先创建一种花的品种对象,再创建一朵花对象,然后使用花对象调用 toString() 方法,实现信息的输出。

```
//文件名为 Jpro3_11.java
1   class Catalog{                              //定义花品类
2     private int catalogId;                    //成员变量,表示花品 id
3     private String catalogName;               //成员变量,表示花品名称
4     public Catalog(){                         //构造方法
5     }
6     public Catalog(String catalogName){
7         this.catalogName=catalogName;
8     }
9     public int getCatalogId(){
10        return this.catalogId;
11    }
12    public void setCatalogId(int catalogId){
13        this.catalogId=catalogId;
14    }
15    public String getCatalogName(){     //获取花品名称
16        return this.catalogName;
17    }
18    public void setCatalogName(String catalogName){     //设置花品名称
19        this.catalogName=catalogName;
```

```java
20    }
21  }
22  class Flower{                            //定义花类
23    private int flowerId;
24    private Catalog catalog;
25    private String flowerName;
26    private int price;
27    public Flower(){
28    }
29    public Flower( Catalog catalog, String flowerName, int price){
30        this.catalog=catalog;
31        this.flowerName=flowerName;
32        this.price=price;
33    }
34    public int getFlowerId(){
35        return flowerId;
36    }
37    public void setFlowerId(int flowerId){
38        this.flowerId=flowerId;
39    }
40    public Catalog getCatalog(){
41        return catalog;
42    }
43    public void setCatalog(Catalog catalog){
44        this.catalog=catalog;
45    }
46    public String getFlowerName(){
47        return flowerName;
48    }
49    public void setFlowerName(String flowerName){
50        this.flowerName=flowerName;
51    }
52    public int getPrice(){
53        return price;
54    }
55    public void setPrice(int price){
56        this.price=price;
57    }
58    public String toString(){
59        return "品种:"+catalog.getCatalogName()+",花名:"+flowerName+",
          价格:"+price;
60    }
61  }
62  public class Jpro3_11{                      //测试类
```

```
63      public static void main(String[] args){
64          Catalog c1=new Catalog("百合花");                    //创建对象
65          Flower f1=new Flower(c1,"真挚祝福",229);            //创建对象
66          System.out.println(f1);                            //输出信息
67      }
68  }
```

程序运行结果为：

品种：百合花,花名：真挚祝福,价格：229

程序分析：程序中第 64 行和第 65 行所创建的花品和鲜花对象其成员变量都有一个初值。当对象创建后,若要改变其成员变量的值,可用 setXxx()方法进行修改。getXxx()方法可以获取对象的属性值。在第 58 行定义了 toString()方法,在第 66 行调用了该方法。每个类都是 Object 类的子类,Object 类中有一个 toString()方法,toString()方法的详细用法请查阅 JDK API。

例 3.12 设计一个名为 Fan 的类模拟风扇,属性为 speed、on、radius 和 color。假设风扇有 3 种固定的速度,用常数 1、2、3 表示慢、中、快速。写一个用户程序,程序中创建一个 Fan 对象,具有最大速度、半径为 10、黄色、打开状态的属性。要求返回包含类中所有属性值的字符串。

分析：这个问题已经给了类名和属性名,我们需要设计的是如何获得和修改 4 个属性值,以及如何将 4 个属性转换为字符串。

```
//文件名为 Jpro3_12.java
1   class Fan{
2     public static int SLOW=1;
3     public static int MEDIUM=2;
4     public static int FAST=3;
5     private int speed;
6     private boolean on;
7     private double radius;
8     private String color;
9     public Fan(){                              //构造方法
10        speed=SLOW;
11        on=false;
12        radius=5;
13        color="white";
14    }
15    public int getSpeed(){                     //获得风扇的当前速度
16        return speed;
17    }
18    public void setSpeed(int newSpeed){        //修改风扇的速度
19        speed=newSpeed;
20    }
```

```
21      public boolean isOn(){                          //获得风扇的当前状态
22          return on;
23      }
24      public void setOn(boolean trueOrFalse){         //修改风扇的状态
25          on=trueOrFalse;
26      }
27      public double getRadius(){                       //获得风扇的半径
28          return radius;
29      }
30      public void setRadius(double newRadius){         //修改风扇的半径
31          radius=newRadius;
32      }
33      public String getColor(){                        //获得风扇的颜色
34          return color;
35      }
36      public void setColor(String newColor){           //修改风扇的颜色
37          color=newColor;
38      }
39      public String toString(int sp){
40          String s="";
41          switch(sp){
42          case 1:
43              s="SLOW";
44          case 2:
45              s="MEDIUM";
46          case 3:
47              s="FAST";
48          }
49          return s;
50      }
51  }
52  public class Jpro3_12{
53      public static void main(String[] args){
54          Fan ff=new Fan();
55          String s1, s2, s3, s4, s5, s6;
56          ff.setSpeed(3);
57          s1=ff.toString(ff.getSpeed());
58          ff.setRadius(10.0);
59          s2=String.valueOf(ff.getRadius());           //将不同的数据类型转换为字符串
60          ff.setColor("yellow");
61          s3=String.valueOf(ff.getColor());
62          ff.setOn(true);
63          s4=String.valueOf(ff.isOn());
64          System.out.println("The fan speed is:"+s1+" The fan radius is:"+s2);
```

```
65        System.out.println("The fan color is:"+s3+" The fan status is:"+s4);
66    }
67 }
```

程序运行结果为：

The fan speed is:FAST   The fan radius is:10.0
The fan color is:yellow The fan status is:true

程序分析：在第 9 行，类 Fan 中有一个构造方法，用来初始化 4 个成员变量。类中的其他方法包括：setSpeed()、setRadius()、setOn()和 setColor()分别用于修改风扇的速度、半径、当前状态和颜色；getSpeed()、getRadius()、isOn()和 getColor()分别用于获得风扇的当前速度、半径、状态和颜色。String 类中的 valueOf()方法可以将不同的数据类型转换为字符串，因此这 4 个成员变量的值可以通过该方法转换成字符串。我们希望速度也能以定义的常量标识符表示，因此专门设计了 toString()方法用于实现速度的转换。

习 题 3

1. [程序改错]指出下列程序中的非法语句。

```
1  class Student{
2      String name;
3      double grade;
4      name="王翔";
5      grade=85;
6      void setName(String name){
7          this.name=name;
8      }
9  }
```

2. [程序改错]假设 A 类定义如下，则 main()方法中哪些语句是非法的？

```
1   class A{
2       int x;
3       private int y;
4       static String s;
5       void methodA1(){
6       }
7       static void methodA2(){
8       }
9   }
10  public class Ex3_3{
11   public static void main(String args[]){
12       A a=new A();
```

```
13        System.out.println(a.x);
14        System.out.println(a.y);
15        System.out.println(a.s);
16        a.methodA1();
17        a.methodA2();
18        System.out.println(A.x);
19        System.out.println(A.y);
20        System.out.println(A.s);
21        A.methodA1();
22        A.methodA2();
23     }
24  }
```

3. [程序填空]设计一款学生信息管理系统的课程管理模块,定义课程类 Course,设计 getScore()方法用于查询成绩。

```
public class Main{
    public static void main(String[] args){
        Course mc=new Course ("JavaCourse",92);
        int score=   ①   ;
        System.out.println(mathScore);}}
class Course{
    StringCourseName;
    int score;
    public Course(StringCourseName, int score){
    this. CourseName=CourseName;
    this.score=score;}
    public int getScore (){
        return   ②   ; }
}
```

4. [程序阅读]下列程序的输出结果是什么?

```
1   class A{

2     void f(int x,double y){

3         x=x+1;
4         y=y+1;
5         System.out.printf("参数 x 和 y 的值分别是:%d,%f\n",x,y);
6       }
7   }
8   public class Ex3_4{

9     public static void main(String args[]){
```

```
10        int x=10;
11        double y=12.58;
12        A a=new A();
13        a.f(x,y);
14        System.out.printf("main方法中 x 和 y 的值仍然分别是:%d,%f\n",x,y);
15      }
16  }
```

5. [编程题]写一个名为 Rectangle 的类表示矩形。其成员变量有 width、height、color,width 和 height 是 double 类型,color 是 String 类型。假定所有矩形颜色相同,用一个类变量表示颜色。要求提供构造方法和计算矩形面积的 computeArea()方法以及计算矩形周长的 Circumference()方法。

类的框架如下,这里只给出了方法名,方法体请自行设计。

```
1   class Rectangle{
2    private double width=1;
3    private double height=1;
4    private static String color="white";
5    public Rectangle(){}
6    public Rectangle(double width,double height,String color){…}
7    public double getWidth(){…}
8    public void setWidth(double width){…}
9    public double getHeight(){…}
10   public void setHeight(double height){…}
11   public static String getColor(){…}
12   public static void setColor(String color){…}
13   public double computeArea(){…}
14   public double Circumference(){…}
15   }
```

写一个用户程序测试 Rectangle 类。在用户程序中,创建两个 Rectangle 对象。对两个对象设置任意的宽和高。设第一个对象为红色,第二个为黄色。显示两个对象的属性并求面积、周长。

6. [编程题]编写 User 类,要求具有(私有)属性:用户名(account)和密码(password);具有行为:密码的 setPassword()和 getPassword()方法。编写一个测试类,要求实例化一个 User 用户,并且使用构造方法对其初始化,输出用户密码信息。

7. [编程题]定义一个图书类,其成员变量包括书号、书名、作者、单价、出版社;定义带参构造方法初始化成员变量,定义成员方法实现借书和还书功能;另外,定义一个成员变量来记录一本书被借的次数。

8. [编程题]编写程序:①创建一个 Student 类,添加静态变量 num,用来表示学生的个数,添加成员变量 id 和 name。要求定义构造方法来初始化 id 和 name,其中 id 自动生成。②在类 Student 中添加一种方法,打印 id 和 name。③编写测试类 Test,创建两个 Student 对象 st1 和 st2,调用方法输出 st2 和 st1 的 id 和 name。请注意顺序。

9. [编程题]设计简单呼叫器。在购买呼叫器时,会输入数据呼叫器号码、用户姓名、用户地址。呼叫器上有 3 个按钮,分别用于呼叫保安、医疗站、餐厅。呼叫时,呼叫器会自动发布呼叫者的呼叫号码、姓名和地址,同时还有用户的请求内容。

(1) 设计 UML 图。

(2) 设计呼叫器类程序。

(3) 编写测试类程序,创建两个对象并调用方法。

第4章

类的继承和多态

内容导览

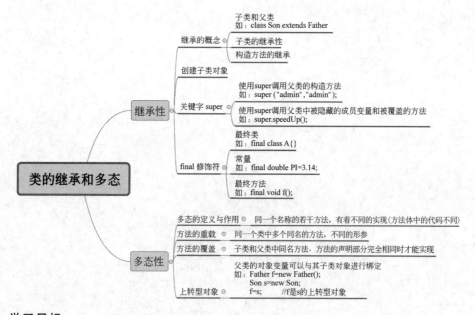

学习目标

- 能够创建父类和子类并理解它们之间的继承关系
- 能够运用类的继承优化 Java 程序,减少代码冗余
- 理解同名方法参数的不同定义,实现方法的重载
- 理解父类和子类中相同方法的调用,实现方法的覆盖
- 综合应用继承、方法的覆盖和上转型对象实现 Java 程序的多态性

4.1 引 例

例 4.1 应用面向对象程序设计方法,分别设计一个交通工具类 Vehicle、一个轿车类 Car 和一个公交车类 Bus。轿车和公交车都有 brand(品牌)、seats(座位数)等属性,另外

还有启动 start()、停车 stop()等行为。

　　分析：轿车和公交车具有交通工具类的所有属性和行为，但不同类别的交通工具其属性和行为又各不相同。我们可以提取所有交通工具上的共性，将其设计为一个父类(如交通工具类)，对于不同的交通工具(如轿车)可以看成父类的子类。用子类去继承父类属性和行为，实现代码重用。

```
//文件名为 Jpro4_1.java
1    class Vehicle{                                    //定义父类
2        String brand;
3        int seats=0;
4        Vehicle(){
5            System.out.println("Vehicle construct");
6        }
7        void start(){
8            System.out.println("Vehiclestart");
9        }
10       void stop(){
11           System.out.println("Vehiclestop");
12       }
13   }
14   class Bus extends Vehicle{                        //定义子类
15       Bus(){
16           System.out.println("Bus construct");
17       }
18       }
19   class Car extends Vehicle{                        //定义子类
20       int seats;
21       Car(int seats){
22           this.seats=seats;
23           System.out.println("Car construct");
24       }
25   }
26   public class Jpro4_1{
27       public static void main(String args[]){
28           Vehiclevehicle=new Vehicle();
29           Busbus=new Bus();
30           CarmyCar=new Car(4);
31           vehicle.start();                          //父类调用自己的方法
32           bus.start();                              //子类调用继承的方法
33           vehicle.seats=35;
34           System.out.println(vehicle.seats);        //输出父类成员变量的值
35           System.out.println(myCar.seats);          //输出子类成员变量的值
36       }
37   }
```

第 4 章　类的继承和多态　　⑨⑨

程序运行结果为：

```
Vehicle construct
Vehicle construct
Bus construct
Vehicle construct
Car construct
Vehicle start
Vehicle start
35
4
```

程序分析：源文件中共有 4 个类：一个父类 Vehicle、两个子类 Bus 和 Car、一个测试类 Jpro4_1。在 Bus 类和 Car 类中，除了构造方法外，没有设计任何成员方法。但在第 32 行中，Bus 类对象 myCar 可以直接访问 Vehicle 类中的成员方法 start()，这就是子类继承父类的结果。另外，第 33 行修改父类成员变量 seats 的值不会影响子类成员变量 seats 的值，这说明子类继承父类的成员后，在内部有单独一份副本，不受父类成员的影响。

4.2 继　　承

继承是面向对象程序设计的又一个重要特性。在上面的引例中，两个子类 Car 和 Bus 继承了父类 Vehicle 的属性和行为，达到了代码复用的目的。

4.2.1 继承的概念

4.2.1

思政素材

类的继承就是以原有类为基础创建新类，实现代码复用。继承的概念源于分类，图 4-1 是一个交通工具分类，它表达了一个层次关系。

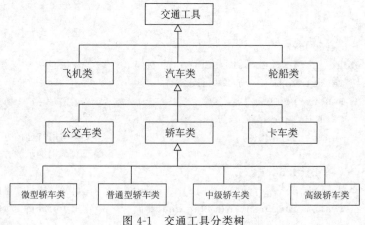

图 4-1　交通工具分类树

在图 4-1 中,最高层为抽象化概念,其下每一层都比其上一层更具体。一旦在分类中定义了一个属性,则由该分类细分而成的下层类均自动含有该属性。因此,可以认为父类(也可以称为基类)是已经存在的类,在父类的基础上创建的新类称为子类或派生类。

在图 4-1 中,由上到下是一个具体化、特殊化的过程;由下到上是一个抽象化的过程。上下层之间的关系可以看成父类和子类的关系,也就是子类继承父类的关系。

1. 子类与父类

继承是一种由已有的类创建新类的机制。利用继承,我们可以先创建一个具有公共属性和方法的一般类,然后根据一般类再创建具有自己的属性和方法的新类。新类继承一般类的属性和方法,并且根据需要增加自己的属性和方法。由继承而得到的类称为子类或派生类,被继承的类称为父类或超类。子类直接的上层父类称为直接父类,否则叫间接父类。父类直接派生的类称为直接子类,否则叫间接子类。Java 不支持多继承,即一个子类只能有一个直接父类。例如

```
class Vehicle{
        ⋮
}
class Automobile extends Vehicle{
        ⋮
}
class Car extends Automobile{
        ⋮
}
```

在类的声明中,class Car extends Automobile 的关键字 extends 表示 Car 类继承 Automobile 类,即 Car 类是 Automobile 类的子类,Automobile 类是 Vehicle 类的子类。因此,Automobile 类是 Car 类的直接父类,Vehicle 类是 Car 类的间接父类;Car 类称为 Automobile 类的直接子类,它是 Vehicle 类的间接子类。

如果一个类的声明中没有使用关键字 extends,则这个类被系统默认为继承 Object 类的子类,Object 类是所有类的根。Object 类是包 java.lang 中的类。

2. 子类的继承性

一个父类可以有多个子类,这些子类都是父类的特例。父类描述了这些子类的公共属性和方法。一个子类可以继承它的父类中的属性和方法,这些属性和方法在子类中不必重新定义。但这并不是说子类都能继承父类中的所有属性和方法,子类能继承父类中的哪些成员和父类成员的访问权限直接相关。

(1) 同包中的子类和父类的继承性

如果子类和父类在同一包中,则子类能继承父类中除 private 修饰符修饰的成员变量和成员方法。继承后的成员变量和成员方法的访问权限保持不变。例如

```
class Automobile{
```

```java
        private void priMethod()    {
            System.out.println("priMethod()");
        }
        void defMethod(){
            System.out.println("defMethod()");
        }
        protected void proMethod(){
            System.out.println("proMethod()");
        }
        public void pubMethod(){
            System.out.println("pubMethod()");
        }
}
class Car extends Automobile{
    public static void main(String args[]){
        Car myCar=new Car();
        myCar.priMethod();         //非法访问
        myCar.defMethod();
        myCar.proMethod();
        myCar.pubMethod();
    }
}
```

(2) 不同包中的子类和父类的继承性

如果子类和父类不在同一包中,那么子类只能继承父类中用 protected 和 public 修饰符修饰的成员变量和成员方法。继承后的成员变量和成员方法的访问权限保持不变。例如

```java
//文件名为 Automobile.java
package superclass;
public class Automobile{
    private void priMethod(){
        System.out.println("priMethod()");
    }
    void defMethod(){
        System.out.println("defMethod()");
}
    protected void proMethod(){
        System.out.println("proMethod()");
    }
    public void pubMethod(){
        System.out.println("pubMethod()");
        }
}
```

```
//文件名为 Car.java
import superclass.Automobile;
class Car extends Automobile{
    public static void main(String args[]){
      CarmyCar=new Car();
        myCar.priMethod();          //非法访问
        myCar.defMethod();          //非法访问
        myCar.proMethod();
        myCar.pubMethod();
        }
}
```

另外还有一种情况,当子类对象在与 Car 类同一包的其他类中且该类不是 Automobile 类的子类时,则子类对象不能访问 protected 修饰符修饰的成员。例如

```
//文件名为 Car.java
import superclass.Automobile;
class Car extends Automobile{
    }
public class Test{
    public static void main(String args[]){
        CarmyCar=new Car();
        myCar.priMethod();          //非法访问
        myCar.defMethod();          //非法访问
        myCar.proMethod();          //非法访问
        myCar.pubMethod();
        }
}
```

(3) 构造方法的调用

构造方法不能被继承,也就是说子类不能继承父类的构造方法。当用子类的构造方法创建一个子类对象时,子类的构造方法总是先调用父类的某个构造方法。如果子类的构造方法没有指明使用父类的哪个构造方法,则子类调用父类不带参数的构造方法。例如在例 4.1 中,为了测试子类在创建对象时是如何调用父类的构造方法的,我们在子类和父类的构造方法中分别设置了一条输出语句。

```
1   class Vehicle{
2     public Vehicle(){              //构造方法
3         System.out.println("Vehicle construct");
4     }
4   }
5   class Car extends Vehicle{
6     public Car(){                  //构造方法
7         System.out.println("Car construct");
8     }
```

```
9   }
10  public class Jpro4_1{
11    public static void main(String args[]){
12        CarmyCar=new Car();
13    }
14  }
```

程序运行结果为：

```
Vehicle construct
Car construct
```

程序分析：从输出结果可能看出，在第 12 行构造 Car 类对象 myCar 时，系统首先调用了父类的无参构造方法 Vehicle()，输出 Vehicle construct，然后再调用子类的构造方法 Car ()，输出 Car construct。

注意：当父类中仅有带参构造方法时，子类必须调用父类的带参构造方法。

4.2.2 创建子类对象

在构造子类对象之前，一定要先构造父类对象并继承父类可以被继承的成员。子类对象与父类对象的内存空间是独立的，子类将父类中能够被继承的成员复制了一份，放在自己的空间中，彼此互不干扰，如例 4.2 所示。

例 4.2 改造例 4.1 中的三个类，观察子类和父类的继承关系。

```
//文件名为 Jpro4_2.java
1   class Vehicle{
2     int speed=60;
3     int seats=0;
4     public Vehicle(){
5         System.out.println("Vehicle construct");
6       }
7     void start(){
8         System.out.println("Vehiclestart");
9       }
10    void stop(){
11        System.out.println("Vehiclestop");
12    }
13  }
14  class Car extends Vehicle{
15      String brand;
16       int seats=5;
17      public Car(String brand){
18          this.brand=brand;
19        System.out.println("这是一辆"+brand+"品牌轿车");
```

```
20          }
21      public void start(){
22          System.out.println("Carstart");
23      }
24      public void speedUp(){
25          System.out.println("speed="+speed);
26      }
27  }
28  public class Jpro4_2{
29    public static void main(String args[]){
30      Vehiclevehicle=new Vehicle();
31      CarmyCar=new Car("红旗");
32      vehicle.start();
33      myCar.start();
34      myCar.speedUp();
35      myCar.stop();
36      Vehicle.seats=35;
37      System.out.println(myCar.seats);
38    }
39  }
```

程序运行结果为:

```
Vehicle construct
Vehicle construct
这是一辆红旗品牌轿车
Vehicle start
Car start
speed=60
Vehicle stop
5
```

程序分析：创建 Car 类对象 myCar 后，内存中存在两个对象：一个是 Vehicle 类对象 vehicle，另一个是 Car 类对象 myCar。它们的继承关系的内存模型如图 4-2 所示。

从子类和父类的内存模型可以看出，子类对象和父类对象分别占用两个不同的内存空间，子类从父类中继承的成员变量和成员方法在内存中都是独立存储的。例如例 4.2 中的语句：

```
myCar.seats=5;
System.out.println(myCar.seats);
```

当把父类对象的成员变量 seats 的值赋值为 35 时，子类对象 myCar 中从父类继承的成员变量 seats 的值并没有跟着变化，仍然是 5。

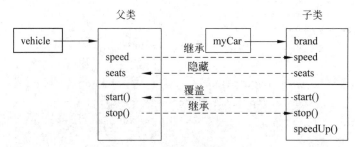

图 4-2　子类对象和父类对象的内存模型

在例 4.2 中,由于子类与父类是同包中的类,因此它们遵循同包中的子类与父类的继承原则。除此之外,无论子类与父类是否位于同一个包中,它们都要遵循以下两条原则。

(1) 成员变量的隐藏

如果子类中声明一个与父类成员变量同名的成员变量,则子类不能继承父类中同名的成员变量。此时,称子类成员变量隐藏了父类中的同名成员变量,如例 4.2 中的成员变量 seats。

(2) 成员方法的覆盖

如果子类中声明一个与父类成员方法同名的成员方法(两个方法的声明部分完全相同),则子类不能继承父类中同名的成员方法。此时,称子类成员方法覆盖(或重写)了父类中的同名成员方法,如例 4.2 中的成员方法 start()。

4.2.3　关键字 super

在例 4.2 中,细心的读者会发现以下两个问题:

- 父类提供了带参构造方法,但子类并没有用到,如果子类要调用父类的带参构造方法来构造对象,该如何调用?
- 子类如何访问父类中被隐藏的成员变量和被覆盖的成员方法?

上述两个问题都有解决的方法,只不过要依赖于关键字 super。

super 是 Java 语言的关键字,用来表示父类对象。关键字 super 有两种用法:一种是子类使用 super 调用父类的构造方法,另一种是子类使用 super 调用父类中被隐藏的成员变量和被覆盖的方法。

1. 使用 super 调用父类的构造方法

子类不能继承父类的构造方法,因此如果想使用父类的构造方法,可以使用关键字 super,而且 super 必须是构造方法中的第一条语句。例如

```
class Vehicle{
    private int seats;
    public Vehicle (){    }
    public Vehicle (int seats){
```

```
        this.seats=seats;
    }
        ⋮
}
class Car extends Vehicle{
    public Car(){
        //super();           //调用父类的无参构造方法
        super(5);            //调用父类的带参构造方法
            ⋮
    }
        ⋮
}
```

2. 使用 super 调用父类中被隐藏的成员变量和被覆盖的方法

如果子类中定义了与父类同名的成员变量,不管其类型是否相同,父类中的同名成员变量都会被隐藏,子类将无法继承该变量。如果子类中定义了一个方法,并且这个方法的声明部分与父类的某个方法完全相同,即方法名、返回类型、参数个数、参数类型完全相同,那么父类中的这个方法将被子类的方法覆盖。子类如果想使用父类中被隐藏的成员变量和被覆盖的方法,必须使用关键字 super。例如

```
super.父类成员变量名;
super.父类成员方法名();
```

例 4.3　改造例 4.2,使用关键字 super。

```
//文件名为 Jpro4_3.java
1   class Vehicle{
2     int seats=0;
3     public Vehicle(){
4         System.out.println("Vehicle construct one");
5     }
6     public Vehicle(int seats){
7         this.seats=seats;
8         System.out.println("Vehicle construct two");
9     }
10  public void start(){
11      System.out.println("Vehiclestart");
12      }
13  public void stop(){
14       System.out.println("Vehiclestop");
15    }
16  }
17  class Car extends Vehicle{
```

```
18   int seats=5;
19     public Car(){
20         super(2);                                    //调用父类中的带参构造方法
21         System.out.println("Car construct");
22     }
23     public void start(){
24         super.start();                               //调用父类中被覆盖的方法
25         System.out.println("Carstart");
26     }
27     public void getSeats(){
28         System.out.println(super.seats);             //调用父类中被隐藏的变量
29         System.out.println(seats);
30     }
31 }
32 public class Jpro4_3{
33     public static void main(String args[]){
34         CarmyCar=new Car();
35         myCar.start();
36         myCar.getSeats();
37     }
38 }
```

程序运行结果为：

```
Vehicle construct two
Car construct
Vehicle start
Car start
2
5
```

程序分析：在程序的第 18 行中，Car 类的 seats 属性隐藏了父类的 seats 属性；第 28 行的 super.seats 表示父类 Vehicle 的 seats 属性；第 23 行 Car 类的 start()方法覆盖了父类的 start()方法，super.start()表示调用父类 Vehicle 的 start()方法；第 27 行 Car 类的 getSeats()方法覆盖了父类的 getSeats()方法，super.getSeats()表示调用父类 Vehicle 的 getSeats()方法。

程序的第 34 行创建 myCar 对象，将执行第 19 行代码，得到运行结果为 Vehicle construct two Car Construct。

第 35 行和第 36 行调用 Car 类的 start()和 getSeats()方法。

4.2.4　final 修饰符

final 修饰符可以修饰类、成员变量和成员方法。

1. 用 final 修饰符定义最终类

通过 extends 关键字可以实现类的继承。但在实际应用中,出于某种考虑,当创建一个类时,希望该类不需要做任何变动,或者出于安全因素,不希望它有任何子类,这时可以使用 final 关键字。在定义类时使用 final 修饰符,意味着这个类不能再作为父类派生出其他的子类,这样的类通常称为最终类。例如

```
final class A{
    ⋮
}
```

A 是一个最终类,不能派生子类。有时出于安全性的考虑,将一些类定义为最终类。例如 Java 提供的 String 类,它对于编译器和解释器的正常运行有很重要的作用,不能轻易改变它,因此将它定义为 final 类。

2. 用 final 修饰符定义常量

使用 final 修饰符修饰一个变量,即定义一个常量。常量是不占内存的,因此其值也不允许改变。例如:final double PI＝3.14159。

3. 用 final 修饰符定义最终方法

final 修饰符也可以修饰一个方法,这样的方法不能被覆盖,也称为最终方法,即子类可以继承但不允许重写的方法。例如

```
class A{
    final void a(){
        ⋮
        }
    ⋮
    }
```

a()方法是一个最终方法,任何 A 类的子类都不能对其进行覆盖。

在程序设计中,最终类可以保护一些关键类的所有方法,最终方法可以保护一些类的关键方法,保证它们在以后的程序维护中不会因为不经意地定义子类而被修改。

【练习 4.1】

1. ［单选题］Java 语言中所有类的父类是(　　　)。

A. Java　　　　　B. Component　　　　　C. Class　　　　　D. Object

2. [单选题]下列程序的输出结果是(   )。

```
class F{
    public F(){
    System.out.print("F() is called!");}
}
class S extends F{
    public S(){
    System.out.print("S() is called!");}
}
public class Ex_24{
    public static void main(String args[]){
    S sa=new S();}
}
```

A. F() is called!   B. S() is called!

C. F() is called! S() is called!   D. S() is called! F() is called!

3. [单选题]现有两个类 A、B,以下描述中表示 B 继承 A 的是(   )。

A. class A extends B   B. class B implements A

C. class A implements B   D. class B extends A

4. [单选题]下面是有关子类继承父类构造方法的描述,其中正确的是(   )。

A. 如果子类没有定义构造方法,则子类无构造方法

B. 子类构造方法必须通过 super 关键字调用父类的构造方法

C. 子类必须通过 this 关键字调用父类的构造方法

D. 子类无法继承父类的构造方法

5. [单选题]super 关键字的含义是(   )。

A. 本类   B. 本类对象   C. 这个类   D. 父类对象

6. [单选题](   )声明能防止方法被覆盖。

A. final void methoda(){}   B. void final methoda(){}

C. static void methoda(){}   D. static void methoda(){}

4.3　多　　态

多态是面向对象程序的第三大特征。实现多态的前提条件是在继承的关系下,每个子类都定义了覆盖的方法。首先利用上转型机制,将子类的对象转换为父类的对象,然后转型后的父类对象通过动态绑定机制自动调用转型前所属子类同名的方法,以实现多态。

4.3.1　多态的定义与作用

多态是指在继承的关系下,对于相同的消息,不同类采用不同的实现方式,即不同类

的对象调用同名的方法,产生不同的行为。多态提供了另外一种分离接口和实现(即把"做什么"与"怎么做"分开)的尺度。换句话说,多态是在类体系中把设想(想要"做什么")和实现(该"怎么做")分开的手段,它是从设计的角度考虑的。如果说继承是系统的布局手段,多态就是其功能实现的方法。多态意味着某种概括的动作可以由特定的方式来实现,这种特定的方式取决于执行该动作的对象。

如果从面向对象的语义角度来看,可以简单理解为多态就是"相同的表达式,不同的操作",也可以说成"相同的命令,不同的操作"。相同的表达式即方法的调用;不同的操作即不同的对象有不同的操作。

例如,某公路上行驶的轿车、卡车和公交车三类交通工具,在调度员发出启动交通工具命令后,三类交通工具以不同的速度行驶,如图 4-3 所示。

图 4-3　交通工具继承关系

调度员发出命令"车子启动"(同一条表达式),每辆车子接到这条命令(同样的命令)后,就"开始启动"。轿车"以 45 千米/小时的速度行驶",卡车"以 80 千米/小时的速度行驶",公交车"以 30 千米/小时的速度行驶"。这就是"相同的表达式(方法调用),不同的操作(在运行时根据不同的对象来执行)"。

Java 语言的多态性体现在方法的重载与覆盖上。通过方法的覆盖和对象的动态绑定,可以使得上转型对象具有多态性。

4.3.2　方法的重载

4.3.2

方法重载是一个类中定义了多个方法,它们的名字相同,而参数的数量不同或数量相同而类型和次序不同。在 Java 中,不仅成员方法可以重载,构造方法也可以重载。

例 4.4　构造方法和成员方法的重载。

```
//文件名为 Jpro4_4.java
1   class Vehicle{
2       int seats;
3       Vehicle(){
4           seats=0;
5       }
6       Vehicle(int seats){              //重载构造方法
7           this.seats=seats;
8       }
9       void setSeats(){
10          seats=0;
```

```
11    }
12  void setSeats(int seats){                //重载成员方法
13        this.seats=seats;
14    }
15  }
16  public class Jpro4_4{
17    public static void main(String args[]){
18        Vehicle Car=new Vehicle();
19        Vehicle Bus=new Vehicle(4);
20        Car.setSeats();
21        Bus.setSeats(4);
22    }
23  }
```

请读者自行分析程序。

4.3.3 上转型对象

对象的向上转型是指父类的对象变量可以与其子类对象进行绑定,绑定后父类对象就成为子类对象的上转型对象。例如

```
class Vehicle{
    void start(){
         ⋮
    }
}
class Car extends Vehicle{
    void start(){
         ⋮
    }
}
class Test{
    public static void main(String args[]){
        Vehicle vh=null;
        Car myCar=new Car();
        vh=myCar;              //vh 是 myCar 的上转型对象
        vh.start();            //vh 调用的是 Car 类中的 start()方法
        Car c=new Car();
    }
}
```

当语句 vh＝myCar;被执行后,我们说父类对象变量 vh 与子类对象 myCar 进行绑定,也就是说子类对象 myCar 向上转型为父类对象 vh。由于上转型对象已经将子类的类型转变为父类的类型,因此它只能引用父类中的成员,但当父类中的方法被子类方法覆

盖时,上转型对象调用的是子类中的覆盖方法。例如例 4.3 中:

```
vh=myCar;
vh.start();
```

当执行上面两条语句后,vh 对象引用的是 Car 类中的 start()方法,而不是 Vehicle 类中的 start()方法。

需要注意的是,对象不能向下转型,即父类对象不能绑定到子类对象变量上。

4.3.4 方法的覆盖

4.3.4

方法覆盖是在子类存在与父类的方法不仅名字相同,而且参数的个数与类型、返回值也相同的方法。

例 4.5 方法覆盖的多态性。

```java
//文件名为 Jpro4_5.java
1   class Vehicle{
2     int seats;
3     Vehicle(){
4         seats=0;
5     }
6     void getSeats(){
7         System.out.println("Vehicle's seats");
8     }
9   }
10  class Car extends Vehicle{
11      Car(int seats){
12         this.seats=seats;
13      }
14     void getSeats(){
15         System.out.println("This car has "+seats+" seats");
16     }
17  }
18  class Bus extends Vehicle{
19    Bus(int seats){
20         this.seats=seats;
21    }
22    void getSeats(){
23         System.out.println("This bus has "+seats+" seats");
24    }
25  }
26  public class Jpro4_5{
27    public static void main(String args[]){
```

```
28        Vehicle vehicle=new Vehicle();
29        Car myCar=new Car(5);
30        Bus bus=new Bus(35);
31        vehicle=myCar;
32        vehicle.getSeats();
33        vehicle=bus;
34        vehicle.getSeats();
35    }
36 }
```

程序运行结果为：

```
This car has 5seats
This bus has 35seats
```

程序分析：在上述程序中，为什么两个相同的语句（vehicle.getSeats();）其输出结果却不同呢？

由于 Vehicle 类的两个子类 Car 和 Bus 中都定义了覆盖方法 getSeats()，因此当子类对象 myCar 和 bus 与父类的对象变量进行绑定时，子类对象都转型为父类对象，此时同一个父类对象根据所绑定的子类对象的不同就会表现出不同的行为，即具有了多态性。

【练习 4.2】

1. [单选题]下列关于方法重载的叙述不正确的是(   )。

   A. 方法的名称必须相同   B. 方法的入参不同

   C. 方法的返回值必须不同   D. 方法的访问权限可以相同，也可以不同

2. [单选题]下列(   )方法不能重载方法 int getValue(int x){}。

   A. void getValue(int x){ }   B. int getValue(float x){ }

   C. int getValue(){ }   D. void getValue(int x,int y){ }

3. [多选题]类 A 中定义了方法 void getSort(int x,int y)，则它的重载方法可以声明为(   )。

   A. void getSort(float x)   B. int getSort(int x,int y)

   C. double getSort(float x,int y) D. void getSort(int y,int x)

4. [单选题]为了区分重载多态中同名的不同方法，要求(   )。

   A. 采用不同的形式参数列表

   B. 返回值类型不同

   C. 调用时用类名或对象名作为前缀

   D. 参数名不同

5. [单选题]给定类 MethodOver 定义如下：

   ```
   public class MethodOver{
     public void setVar(int a, int b, float c){}
     }
   ```

请问(　　)不是对方法 setVar 的重载。

    A. private void setVar(int a,float c,int b){}

    B. protected void setVar(int a,int b,float c){}

    C. public int setVar(int a,float c,int b){return a;}

    D. public int setVar(int a,float c){return a;}

6. [单选题]下列关于覆盖的描述错误的是(　　)。

    A. 覆盖包括成员方法的覆盖和成员变量的覆盖

    B. 成员方法的覆盖是多态的一种表现形式

    C. 子类可以调用父类中被覆盖的方法

    D. 任何方法都可以被覆盖

4.4 实　　例

4.4

例 4.6　设计一个交通工具类 Vehicle,再设计 Vehicle 类的两个子类(卡车类 Truck 和轿车类 Car)。每个类都包括若干成员变量和成员方法,但它们都有一个启动方法 start()。设计一个调度员类,调度员类中定义 order()方法,要求交通工具启动。用多态方法编程实现。

分析:类 Vehicle 中定义了所有子类共同的成员方法 start(),子类 Truck 和子类 Car 中重新定义了各自的 start()方法,即覆盖了父类的方法。调度员 Person 类中定义了 order()方法,该方法的参数类型为 Vehicle,其作用是让交通工具启动。

程序代码如下:

```
class Person{
    void order(Car v){
        v.start();
    }
    void order(Truck v){          //方法的重载
        v.start();
    }
}
```

前面我们已经学习了对象的向上转型,所以程序可优化为:

```
class Person{
    void order(Vehicle v){        //向上转型
        v.start();
    }
}
```

在测试类中,调度员 Person 类创建了对象,该对象调用 order 方法。当不同的交通工具启动时,由于使用了子类对象的动态绑定技术,因此实现了类多态性。

```
//文件名为 Jpro4_6.java
1   class Vehicle{
2       void start(){
3           System.out.println("start!");
4       }
5   }
6   class Car extends Vehicle{
7       void start(){           //方法的覆盖
8           System.out.println("轿车以 45 千米/小时的速度行驶");
9       }
10  }
11  class Truck extends Vehicle{
12      void start(){           //方法的覆盖
13          System.out.println("卡车以 80 千米/小时的速度行驶");
14      }
15  }
16  class Person{
17      void order(Vehicle v){
18          v.start();
19      }
20  }
21  public class Jpro4_6{
22      public static void main(String args[]){
23          Person p=new Person();
24          p.order(new Car());
25          p.order(new Truck());
26      }
27  }
```

程序运行结果为：

轿车以 45 千米/小时的速度行驶
卡车以 80 千米/小时的速度行驶

思考：如果增加公交车类，请问如何修改程序？

习 题 4

1.［程序分析］现有类声明如下，请回答问题。

```
class Person{
    String str1=" Hello!";
    String str2=" How are you ";
```

Java 面向对象程序设计（第 3 版）

```
        public String toString(){
            return str1+str2;
        }
    }
    class Student extends Person{
        String str1=" Bill.";
        public String toString(){
            return super.str1+str1;
        }
    }
```

(1) 类 Person 和类 Student 是什么关系？

(2) 类 Person 和类 Student 都定义了 str1 属性和方法 toString()，这种现象分别称为什么？

(3) 若 a 是类 Person 的对象，则 a.toString() 的返回值是什么？

(4) 若 b 是类 Student 的对象，则 b.toString() 的返回值是什么？

2.［程序分析］阅读程序，回答问题。

```
    class Shape{
        public void draw(){
            System.out.println("Draw a Shape");
        }
    }
    class Circle extends Shape{
        public void draw(){
            System.out.println("draw a Circle");
        }
    }
    public class FInherit{
        public static void main(String args[]){
            Shape s=new Shape();
            Shape c=new Circle();
            s.draw();
            c.draw();
        }
    }
```

(1) 该程序体现了面向对象程序设计的哪些特点？具体表现为哪些语句？

(2) 写出程序运行后的结果。

3.［编程题］使用 Java 继承思想编程实现"动物声音"功能，继承关系如图 4-4 所示，要求如下：

(1) 编写一个 Animal 类，包含方法 sound()；分别编写 Cat、Bird 类继承 Vehicle 类并重写 sound() 方法，Cat 的声音方式为"喵喵"，Bird 的声音方式为"啾啾"。

(2) 编写测试类，测试 Cat 和 Bird 的 sound() 方法。

4.［编程题］如图 4-5 所示，使用 Java 多态思想编程实现"教师上课"功能，要求如下：

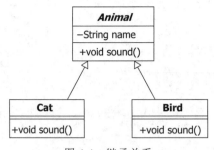

图 4-4 继承关系

（1）编写抽象类 Teacher，包含抽象方法 giveLesson()。

（2）编写两个子类 JavaTeacher 和 MathTeacher 类继承 Teacher 类并重写授课方法。

（3）定义 DeanOffice 类，设置 judge()方法，功能是让教师授课。

（4）设计测试类 Main，各输出一名 Java 老师和一名 Math 老师来授课。

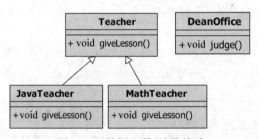

图 4-5 "教师上课"继承关系

5. ［编程题］使用 Java 编程实现以下内容。

（1）编写 Employee 类，该类包含下列成员。

● 四个受保护属性：name、number、address 和 salary；

● 一个构造方法：用于初始化 name、number 和 salary 属性；

● 两个公有成员方法：intr()实现雇员基本信息的输出，raiseSalary()实现按比例涨工资的功能。

（2）编写 Manager 类，该类继承于 Employee 类。

① 为其添加下列内容：

● 两个私有属性：officeID 和 bonus；

● 一个构造方法：带有 4 个参数的构造方法，用于对除 bonus 属性外的所有其他属性进行初始化；

● 公有方法：officeID 和 bonus 属性的相关 set 和 get 方法。

② 重写 Employee 类的 raiseSalary 方法，经理工资的计算方法为在雇员工资涨幅的基础上增加 10% 的比例。

（3）编写 TemporaryEmployee 类，该类继承于 Employee 类。

① 为其添加下列内容：

- 一个私有属性：hireYears；
- 构造方法：用于初始化该类的所有属性；
- 公有方法：hireYears 属性的 set 和 get 方法。

② 重写 Employee 类的 raiseSalary 方法，临时工的工资涨幅为正式雇员的 50%。

提示：由于 salary 属性为 protected 类型，会被继承到子类 Manager 和 TemporatyEmployee 中。因此在重写父类的方法 raiseSalary 时，可以采用两种方法（以 Manager 为例）。

第 1 种形式：直接计算工资

```
public void raiseSalary(double proportion){
    salary+=salary* ( proportion+0.1)
}
```

第 2 种形式：通过调用父类的 raiseSalary 方法计算工资

```
public void raiseSalary(double proportion){
    super.raiseSalary( proportion+0.1)
}
```

6. [编程题]采用多态思想设计相关类模拟手机使用 SIM 卡功能，如图 4-6 所示，具体要求如下：

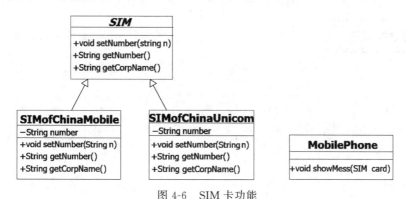

图 4-6　SIM 卡功能

（1）设计一个类 SIM 表示手机使用的 SIM 卡，该类中包含 3 个方法：用于设置手机号的 setNumber(string n)、用于获取手机号的 getNumber() 和用于获取所属通信公司名称的 getCorpName()。

（2）设计 SIM 的两个子类 SIMofChinaMobile（模拟中国移动的 SIM 卡）和 SIMofChinaUnicom（模拟中国联通的 SIM 卡）。

（3）设计 MobilePhone 类（模拟手机），可以使用移动公司的 SIM 卡，也可以使用联通公司的 SIM 卡（要求在 showMess() 方法中输出使用的手机号码和所属通信公司名称）。

（4）设计测试类 Test，各给出一个中国移动和中国联通的手机号码并输出。

第5章

抽象类与接口

内容导览

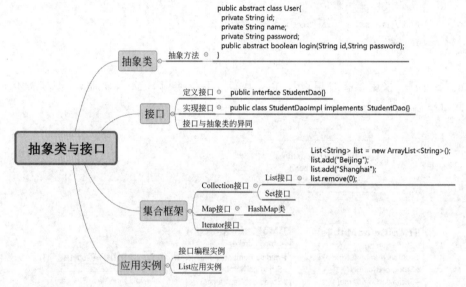

```
                                      public abstract class User{
                                       private String id;
                                       private String name;
                                       private String password;
                                       public abstract boolean login(String id,String password);
            抽象类    抽象方法 ⊙      }
```

```
                    定义接口 ⊙    public interface StudentDao{}
            接口    实现接口 ⊙    public class StudentDaoImpl implements  StudentDao{}
                    接口与抽象类的异同
```

```
  抽象类与接口                                        List<String> list = new ArrayList<String>();
                                                    list.add("Beijing");
                                                    list.add("Shanghai");
                              Collection接口 ⊙  List接口  list.remove(0);
                                              Set接口
            集合框架    Map接口   HashMap类
                      Iterator接口
```

```
            应用实例    接口编程实例
                      List应用实例
```

学习目标

- 能够根据项目设计需求设计抽象类
- 能够学会定义接口,应用类实现接口
- 理解接口与抽象类的区别,能够使用接口和抽象类解决工程问题
- 掌握集合及集合接口的使用方法,学会使用集合实现对象的增删改查操作

5.1 引　　例

例 5.1　设计一款电子游戏,游戏中有不同类型怪物,如英雄、火龙、天使、僵尸等。这些角色既有共同的行为(如战斗),也有不同行为(如英雄具有战斗、游泳、飞行等功能)。请试着设计游戏,让系统足够灵活,易于扩展,如游戏升级时能方便地增加新的角色;同时有利于编程,能够让多个人一起协同开发。

分析：通过第 4 章中继承的学习,我们可以将战斗的行为抽象为父类的方法,通过继承使子类都具有战斗的行为。但考虑到角色可能具有多个功能,我们可以利用接口的多继承机制,将其他功能定义为接口,在接口中定义抽象方法。在角色设计时,游泳、飞行设计为单独的接口,每个角色根据设计要求通过多继承实现,如设计一个英雄的角色,具有3 个功能。

```java
//文件名为 Jpro5_1.java
1   interface CanSwim{
2       void swim();
3   }
4   interface CanFly{
5       void fly();
6   }
7   class ActionCharacter{
8       public void fight(){
9           System.out.println("can fight!");
10       }
11   }
12   class Hero extends ActionCharacter implements CanSwim,CanFly{
13       public void swim(){
14           System.out.println("can swim!");
15       }
16       public void fly(){
17           System.out.println("can fly!");
18       }
19   }
20   public class Jpro5_1{
21       public static void u(CanSwim x){
22           x.swim();
23       }
24       public static void v(CanFly x){
25           x.fly();
26       }
27       public static void w(ActionCharacter x){
28           x.fight();
29       }
30       public static void main(String args[]){
31           Hero h=new Hero();
32           u(h);
33           v(h);
34           w(h);
35       }
36   }
```

程序运行结果为：

```
can swim!
can fly!
can fight!
```

程序分析：在上述 Java 源程序 Jpro5_1.java 中定义了两个接口和一个类。第 1 行定义接口 CanSwim，其定义了抽象方法 swim()；第 4 行定义接口 CanFly，其定义了抽象方法 fly()；第 7 行定义类 ActionCharacter，第 12 行定义 Hero 类从 ActionCharacter 类扩展，利用 implements 将 CanSwim 和 CanFly 接口合并。在 Jpro5_1 类中有 3 个方法：u()、v() 和 w()，它们接受不同接口/类参数。一旦 Hero 对象生成，可被传送到这 3 个方法中的任意一个。

在解决这个问题时，我们提到了抽象方法、接口等，下面将一一介绍。

5.2

5.2 抽 象 类

在面向对象程序设计中，父类抽取并定义了其子类共同拥有的属性和方法。在这些属性和方法中，有些是已经明确并可以在父类中实现的，有些则与具体的子类有关且无法在父类中实现。对于无法确定的方法，我们可以将其在父类中定义为抽象方法，相应地该父类也被定义为抽象类。例如，在学生成绩管理系统中，用户有三个属性：id（可用作登录用户名）、password（密码）、name（姓名）；有一个登录方法：boolean login（String id，String password）。系统中设有管理员类、教师类和学生类三类用户，可以继承用户类的3 个属性并重写登录方法。此时，用户类的登录方法可以定义为抽象方法，该用户类也应该定义为抽象类。

抽象类的定义与一般类一样，都有数据和方法，定义格式与一般类也非常类似，只是在定义类的 class 前增加一个关键字 abstract 来表示定义一个抽象类，即用 abstract 修饰的类称为抽象类。

抽象方法是抽象类中的一种特殊方法，用 abstract 关键字来修饰。在抽象类中，抽象方法仅有方法头，而没有方法体，它的方法体放在子类中，因此抽象方法必须在子类中重写，否则没有意义。含有抽象方法的类一定是抽象类，抽象类中除了抽象方法，还可以包括其他普通的成员方法。

抽象类和抽象方法的声明格式如下：

```
abstract class 类名{
    成员变量;
    成员方法(){方法体}
    abstract 成员方法();
}
```

例如，定义一个抽象类 User。

```
public abstract class User{
  private String id;
  private String name;
  private String password;
  public abstract boolean login(String id,String password);
}
```

抽象类不能创建对象,它只能作为其他类的父类,它的存在仅是为了继承而用。User 类是抽象类,不能用 new 创建它的实例,但它可以被继承。抽象方法 login()只有方法声明部分和"空"实现,它的具体实现由其子类完成。例如,第 7 章介绍的 InputStream 类和 OutputStream 类都属于抽象类,均包含抽象方法和其他方法。

注意：如果一个类没有显式地被 abstract 修饰,但是类体中包含抽象方法,则该类也为抽象类。

例 5.2　下面定义了一个抽象类,然后通过继承实现该抽象类。

```
//文件名为 Jpro5_2.java
1   abstract class Animal{              //抽象类
2       String name;
3       public abstract void go();       //抽象方法
4   }
5   class Cat extends Animal{
6       public Cat(String name){
7           this.name=name;
8       }
9       public void go(){                //方法的覆盖
10          System.out.println(name+" can run.");
11      }
12  }
13  class Bird extends Animal{
14      Bird(String name){
15          this.name=name;
16      }
17      public void go(){                //方法的覆盖
18          System.out.println(name+" can fly.");
19      }
20  }
21  public class Jpro5_2{
22      public static void main(String args[]){
23          Cat c=new Cat("Cady");
24          Bird b=new Bird("Bird");
25          c.go();
26          b.go();
27      }
28  }
```

程序分析：程序首先定义了一个抽象类 Animal，该抽象类包含一个成员变量和一个抽象方法。随后定义了两个类 Cat 和 Bird，它们都继承了抽象类 Animal。在主方法 main()中定义了一个 Cat 对象和一个 Bird 对象，并且通过对象调用相应的 go()方法。

【练习 5.1】

1. [多选题]下列关于抽象类的描述，错误的是(   )。

    A. 抽象类中有抽象方法　　　　　　　B. 用 abstract 修饰的类是抽象类

    C. 抽象方法没有方法体　　　　　　　D. 抽象类可以用来实例化对象

2. [单选题]下列关于抽象类定义，正确的是(   )。

    A. abstract AbstractClass{

        abstract void method();

        }

    B. class abstract AbstractClass{

        abstract void method();

        }

    C. abstract class AbstractClass{

        abstract void method();

        }

    D. abstract class AbstractClass{

        abstract void method(){

        System.out.println("method");

        }

        }

3. [程序填空]请在程序的每条横线处填写一个语句，使程序能实现功能。

```
  ①  class Vehicle{
  abstract  void go();                    //抽象方法
}
class Car  ②  Vehicle{                    //继承抽象类
    public void go(){                     //方法的重写
        System.out.println("小汽车启动");
    }
}
public class Main{
    public static void main(String[] args){
        Car c=new Car();                  //创建一个 Car 对象
        c.go();
    }
}
```

4. [单选题]下列程序的运行结果是(   )。

```
abstract class MineBase{
    abstract void amethod();
    static int i;
}

public class Mine extends MineBase{
    public static void main(String argv[]){
        int[] ar=new int[5];
        for (i=0; i<ar.length; i++)
            System.out.println(ar[i]);
    }
}
```

A. 打印 5 个 0　　　　　　　　　　B. 编译出错，数组 ar[] 必须初始化

C. 编译出错，Mine 应声明为 abstract　　D. 出现 IndexOutOfBounds 的异常

5.3　接　　口

在 Java 面向对象程序设计中，有时需要定义一些"标准规范"并让相关类共同遵守，为此需要用到 Java 中的接口类型。实际上，接口是一组抽象方法的集合，这些方法没有具体的实现形式。如果一个类实现了某个接口，即继承并实现了该接口的所有抽象方法，那就表明该类遵守了该接口定义的"标准规范"。

Java 接口是另一种引用类型，也是面向对象的一个重要机制。接口又称界面，引入它的目的是为了克服 Java 单继承机制带来的缺陷，实现类的多继承功能。

5.3.1　定义接口

Java 接口在语法上类似于类的一种结构，是一种特殊的类，只定义了类中方法的原型，而没有直接定义方法的内容。接口只定义常量和抽象方法，没有变量和方法的实现。

接口的定义包括接口声明和接口体两部分，格式如下：

```
[public|abstract] interface 接口名 [extends 接口列表]{
    常量声明；
    方法声明；
}
```

接口的修饰符可以是 public 或 abstract，其中 public 或 abstract 可以缺省。public 的含义与类修饰符是一致的。但是缺省 public 或 abstract 修饰符时，定义的接口只能被同一个包中的其他类和接口使用。

注意：一个 Java 源文件中最多只能有一个 public 类或接口。当存在 public 类或接口时，Java 源文件名必须与这个类或接口同名。

如同 class 是定义类的关键字，interface 是定义接口的关键字。其后的接口名应符合 Java 对标识符的规定。

接口中所有变量的修饰符只能是 public、final 及 static，所以在定义时可以不用显式地使用修饰符。也正是由于这一点，因此在接口中定义的属性都是常量，在定义时必须给定初值。接口可以用来实现不同类之间的常量共享。

接口中定义的方法只有方法头而不能有方法体，public、abstract 缺省也有效。与抽象类一样，接口不需要构造方法。

例 5.3 组装电脑：通过 PCI 接口将主板与显卡和声卡连接。

分析：很多教材在介绍接口时使用组装计算机作为案例，本章也选择大家熟悉的组装计算机作为引例。实际上，无论是显卡还是声卡，都是插在 PCI 槽上的。所以，首先定义一个 PCI 接口，然后定义显卡类和声卡类实现该接口，从而使它们的对象能直接传递给 PCI 接口的对象，在参数传递过程中实现接口回调。

源代码如下：

```java
//文件名为 Jpro5_3.java
1   interface PCI{
2       void setName(String s);
3       void run();
4   }
5   class VideoCard implements PCI{
6       String name="微星";
7       public void setName(String s){
8           name=s;
9       }
10      public void run(){
11          System.out.println(name+"显卡已开始工作!");
12      }
13  }
14  class SoundCard implements PCI{
15      String name="AC";
16      public void setName(String s){
17          name=s;
18      }
19      public void run(){
20          System.out.println(name+"声卡已开始工作!");
21      }
22  }
23  class Mainboard{
24      public void interfacePCI(PCI p){
25          p.run();
26      }
27      public void run(){
```

```
28              System.out.println("主板已开始工作!");
29          }
30  }
31  public class Jpro5_3{
32      public static void main(String[] args){
33          Mainboard mb=new Mainboard();
34          VideoCard vc=new VideoCard();
35          vc.setName("HuaWei");
36          SoundCard sc=new SoundCard();
37          mb.interfacePCI(vc);
38          mb.interfacePCI(sc);
39          mb.run();
40      }
41  }
```

程序分析：程序的第 1～4 行定义了一个接口 PCI,然后定义了 VideoCard 和 SoundCard 两个类,且实现了前面定义的接口。第 23～30 行定义了一个类 Mainboard。最后定义了一个主类 Jpro5_3,在 main()方法中模拟电脑的组装。

下面是在学生信息管理系统中使用接口。

```
1   public interface StudentDao{
2       //将学生对象添加到数据表 student 中
3       int add(Student s);
4       //根据学号删除表中对应的记录
5       int delete(String studentId);
6       //用 Student 对象更新表 student 中对应的记录
7       int update(Student s);
8       //查询 student 表中的所有学生
9       List<Student>searchAll();
10      //根据学号查询学生
11      Student findStudentById(String studentId);
12  }
```

上面的程序段定义了一个名为 StudentDao 的接口,其中有五个抽象方法：add()、delete()、update()、searchAll()和 findStudentById(),分别用于学生信息的添加、删除、修改、查找全部学生、按学号查找学生。

与类一样,接口也具有继承性。定义接口时可以使用 extends 关键字定义该新接口是某个已经存在的父接口的派生接口,它将继承父接口的所有属性和方法。与类的单继承不同,一个接口可以有多个父接口,接口名称之间用","分隔。新的接口将继承所有父接口的属性和方法。

5.3.2 接口实现

接口中只是声明了提供的功能和服务,而功能和服务的具体实现需要在实现接口的

5.3.2

第 5 章 抽象类与接口 ⑫⑦

类中定义。在类中实现接口的格式如下：

[类修饰符] class 类名 [extends 父类名] [implements 接口名列表]

其中，接口名列表包括多个接口名称，各接口间用逗号分隔。implements 是实现接口的关键字。实现接口的类如果不是抽象类，就必须实现接口中定义的所有方法并给出具体的实现代码，当然还可以使用接口中定义的任何常量。

例 5.4　接口的实现示例。

```
//文件名为 Jpro5_4.java
1   interface Shape{                     //定义接口 Shape
2       double PI=3.14;
3       void print();
4   }
5   class Circle implements Shape{  //实现接口 Shape
6       public void print(){
7           System.out.println("我实现了接口"+PI);
8       }
9   }
10  public class Jpro5_4{
11      public static void main(String args[]){
12          Circle circle=new Circle();
13          circle.print();
14      }
15  }
```

请读者自行运行结果。

程序分析：程序中定义了一个接口 Shape，其包含一个常量 PI 和方法 print()，然后定义了一个类 Circle 实现接口 Shape。注意在实现方法 print() 时，其修饰符必须为 public。在 main() 方法中创建了一个 Circle 类对象 circle，然后通过 circle 调用方法 print()。

在学生成绩管理系统中，接口 StudentDao 将由 StudentDaoImpl 来实现，其实现语句为

```
public class StudentDaoImpl implements StudentDao
```

具体实现方法详见第 10 章。

实现接口时，需要注意以下问题：

● 如果实现接口的类不是 abstract 修饰的抽象类，那么在类的定义部分必须实现接口中定义的所有方法并给出具体的实现代码，这是因为非抽象类中不可以存在抽象方法。

● 如果实现接口的类是 abstract 修饰的抽象类，那么它可以不实现该接口的所有抽象方法。

● 在实现接口方法时，必须将方法声明为公共方法，而且还要求方法的参数列表、名称和返回值与接口中定义的完全一致。

- 如果在实现接口的类中所实现的方法与抽象方法有相同的方法名称和不同的参数列表,则只是重载一个新的方法,并没有实现接口中的抽象方法。
- 如果接口的抽象方法的访问修饰符规定为 public,则类在实现这些抽象方法时,必须显式地使用 public 修饰符,否则系统会提示出错警告。
- 如果接口中的方法的返回类型不是 void,则在类中实现该方法时,方法体中至少要有一条 return 语句。

5.3.3　抽象类与接口的区别

5.3.3

Java 中的抽象类和接口有很多相似之处,都含有抽象方法,抽象方法的实现都放在其他类中实现。但两者却是两种完全不同的类型,它们之间的主要区别如表 5-1 所示。

表 5-1　抽象类与接口的区别

比较项目	抽　象　类	接　　口
方法及实现	包含未实现的抽象方法,也可以包含已给出具体实现的方法	接口是完全抽象的,所有方法均不需要给出具体的实现形式
继承与实现	子类通过 extends 关键字来继承抽象类。若子类不是抽象类,其需要实现抽象类中所有的抽象方法	子类使用 implements 关键字实现接口,且需要实现接口中声明的所有方法
构造器	抽象类可以有构造器	接口不能有构造器
与普通 Java 类的区别	除了不能被实例化之外,关键字和普通 Java 类没有任何区别	接口是完全不同的类型
访问修饰符	抽象方法可以由 public、protected 和 default 进行修饰	接口中方法的默认修饰符是 public,通常不使用其他修饰符
多继承	一个 Java 类只能继承一个抽象类	一个 Java 类能实现多个接口
扩展新方法	在抽象类中添加新方法时,可以给出该方法的默认实现,故不需要修改其他代码	若往接口中添加新方法,必须改变实现该接口的其他所有类

在一般的应用程序设计中,往往将抽象类和接口结合起来应用,这样代码结构更加清晰,容易扩展。采用何种技术要根据应用场景来决定,通常可以遵循的规则如下:
- 定义接口。接口是系统的核心,定义了要完成的功能,包含主要的方法声明,因此系统最顶层采用接口。
- 定义抽象类。如果某些类实现的方法有相似性,则可以抽象出一个抽象类包含方法声明;如果顶层接口有共同部分要实现,则定义抽象类实现接口。
- 由抽象类的具体类各自实现个性化的方法。

Java API 中的集合框架很好地体现了这种设计原则,我们将在 5.4 节中详细讲解它。

【练习 5.2】

1.[单选题]下列关于接口的描述,错误的是(　　　　)。

A. 一个类可以实现多个接口

B. 接口使用 interface 定义

C. 接口实现了类的多继承功能

D. 任何类实现接口都必须实现接口中的所有方法

2. [单选题]下列能正确定义一个接口的选项是(　　)。

A. abstract interface A{ int a; }　　　　B. interface B{ void show(){}}

C. interface C{ void show();}　　　　　D. interface class D{ String d; }

3. [单选题]下列关于接口与抽象类的说法,正确的是(　　)。

A. 接口就是抽象类,两者在使用上没有区别

B. 接口是一种特殊的抽象类,只有常量定义和方法声明

C. 抽象类不能用来实例化一个对象,只能通过继承来实现它的方法

D. 抽象类中只能定义抽象方法,用关键字 abstract 修饰

4. [程序填空]设计学生信息系统的用户管理模块,定义 UserDAO 接口及其相应的 UserDAOImpl 类,程序如下所示,请补充完整。

```
　　①　 UserDAO{                       //定义用户 DAO 接口
boolean insert(User user);            //添加用户方法
}
class UserDAOImpl 　②　 UserDAO{       //实现接口
    public boolean insert (User user){   //方法的重写
        if(…){ return true;}
else { return false;
        }
    }
}
```

5. [程序阅读]下列程序的运行结果是_____。

```
interface Shape{
    double PI=3.14;
    abstract double area();
}
public class Circle implements Shape{
    double radius;
    public Circle(double r){
        radius=r;
    }
    public double area(){
        return PI * radius * radius;
    }
    public static void main(String args[]){
        Circle c=new Circle(5.0);
        System.out.println(c.area());
    }
}
```

5.4 集 合 框 架

计算机科学研究的一个重点就是如何合理有效地组织数据,尤其是大量的数据,采用何种数据结构和算法优化操作数据在开发中非常重要。Java 语言支持管理数据常用的基本数据结构和算法。数据结构和类库统称为 Java 的集合框架,主要由一组用来操作对象的接口、接口的实现以及对集合运算的算法构成。所有接口都定义了关于数据插入、删除等基本操作的一系列通用方法。一般来说,理解了集合接口就容易掌握集合框架。

5.4.1 引入集合接口

如果我们要设计开发一个学生成绩管理系统,需要存储多个教师、学生、课程等信息,那么可以用数组来实现。例如:定义一个长度为 100 的 Student 类型的数组,存储多个 Student 对象的信息。

数组元素为对象的数组称为对象数组。对象数组先作为数组定义,用 new 为该数组分配内存,然后用 new 为每个作为数组元素的对象分配内存。对象数组和基本数据类型的数组一样,可以作为方法的参数或方法的返回值。在 main() 方法中,就是以 String 类的对象数组作为方法参数。

注意:对象数组声明后,不能立刻存放数据。这是因为对象数组的声明只会产生对象的引用,并没有产生对象的实例。可以按以下方法使用:

```
Student stu[]=new Student[3];
stu[0]=new Student();
stu[0].getName="张翰";
```

例 5.5 对象数组应用。

分析:通过 Student[] stu=new Student[3]定义了包含 3 个元素的对象数组 stu,数组中每个元素都是类 Student 的对象。

程序源代码如下:

```
//文件名为 Jpro5_5.java
class Student{
    private String studentId;          //记录学生人数
    private String name;               //学生姓名
    Student(String StudentId, String name){
        this.studentId=StudentId;
        this.name=name;
    }
    public String getStudentId(){
        return studentId;
    }
```

```
        public String getName(){
            return name;
        }
}
public class jpro5_5{
    public static void main(String[] args){
        Student[] stu=new Student[3];                      //创建对象数组
        for (int i=0; i<stu.length; i++){
            stu[i]=new Student("202000"+i, "学生"+i);//创建学生对象
            System.out.println("学号:"+stu[i].getStudentId()+"\t 姓名:"+
            stu[i].getName());
        }
    }
}
```

程序运行结果为：

学号:2020000   姓名:学生 0
学号:2020001   姓名:学生 1
学号:2020002   姓名:学生 2

本程序虽然采用数组完成了 Student 对象的存储,但有明显的缺陷,例如:①数组长度固定,不能很好地适应元素数量动态变化的情况;②可通过数组名.length 获取数组的长度,却无法直接获取数组中真实存储的 Student 对象个数。数组采取在内容中分配连续空间的存储方式,根据下标可以获取对应学生的信息,但根据学生信息查找时效率低,需要多次比较。在进行频繁插入、删除操作时同样效率低下。

从以上分析可以看出,数组在处理一些问题时存在明显缺陷,而集合框架完全弥补了数组的缺陷,它使数组更灵活、更实用,可大大提高软件的开发效率。Java 集合框架位于 java.util 包中,包括两个通用的接口 Collection 和 Map,如图 5-1 所示。

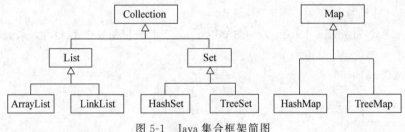

图 5-1　Java 集合框架简图

5.4.2　Collection 接口

Collection 是整个 Java 集合框架中的基石。Collection 接口的声明如下:

```
public interface Collection
```

Java 面向对象程序设计(第 3 版)

Collection 接口是其他接口的父接口,它定义了集合框架中的一些通用操作——增加、删除、修改及查询,这些抽象方法在具体类 ArrayList、LinkList、HashSet 和 TreeSet 中以不同方式实现。

Collection 与数组最大的不同是,数组有容量大小的限制,而 Collection 没有。此外,Collection 中存放的都是对象,即使是基本类型也要转换为对象类型。Collection 中的数据称为元素。这些元素没有特定的顺序,而且可以重复。

Collection 接口中的常用方法如表 5-2 所示。

表 5-2　Collection 常用方法

方 法 名 称	主 要 功 能
boolean add(Object o)	将对象添加到集合中
boolean contains(Object o)	查找集合中是否含有对象 o
boolean equals(Object o)	判断集合是否等价
Iterator iterator()	返回一个迭代器,用来访问集合中的元素
boolean remove(Object o)	删除集合中的对象 o
int size()	返回集合中元素的个数
Object[] toArray()	以数组的形式返回集合中的元素

5.4.3　List 接口

List 集合由 List 接口与 List 实现类组成。List 集合中的对象按照特定顺序排列,并且可以重复。

1. List 接口的常用方法

List 接口继承了 Collection 接口,因此包含 Collection 中的所有方法。另外 List 接口中也增加了一些适合自身的常用方法,主要是有关索引的方法,如表 5-3 所示。

表 5-3　List 增加的常用方法

方 法 名 称	主 要 功 能
boolean addAll(int index,Collection co)	将集合对象添加到集合的指定位置
Object get(int index)	通过索引号返回指定元素
Object set(int index,Object element)	把指定索引处的元素替换为新的元素
ListIterator listIterator(int index)	返回指定初始位置的列表迭代器
int indexOf(Object o)	返回指定元素在列表中的索引(最小值),如果不存在该元素,则返回－1
void add(int index,Object element)	在指定索引处插入一个元素,该索引处原来的元素以及后面的元素后移
List subList(int fromIndex,int toIndex)	返回当前 List 的一个视图

从表 5-3 可以看出，List 接口中适合自身的方法都与索引有关。所有 List 类似于线性表，以线性方式存储对象，可以通过索引来操作对象。

2. ArrayList 类

要使用 List 集合，需要先声明为 List 类型，然后通过实现 List 接口的类对集合进行实例化。ArrayList 类就是 List 的一个实现类。

在实际开发中，集合中大量使用泛型，关于泛型的定义在 3.5.2 节中已有详解介绍。例如

```
List<String> list=new ArrayList<String>();
```

其中，ArrayList<String>表示集合中放置 String 类型对象。

要想获取集合中的元素，需要使用循环结构遍历集合对象。

方法 1：通过 for 循环遍历 List 中的元素。

```
for(int i=1;i<list.size();i++){
    System.out.print(list.get(i));
}
```

方法 2：通过 for-each 循环遍历集合元素。

格式：

```
for(数据类型 变量名:集合对象名){
    //自动迭代访问每个元素
}
```

其中，变量名是一个形参，foreach 循环会自动将集合元素依次赋给该变量。但如果希望改变元素的值，则不能使用 foreach 循环。

例如

```
for(String s:list){
    System.out.print(s);
}
```

方法 3：通过集合对象创建其迭代器，然后通过遍历迭代器获取 List 中的元素。关于迭代器，将在 5.4.6 节中介绍。

```
Iterator<String> it=list.iterator();
while(it.hasNext()){
    System.out.println(it.next());
}
```

在使用 List 接口时注意以下两点：

- 所有的索引返回的方法都有可能抛出一个 IndexOutOfBoundsException 异常。
- subList(int fromIndex,int toIndex)返回的是包括 fromIndex 但不包括 toIndex 的视图，该列表的长度为 toIndex－fromIndex。

例 5.6   添加与删除 List 中的元素。

```
//文件名为 Jpro5_6.java
1    import java.util.*;
2    public class Jpro5_6{
3        public static void main(String[] args){
4            List<String> list=null;
5            list=new ArrayList<String>();
6            list.add("Beijing");
7            list.add(0, "");
8            list.add("Anhui");
9            list.add("Shanghai");
10           list.remove(0);
11           list.remove("Anhui ");
12           System.out.println(list);
13       }
14   }
```

运行结果为：

```
[Beijing, Anhui, Shanghai]
```

程序分析：程序的第 1 行引入系统包 java.util。第 4～5 行创建一个 List 对象，第
6～9行将字符串添加到 list 中，第 10～11 行删除相应的字符串，第 12 行将 list 中的字符
串输出。

5.4.4   Set 接口

Set 集合由 Set 接口与 Set 接口的实现类组成。与 List 集合不同的是，Set 集合中的
对象不按特定的方式排序，只要简单地将对象加入集合中，但是不能有重复对象，也就是
说 Set 接口可以存储一组唯一、无序的对象。Set 接口继承了 Collection 接口，因此包含
Collection 接口的所有方法。

Set 接口的常用实现类是 HashSet 类。

例如

```
Set<String> set=new HashSet<String>();
```

声明了一个 Set 实例。

要获取 Set 集合对象，先生成 Iterator 对象，再通过迭代器来获取集合中的对象，
例如

```
Iterator<String> it=set.iterator();
while(it.hasNext()){
    System.out.println(it.next());
}
```

例 **5.7**   首先创建一个 List 对象并添加元素,然后将 List 集合中的元素添加到 Set 集合中,则会除去其中重复的元素。

```
//文件名为 Jpro5_7.java
1   import java.util.*;
2   public class Jpro5_7{
3       public static void main(String[] args){
4           List list=new ArrayList<String>();    //创建 List 集合对象
5           list.add("first");                     //向集合中添加元素
6           list.add("second");
7           list.add("third");
8           list.add("second");
9           Set set=new HashSet<String>();         //创建 List 集合对象
10          set.addAll(list);                      //将 List 集合添加到 Set 集合中
11          Iterator<String> it=set.iterator();    //创建 Set 集合迭代器
12          System.out.print("集合中的元素是:");
13          while (it.hasNext()){
14              System.out.println(it.next()+" ");
15          }
16      }
17  }
```

运行结果为:

集合中的元素是: first second third

程序分析:程序的第 1 行引入系统包 java.util。第 4 行创建一个 List 对象,第 5~8 行将字符串添加到 list 中。第 9 行创建一个 Set 集合的对象,第 10 行将 list 中的对象添加到 set 中。由于 Set 集合中不允许有重复的元素,因此 Set 中的对象输出结果仅有 3 个,而不是 4 个。

5.4.5 Map 接口

Map 提供了一个更为通用的元素存储方法。Map 接口是 Java 集合框架的根接口,它不属于 Collection 接口。Map 集合类用于存储元素对(称为键-值对),其中每个键映射到一个值,而且不能有重复的键。每个键只能映射到一个值,但是允许多个键映射到同一个值。这种键-值对的例子在日常中用到不少,如书号与书名、宠物与主人等。Map 通常用于由某个对象查找另一个类型对象。

Map 接口的常用方法如表 5-4 所示。

HashMap<K,V>是 Map 的实现类,其类型参数包括:
- K——此映射所维护的键的类型;
- V——所映射值的类型。

表 5-4　Map 的常用方法

方 法 名 称	主 要 功 能
Object put(Object key,Object value)	以键-值对的方式进行存储
Object get(Object key)	根据键返回相关联的值,如果不存在指定的键,返回 null
Object remove(Object key)	删除由指定的键映射的键-值对
int size()	返回元素的个数
set KeySet()	返回键的集合
Collection values()	返回值的集合
Boolean containsKey(Object key)	如果存在由指定的键映射的键-值对,就返回 true

例 5.8　Map 接口的使用。

```
//文件名为 Jpro5_8.java
1   import java.util.*;
2   class Book{
3       HashMap<Integer, String>map=new HashMap<Integer, String>();
4       public Book(){                //构造方法
5           map.put(195, "三字经");
6           map.put(576, "百家姓");
7           map.put(283, "千字文");
8           map.put(476, "弟子规");
9       }
10      public String getName(int amount){
11          if (map.containsKey(amount)){   //判断是否存在由指定的键映射的键-值对
12          return map.get(amount);       //根据键返回相关联的值,即根据书号返回书名
13          }else
14              return "NOT FOUND";
15      }
16  }
17  public class Jpro5_8{
18      public static void main(String[] args){
19          Book books=new Book();
20          Scanner in=new Scanner(System.in);
21          System.out.println(books.getName(in.nextInt()));
22      }
23  }
```

运行结果为:

输入:195,输出:三字经

输入:190,输出:NOT FONND

程序分析:程序的第 2 行定义 Book 类,第 3 行创建一个 HashMap 对象,第 5～8 行

将书号、书名以键-值对的方式存储到 map 中,第 10 行定义一个 getName()方法。第 17 行为测试类,创建 Book 类对象,根据输入的书号,将返回书名。

Java 集合框架中各种集合的使用方法总结如下:

- Collection、List、Set、Map 都是接口,不能实例化,只有实现它们的 ArrayList、HashSet、HashMap 这些常用具体类才可被实例化。
- 在各种 List 集合中,ArrayList 适用于快速随机访问元素;LinkList 适用于快速插入、删除元素,可用于构建栈、队列,其使用方法详见 JDK API 文档。
- 在各种 Set 集合中,HashSet 的插入、查找效率通常优于 TreeSet,一旦需要产生一个经过排序的序列,则可以选用 TreeSet,因为它能够维护其内部元素的排序状态。TreeSet 接口的使用方法详见 JDK API 文档。
- 在各种 Map 集合中,HashMap 的用途最为广泛,可提供快速查找;TreeMap 适用于需要排序的序列,其使用方法详见 JDK API 文档。

5.4.6 Iterator 接口

Iterator 接口位于 java.util 包中,用来遍历集合中的元素。它可以把访问逻辑从不同类型的集合类中抽象出来,从而避免向客户端暴露集合的内部结构。

下面先了解 Iterator 接口的定义。

```java
public interface Iterator{
    boolean hasNext();
    Object next();
    void remove();
}
```

- hasNext():判断是否还有元素。
- next():取得下一个元素。
- remove():删除集合中上一次 next()方法返回的元素。

每一种集合类返回的 Iterator 的具体类型可能不同。例如,Array 可能返回 ArrayIterator,Set 可能返回 SetIterator,Tree 可能返回 TreeIterator,但是它们都实现了 Iterator 接口。因此,客户端不关心到底是哪种 Iterator,它只需要获得这个 Iterator 接口即可。

例 5.9 Iterator 接口的使用。

```java
//文件名为 Jpro5_9.java
1  import java.util.*;
2  public class Jpro5_9{
3      public static void main(String[] args){
4          Collection<String>c=new ArrayList<String>();
5          c.add("a");
6          c.add("b");
```

```
7          Iterator it=c.iterator();
8          for(;it.hasNext();){
9              String s=(String)it.next();
10              System.out.println(s);
11          }
12      }
13  }
```

运行结果为：

a
b

程序分析：本程序的功能主要是生成一个 ArrayList 对象，向上转型赋给 Collection 对象 c，给对象 c 添加两个字符串，然后转换为 Iterator 对象并输出集合中的元素。

【练习 5.3】

[程序填空]创建一个存储 String 类型数据的顺序容器，将程序输入的字符串存入容器中并输出容器中的所有内容。

```
1   import java.util.*;
2   public class HelloWorld{
3       public static void main(String[] args){
4           Scanner sc=new Scanner(System.in);
5           List<String>list=new List<String>()        //定义泛型集合对象 list
6           for(int i=0; i<3;i++){
7               list. add(sc.next());                   //将输入的内容添加到集合中
8               System.out.println("集合的第"+(i+1)+"个数据为:"+list.get(i));
9           }
10      }
11  }
```

(1) 程序第 5 行有错误，应修改为(　　)。

    A. ArrayList List<String> list＝new List<String>()

    B. List<String> list＝new ArrayList<String>()

    C. Set<String> list＝new HashSet<String>()

    D. Map<String> list＝new HashMap<String>()

(2) 如果程序的输入数据分别为 first、second、third，则程序的输出是_____。

5.5　实　　例

例 5.10　使用集合创建单选按钮：创建包含 String 对象的集合，然后通过遍历集合创建单选按钮。

分析：本实例将创建两个单选按钮，请读者参照第 8 章的关于单选按钮的知识分析该例题。将单选按钮的标签存放到一个集合 ArrayList 中，在创建单选按钮时，通过 get( ) 方法从集合中获取标签。本实例用到了第 8 章相关知识，因此大家也可以在学习第 8 章后回头再分析该程序。

```java
//文件名为 Jpro5_10.java
1   import java.util.*;
2   import java.awt.*;
3   import java.awt.event.*;
4   import javax.swing.*;
5   public class Jpro5_10 extends JFrame implements ItemListener{
6       JRadioButton b1, b2;
7       ButtonGroup bGroup;
8       JLabel label;
9       JScrollPane scroll;
10      JPanel panel;
11      JSplitPane split;
12      Jpro5_10(){
13          setSize(200, 100);
14          bGroup=new ButtonGroup();
15          setTitle("使用集合创建单选按钮");
16          Container c=getContentPane();
17          java.util.List list=new ArrayList<String>();
18          list.add("Java");
19          list.add("C");
20          panel=new JPanel();
21          label=new JLabel();
22          scroll=new JScrollPane(label);
23          b1=new JRadioButton((String) list.get(0));
24          b2=new JRadioButton((String) list.get(1));
25          bGroup.add(b1);
26          bGroup.add(b2);
27          panel.add(b1);
28          panel.add(b2);
29          b1.addItemListener(this);
30          b2.addItemListener(this);
31          split=new JSplitPane(JSplitPane.HORIZONTAL_SPLIT, true, panel, scroll);
32          c.add(split);
33          setVisible(true);
34      }
35      public void itemStateChanged(ItemEvent e){
36          if (e.getItemSelectable()==b1){
37              label.setText("Java");
38          }
```

```
39          if (e.getItemSelectable()==b2){
40              label.setText("c");
41          }
42      }
43      public static void main(String[] args){
44              new Jpro5_10();
45      }
46  }
```

程序运行结果如图 5-2 所示。

图 5-2　运行界面

程序分析：程序的起始部分引入系统包，关于系统包的功能我们在第 3 章已介绍过，第 8 章将进一步介绍 java.swing 包。Jpro5_10 类中声明需要的组件对象，构造方法中创建组件并初始化。事件处理方法 itemStateChanged 响应单选按钮事件。

习　题　5

1. [思考题]请指出接口与抽象类的关联与区别。
2. [思考题]实现接口时要注意哪些事项？
3. [编程题]设计驾驶员信息管理系统，对男驾驶员和女驾驶员的驾驶行为进行管理。编程实现以下功能：

（1）编写抽象类 Driver，包含成员变量 name 和抽象方法 drives()，编写带参构造方法对 name 进行赋值；

（2）编写 FemaleDriver 和 MaleDriver 类继承自 Driver 类，编写带参构造方法并重写方法 drives()；

（3）实例化 FemaleDriver 和 MaleDriver 类的两个对象，从键盘输入 name，分别调用 drives()方法。

样例输入：

请输入女司机姓名:Mary
请输入男司机姓名:Tom

样例输出：

Mary(Female) drives a vehicle.
Tom(Male) drives a vehicle.

4.［编程题］设计公共交通管理系统，帮助交管部门对公共汽车和出租车信息进行管理。使用 Java 抽象类和接口思想编程，实现以下功能：

（1）编写抽象类 MotorVehicles，包含抽象方法 brake(String s)；

（2）编写接口 MoneyFare，包含方法 charge(String c)；

（3）编写接口 ControlTemperature，包含方法 controlAirTemperature(String t)；

（4）编写公交车类 Bus 继承自 MotorVehicles 并实现 MoneyFare 接口；

（5）编写出租车类 Taxi 继承自 MotorVehicles 并实现 MoneyFare 和 ControlTemperature 接口；

（6）编写测试类 Main，按照样例格式输出 Bus 和 Taxi 信息。

样例输入：

请输入公交车采用的刹车技术和车票价(元)：
气式 2
请输入出租车采用的刹车技术、车票价(元)、安装的空调样式：
油式 1 嵌入式

样例输出：

公共汽车使用的刹车技术：气式
公共汽车：2元/张，不计算公里数
出租车使用的刹车技术：油式
出租车：1元/公里，起步价 3 公里
出租车安装了嵌入式空调

5.［编程题］将 26 个英文字母存放在一个 List 集合中，然后从集合中读出并显示。

6.［编程题］分别向 Set 集合与 List 集合添加 U、a、c、a、u 五个元素，观察能否成功添加。

第**6**章

异 常 处 理

内容导览

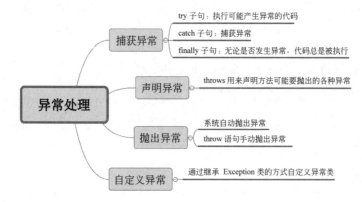

学习目标

- 了解程序中有异常处理和没有异常处理的差别
- 掌握异常的处理机制
- 能够运用 try-catch 语句捕获异常
- 能够区分 throw 和 throws 关键字并应用其解决实际问题
- 能够根据实际问题编写自定义异常程序

前面章节中的 Java 程序在逻辑正确的情况下,如果编译时没有错误,那么就能正确运行。本章将展示程序在被正确编译的情况下产生运行上的错误,并且围绕这些错误给出原因分析以及处理的方法。

6.1 引 例

异常是用来处理程序错误的有效机制。通过系统抛出的异常,程序可以很容易地捕获并处理发生的异常情况。对于一个应用软件,异常处理是不可缺少的。为了说明什么是异常,我们先来看下面的例子。

例 6.1 异常处理引例,计算并输出一个除法运算的商。

分析:在进行除法运算时,有时会出现除数为 0 的错误。以下实例就是演示这种错误。

程序代码如下:

```
//文件名为 Jpro6_1.java
1  public class Jpro6_1{
2     public static void main(String args[]){
3        int j=Integer.parseInt(args[0]);
4        int i=100/j;
5        System.out.println("i="+i);
6  System.out.println("程序继续运行");
7     }
8  }
```

下面是几种运行情况:

① 当参数 args[0]被输入为 0 时,运行结果如下:

```
Exception in thread "main" java.lang.ArithmeticException: / by zero
    at Jpro6_1.main(Jpro6_1.java:5)
```

② 当参数 args[0]被输入为"a"时,运行结果如下:

```
Exception in thread "main" java.lang.NumberFormatException: For input string: "a"
    at java.lang.NumberFormatException.forInputString(NumberFormatException.
java:65)
    at java.lang.Integer.parseInt(Integer.java:580)
    at java.lang.Integer.parseInt(Integer.java:615)
    at Jpro6_1.main(Jpro6_1.java:4)
```

③ 当参数 args[0]未被设置任何值时,运行结果如下:

```
Exception in thread "main" java.lang.ArrayIndexOutOfBoundsException: 0
    at Jpro6_1.main(Jpro6_1.java:4)
```

程序分析:当 args[0]参数是非 0 整数时,程序会正常运行,输出运算结果。当 args[0]=0 时,即 j=0,系统抛出了 java.lang.ArithmeticException 异常,程序终止并显示错误信息。错误的原因在于除数为 0。Java 环境发现这个错误后,便由系统抛出 ArithmeticException 异常,用来表明错误的原因并停止运行程序,因而"程序继续运行"语句无法输出。当 args[0]="a"时,parseInt()方法因无法将一个非整型字符串转换为整型,导致系统抛出了 java.lang.NumberFormatException 异常,程序终止并显示错误信息。当 args[0]未设置任何值时,字符串数组 args 因未赋值,导致系统抛出了 ArrayIndexOutOfBoundsException 异常,程序终止并显示错误信息。

从例 6.1 可以看出,程序在编译时看不出异常,而当程序运行时会提示抛出异常的信息。如果手工检查这些错误,则需要通过条件分支语句来进行。这种方法既烦琐又易出错,同时还会出现错误检查代码和程序逻辑代码纠缠在一起的情况,使程序的可读性和可维护性变差。实际上,只要利用 Java 的异常处理机制编写一些额外的程序代码绕过这些情况,让程序继续执行即可。

在 Java 中,所有的异常都是以类的形式存在。除了内置的异常类之外,Java 允许自定义异常类。Java 中的每个异常类都代表了一种运行错误,每当 Java 程序运行过程中发生一个可识别的运行错误时,系统都会产生一个相应的该异常类的对象,即产生一个异常。一旦一个异常对象产生了,系统中就一定要有相应的机制来处理它,确保不会产生死机、死循环以及其他对操作系统造成损害的现象,从而保证整个程序运行的安全性——这就是 Java 的异常处理机制。

【练习 6.1】

[思考题]请思考 Java 程序中编译时错误、逻辑错误和异常之间的区别。

6.2　异常及其分类

异常是程序运行时所遇到的非正常情况或意外行为。Java 中所有的异常类型都是 Throwable 类的子类;Throwable 类是类库 java.lang 包中的一个类,它派生出两个子类: Error 类和 Exception 类,如图 6-1 所示。图 6-1 只列出了部分异常类,关于其他的异常类在教材相应的部分中将会介绍。

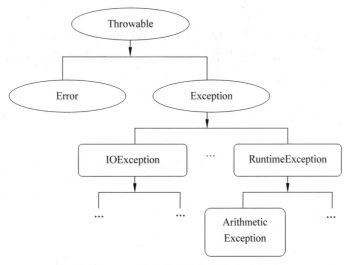

图 6-1　Java 异常层次结构的简化示意图

如图 6-1 所示,Error 类被认为是不能恢复的严重错误,如系统内部错误、资源耗尽错误等。在此情况下,除了通知用户并试图终止程序外,几乎是不能做其他任何处理的,因此不应该抛出这种类型的错误,通常直接让程序中断。这种情况一般很少出现。

RuntimeException 用来表示设计或实现方面的问题,例如除数为 0、访问数组元素时数组下标越界等。当发生这类异常时,运行环境会输出信息,提示用户如何去修正错误。我们常利用 Java 提供的异常处理机制对可能出现的异常进行预见性处理,以保证程序的顺利运行而不是因异常而终止。

Exception 类用来定义可能遇到的轻微错误,分为 RuntimeException 类的异常和 IOException 类的异常。由程序错误导致的异常属于 RuntimeException,而程序本身没有问题;但由诸如 I/O 错误此类问题导致的异常属于其他异常。Exception 类异常可以通过写代码来处理并继续让程序执行,而不是让程序中断。

【练习 6.2】

1. ［单选题］Java 语言所有的异常类均继承自(　　)类。
   A. IOException　　　　B. System　　　　　C. Exception　　　　D. Math
2. ［单选题］关于 Java 中异常的叙述,正确的是(　　)。
   A. 异常是可以捕获和处理的
   B. 异常是程序编写过程中代码的逻辑错误
   C. 异常出现后程序的运行马上终止
   D. 异常是程序编写过程中代码的语法错误

6.3

思政素材

6.3　捕　获　异　常

当一个异常被抛出(即产生异常)时,该如何处理呢?本节将详细介绍 Java 捕获和处理异常的语句。在 Java 语言中使用语句 try-catch-finally 进行异常处理,我们先来介绍 try-catch 子句。

6.3.1　try-catch 子句

基本的异常处理是由 try-catch 语句组来完成的,具体的格式如下:

```
try{
    可能产生异常的代码            //try 块
}
catch(ExceptionType e1){        //要捕获的异常类型
    对此异常的处理               //异常处理,可以为空
}
    ⋮
catch(ExceptionType en){        //要捕获的异常类型
    对此异常的处理               //异常处理,可以为空
}
```

异常的捕获和处理流程如下：

① 如果 try 块中没有代码产生异常，那么程序将跳过 catch 子句。

② try 块中的任意代码产生一个属于 catch 子句所声明类的异常，程序将跳过 try 块中的剩余代码，并且执行与所产生异常类型匹配的 catch 子句的异常处理代码。

③ 如果 try 块中的代码产生一个不属于所有 catch 子句所声明类的异常，那么该方法会立即退出。

例 6.2　捕获例 6.1 中的异常实例，使程序可以成功运行。

分析：在进行除法运算时，可能会出现除数为 0、非数字等异常，可以利用 Java 异常处理机制 try-catch 子句进行异常的捕获和处理。

程序代码如下：

```
//文件名为 Jpro6_2.java
1   public class Jpro6_2{
2   public static void main(String args[]){
3       try{
4           int j=Integer.parseInt(args[0]);
5           int i=100/j;
6           System.out.println("i="+i);
7       }catch(ArithmeticException e){
8           System.out.println("除数 j 不能为 0");
9       }catch(NumberFormatException e){
10          System.out.println("请输入整数");
11       }catch(ArrayIndexOutOfBoundsException e){
12          System.out.println("请给 arg[0]赋值");
13       }
14      System.out.println("程序继续运行");
15  }
16  }
```

下面是几种运行情况：

① 当参数 args[0]被输入为 0 时，运行结果如下：

```
除数 j 不能为 0
程序继续运行
```

② 当参数 args[0]被输入为"a"时，运行结果如下：

```
请输入整数
程序继续运行
```

③ 当参数 args[0]未被设置任何值时，运行结果如下：

```
请给 arg[0]赋值
程序继续运行
```

程序分析：程序中对除数可能为 0、字符串及未赋值带来的异常进行了处理，将可能出现异常的代码放在 try 语句块中,catch 语句块用来处理 try 块中可能产生的异常。Java 异常处理机制允许程序捕获异常并处理,然后继续程序的执行,因而程序能正确输出"程序继续运行"语句。因此,错误情况不会介入程序的正常流程中。

如例 6.2 所示,有时一段程序可能会产生多种异常,这时需要设置多个 catch 子句来进行捕获,每个子句用来捕获不同类型的异常。当有异常发生时,每个 catch 子句依次被匹配检查,当发生的异常是 catch 子句所声明的类型或其子类型时,程序执行流程将转入该 catch 子句中继续执行,其余 catch 子句将不再检查或执行。

注意:如果要同时捕获父类和子类的异常,就必须将捕获子类异常的 catch 语句放在捕获父类异常的 catch 语句的前面,否则捕获子类异常的 catch 语句将不能执行。

例 6.3　结合 JDK API 修改例 6.2,以更准确地输出异常详细信息。

分析:例 6.2 中的异常信息是用户自定义输出的。在实际开发中,程序员常常需要了解异常发生的更详细的信息,对此我们可以查阅 JDK API 中 Exception 类所提供的方法。

程序代码如下:

```java
//文件名为 Jpro6_3.java
1   public class Jpro6_3{
2     public static void main(String args[]){
3         try{
4             int j=Integer.parseInt(args[0]);
5             int i=100/j;
6             System.out.println("i="+i);
7         }catch(ArithmeticException e){
8             System.out.println("捕获到除法为 0 异常");
9             System.out.println("toString()信息:"+e.toString());
10            System.out.println("getMessage()信息:"+e.getMessage());
11        }catch(NumberFormatException e){
12            System.out.println("捕获到输入非整数异常");
13            System.out.println("toString()信息:"+e.toString());
14            System.out.println("getMessage()信息:"+e.getMessage());
15        }catch(ArrayIndexOutOfBoundsException e){
16            System.out.println("捕获未设置参数异常");
17            System.out.println("toString()信息:"+e.toString());
18            System.out.println("getMessage()信息:"+e.getMessage());
19        }
20        System.out.println("程序继续运行");
21    }
22  }
```

下面是几种运行情况:

① 当参数 args[0]被输入为 0 时,运行结果如下:

捕获到除法为 0 异常

```
toString()信息:java.lang.ArithmeticException: / by zero
getMessage()信息:/ by zero
程序继续运行
```

② 当参数 args[0]被输入为"a"时,运行结果如下:

```
捕获到输入非整数异常
toString()信息:java.lang.NumberFormatException: For input string: "a"
getMessage()信息:For input string: "a"
程序继续运行
```

③ 当 args[0]未被设置任何值时,运行结果如下:

```
捕获未设置参数异常
toString()信息:java.lang.ArrayIndexOutOfBoundsException: 0
getMessage()信息:0
程序继续运行
```

程序分析:程序中的 e 是捕获到的异常实例,它由系统自动创建,里面包含了异常的信息。XXXException 是 Exception 异常的任意子类。这里,通过异常对象 e 的 toString()方法来获取异常名称及简单描述,利用异常对象 e 的 getMessage()方法以获取详细的异常描述。当然,异常对象 e 不仅提供这两个方法来获取异常信息,还提供了如 printStackTrace() 方法以获取更详细的异常信息。读者可以根据需要查阅 JDK API 文档。

6.3.2 finally 子句

当异常产生时,方法的流程以非线性方式执行,甚至在没有匹配到 catch 子句时,就可能从方法中过早退出。但有时,无论是异常未产生还是产生后被捕获,都希望有些语句必须执行,以释放系统资源。例如程序需要打开文件或网络连接,在此过程中,无论有无异常发生,都需要将文件或网络连接正常关闭。由上述异常处理流程可知,关闭操作放在 try 或 catch 语句块中都不合适,而 finally 语句提供了上述问题的解决办法,即在 try-catch 语句块之后创建一个 finally 语句块。try-catch-finally 语句块的格式如下:

```
try{
    ⋮
}catch(ExceptionType e1){
    ⋮
}
    ⋮
catch(ExceptionType en){
    ⋮
}finally{
  /*
    始终会被执行,用于释放资源
  */
}
```

只要程序中包含 finally 子句，不管异常产生与否，都将执行 finally 块，这就避免了执行程序从方法中过早退出而导致资源不能释放的现象。

例 6.4 运用 finally 子句改进例 6.2，实现无论异常产生与否，都执行输出语句"finally 语句总会被执行"。

分析：例 6.2 中有一条关于"程序继续运行"的输出语句，该语句不管程序是否产生异常，都将会被执行。在实际开发中，该输出语句常被替换为释放资源的语句，以保证程序的安全性。这里，使用 finally 子句不仅能实现相同的输出功能，还能使程序层次结构更加清晰。

程序代码如下：

```
//文件名为 Jpro6_4.java
1    public class Jpro6_4{
2      public static void main(String args[]){
3          try{
4              int j=Integer.parseInt(args[0]);
5              int i=100 / j;
6              System.out.println("i="+i);
7          }catch(ArithmeticException e){
8              System.out.println("捕获到除法为 0 异常");
9          }catch(NumberFormatException e){
10             System.out.println("捕获到输入非整数异常");
11         }catch(ArrayIndexOutOfBoundsException e){
12             System.out.println("捕获未设置参数异常");
13         }finally{
14             System.out.println("finally 语句总会被执行");
15         }
16     }
17   }
```

请读者自行运行本程序。

程序分析：在上述代码中，无论程序是否产生异常或产生后捕获到异常，finally 块中的语句总会被执行。

【练习 6.3】

1. 在 Java 的异常处理机制中，(   )语句用于捕获异常。

    A. if -else   B. switch-case   C. try-catch   D. throw

2. catch 子句的形式参数指明所捕获的异常类型，该类型必须是下列(   )的子类。

    A. Throwable   B. aWTError

    C. VirtualMachineError   D. Exception 及其子集

3. 编译和运行下列程序，输出结果是(   )。

```
public class ex{
    private void test(){
        try{
            System.out.print("test");
        }finally{
            System.exit(0);
            System.out.print("finally");
        }
    }
    public static void main(String[] a){
        ex ex1=new ex();
        ex1.test();
    }
}
```

    A. test   B. finally   C. testfinally   D. 编译错误

4. 对于 catch 子句的排列,下列哪种是正确的( )。

    A. 父类在先,子类在后

    B. 子类在先,父类在后

    C. 有继承关系的异常不能在同一个 try 程序段内

    D. 先有子类,其他如何排列都无关

5. 如果一个程序段中有多个 catch,则程序会按下列哪种情况执行( )。

    A. 对每个 catch 都执行一次

    B. 找到合适的异常类型后就不再执行后边的 catch

    C. 找到每个符合条件的 catch 都执行一次

    D. 找到合适的异常类型后继续执行后面的 catch

6. 在异常处理中,如释放资源、关闭文件、关闭数据库等由( )来完成。

    A. try 子句   B. catch 子句   C. finally 子句   D. throw 子句

6.4 抛 出 异 常

6.4

    Java 程序在运行时如果引发了一个可以识别的错误,就会产生一个与该错误相对应的异常类的对象,这个过程称为异常的抛出,它实际是抛出相应异常类的实例。根据异常类的不同,抛出异常的方式也有所不同。异常抛出方式分为两种:

    (1) 系统自动抛出的异常

    所有系统定义的异常由系统自动地抛出,即一旦出现这些运行错误,系统将会为这些错误产生对应异常类的实例。

    (2) 手动抛出异常

    Java 为我们提供了自己产生异常的机会,即使用 throw 语句抛出异常。抛出异常的语法格式如下：

throw 异常实例；

关于手动抛出异常，首先必须知道什么情况下产生了某种异常对应的错误，然后为这个异常类创建一个实例，最后用 throw 语句抛出。throw 关键字通常用于方法体中，抛出一个异常类的实例。

例 6.5　使用 throw 语句，设计并测试一个手工抛出数组越界异常的方法。

分析：之前的异常示例都是系统自动抛出的。在实际开发中，程序员有时需要自己手动抛出异常，可以使用 throw 语句手动抛出。

程序代码如下：

```
//文件名为 Jpro6_5.java
1   public class Jpro6_5{
2      public static void test(int i){
3         try{
4            int[] arr={ 4, 9};
5            if (i>=arr.length)
6               throw new Exception("数组下标越界了!");
7            else
8               System.out.println("程序正常运行");
9         }catch(Exception e){
10           System.out.println(e.toString());
11        }
12     }
13     public static void main(String[] args){
14           test(3);
15     }
16  }
```

运行结果为：

java.lang.Exception: 数组下标越界了!

程序分析：例 6.5 中的 test()方法手动抛出了 Exception 异常，并且直接在该方法体中使用 try-catch 语句捕获和处理了该异常。

【练习 6.4】

1. 如要抛出异常，应该使用下列哪种子句（　　　）。

　A. catch　　　　　B. throw　　　　　C. try　　　　　D. finally

2. throw 语句抛出的异常类型必须是（　　　）。

　A. String 类型　　　　　　　　　　B. System 类型

　C. 任意类型　　　　　　　　　　　D. Exception 或从 Exception 派生的类型

6.5 声 明 异 常

如果一个方法中发生了异常而没有捕获它,那么必须在其方法头中进行声明,将来由方法的调用者来进行处理。声明异常使用 throws 关键字,格式如下:

```
返回类型 方法名(参数列表)throws Exception1, Exception2,...{
    ⋮
    throw 异常实例;
    ⋮
}
```

这样定义方法后,可通知所有要调用这个方法的上层方法准备接受和处理它在运行中抛出的异常。若方法中的 throw 语句不止一个,则要抛出的异常类名列表应包含方法中所有 throw 语句抛出的异常。

针对例 6.5 使用 throw 手动抛出异常,除了在手动抛出异常的方法体中直接捕获异常方式进行处理以外,还可以采用其他方式捕获处理异常,如例 6.6 所示。

例 6.6 在例 6.5 的基础上,声明一个数组越界异常的方法,并且在该方法调用者中捕获和处理该异常。

分析:例 6.5 中定义了一个数组越界异常的方法 test(),并且在该方法中直接捕获和处理该异常。如果 test()方法不想处理该异常的话,那么我们可以对其进行声明,将来让方法调用者来捕获和处理该异常。

程序代码如下:

```
//文件名为 Jpro6_6.java
1   public class Jpro6_6{
2     public static void test(int i) throws Exception{
3         int[] arr={ 4, 9};
4         if(i>=arr.length)
5             throw new Exception("数组下标越界了!");
6         else
7             System.out.println("程序正常运行");
8     }
9     public static void main(String[] args){
10        try{
11            test(3);
12        }catch(Exception e){
13            System.out.println(e.toString());
14        }
15    }
16  }
```

运行结果为：

```
java.lang.Exception: 数组下标越界了!
```

程序分析：程序中定义了静态方法 test()，该方法抛出 Exception 异常，而 test() 方法体中并没有及时地捕获和处理异常。因此，需要在 test() 方法头中通过 throws 子句声明异常。因 main() 方法是 test() 方法的调用者，所以需要处理 test() 方法中未处理的异常。

如果 main() 方法在调用方法 test() 时不打算捕获和处理异常，则需要在该方法中继续声明 Exception 异常，如例 6.7 所示。

例 6.7 在例 6.5 的基础上，声明一个数组越界异常的方法，并且在该方法调用者中继续声明该异常。

分析：例 6.5 中定义了一个数组越界异常的方法 test()，并且在该方法中直接捕获和处理该异常。如果 test() 方法不想处理该异常的话，那么我们需要对其进行声明。进一步地，若 test() 的直接调用者也不处理该异常，那么就需要该方法直接调用者继续声明该异常。

程序代码如下：

```
//文件名为 Jpro6_7.java
1    public class Jpro6_7{
2      public static void test(int i) throws Exception{
3          int[] arr={ 4, 9};
4          if (i>=arr.length)
5              throw new Exception("数组下标越界了!");
6          else
7              System.out.println("程序正常运行");
8      }
9      public static void main(String[] args) throws Exception{
10         test(3);
11     }
12   }
```

请读者自行运行本程序。

总之，在 Java 的语法中，如果一个方法中调用了已经声明异常的另一个方法，那么 Java 编译器会强制调用者必须处理被声明的异常，要么捕获处理要么继续声明异常。

【练习 6.5】

1.[单选题]当方法遇到异常又不知如何处理时，下列哪种说法是正确的(　　)。

    A. 捕获异常　　　　B. 抛出异常　　　　C. 声明异常　　　　D. 嵌套异常

2.[填空题]在 Java 的语法中，如果一个方法中调用了已经声明异常的另一个方法，那么 Java 编译器会强制调用者必须处理被声明的异常，要么_____要么_____。

6.6　自定义异常类

在大型项目开发中,当程序员不知道系统在何处抛出异常,常常需要进行自定义异常类。自定义异常类可以表示应用程序的一些错误类型,并且为代码可能发生的问题提供新的含义。Java 语言提供了继承的方式来编写自定义异常类。因为所有的异常类均直接或间接继承自 Exception 类,所以自定义类都是 Exception 类的子类。自定义异常类的语法如下:

```
class 异常类名 extends Exception{
    ⋮
}
```

在自定义异常类中通过编写新的方法来处理相关的异常,甚至不编写任何语句也可以正常工作,因为 Exception 类已提供相当丰富的方法。例 6.8 说明如何自定义异常类及其使用方法。

例 6.8　创建一个字符串长度越界的自定义异常类 MyException 并对其进行测试。

分析:首先需要创建一个 Exception 子类,命名为 MyException 类,该类需要定义输出字符串长度越界异常信息的方法。接着创建一个测试类,包含主方法 main(),定义一个字符串,通过判定字符串长度,手动抛出 MyException 异常。同时,在 main() 方法中捕获和处理 MyException 异常。

程序代码如下:

```java
//文件名为 Jpro6_8.java
1   class MyException extends Exception{
2     private int len;
3     public MyException(String n){
4         len=n.length();
5     }
6     public String toString(){
7         return ("您的字符串长度为"+len+",超出所允许的最大长度7,出现异常。");
8     }
9   }
10  public class Jpro6_8{
11    public static void main(String args[]){
12        String str="好好学习java";
13        try{
14            System.out.println("这是一个自定义异常的例子!");
15            if(str.length()>7)
16                throw new MyException(str);
17        }catch(MyException e){
18            System.out.println(e.toString());
```

```
19        }
20     }
21  }
```

运行结果为：

这是一个自定义异常的例子!
您的字符串长度为 8, 超出所允许的最大长度 7, 出现异常

程序分析：程序第 1 行通过继承 Exception 类创建了异常类 MyException, 并且定义了它的一个构造方法和一个成员方法。其中异常类和普通类一样, 可以有成员变量、方法, 能对变量进行操作。程序中还定义了一个测试类 Jpro6_8, 该类的 main() 方法中根据字符串 str 的长度判断是否抛出异常, 若其长度大于 7, 则通过 throw new MyException(str) 语句抛出自定义的异常, 最后通过 try-catch 进行捕获处理, 输出异常信息。

【练习 6.6】

1. [单选题]自定义异常类时, 不可以继承的类是(　　　)。
   A. Error   B. Throwable
   C. IOException   D. Exception
2. [单选题]自定义异常时, 可以通过对下列(　　)进行继承。
   A. Error 类   B. Applet 类
   C. Exception 类及其子类   D. AssertionError 类
3. [填空题]自定义异常时, 一般需要继承_____类及其子类, 并且使用关键字_____声明异常。
4. [填空题]下列程序的输出结果是_____。

```
public class Exe6_1{
    public static void main(String args[]){
        try{
            throw new MyException();
        }catch(Exception e){
            System.out.println("It's caught!");
        }finally{
            System.out.println("It's finally caught!");
        }
    }
}
class MyException extends Exception{ }
```

6.7　实　　例

例 6.9　判断一位学生的某门课程成绩是否合格。具体内容如下：
① 自定义一个异常类 FailException, 表示不及格。

② 创建类 Student,有三个属性表示平时成绩、实验成绩和期末成绩,有一个 getScore()方法计算总评成绩(总评成绩＝0.2＊平时成绩＋0.2＊实验成绩＋0.6＊期末成绩)。如果总成绩小于 60 分,则抛出异常 FailException。

③ 创建测试类,实例化 Student 对象,调用 getScore()方法来计算总评成绩,注意异常的捕获和处理。

分析:首先需要定义一个 Exception 的子类 FailException。然后定义一个 Student 类,包括三个属性以及获得总评成绩的方法 getScore()。最后定义测试类,包含一个主方法 main()。在 main()中,通过对总评成绩的逻辑判定来手动抛出 FailException 异常,以表示不及格。同时,在 main()方法中捕获和处理 FailException 异常。

程序代码如下:

```java
//文件名为 Jpro6_9.java
1   class Student{
2     private double regularGrade;
3     private double experimentGrade;
4     private double finalGrade;
5     public Student(double regularGrade, double experimentGrade, double finalGrade){
6         this.regularGrade=regularGrade;
7         this.experimentGrade=experimentGrade;
8         this.finalGrade=finalGrade;
9     }
10    public double getScore(){
11        double score=regularGrade * 0.2+experimentGrade * 0.2+finalGrade * 0.6;
12        return score;
13    }
14  }
15
16  class FailException extends Exception{
17    String message;
18    public FailException(String message){
19        this.message=message;
20    }
21    public String toString(){
22        return message+"本门课程未通过!";
23    }
24  }
25
26  public class Jpro6_9{
27    public static void main(String[] args){
28        Student s1=new Student(50, 40, 60);
29        try{
30            if (s1.getScore()<60)
31                throw new FailException("你的总评成绩不及格!");
```

```
32          }catch(FailException e){
33              System.out.print(e.toString());
34          }
35      }
36  }
```

运行结果为:

你的总评成绩不及格! 本门课程未通过!

程序分析: 程序由学生类 Student、自定义异常类 FailException 以及测试类 Jpro6_9 构成。其中异常类 FailException 继承自 Exception 类。当一个学生的总评成绩少于 60 分时,使用 throw 关键字手动抛出 FailException。测试类 Jpro6_9 使用 try-catch 语句捕获和处理 FailException 异常。

习 题 6

1. [填空题]下列程序段运行后,标准输出是_____。

```
public class Exe6_1{
  public static void main(String args[]){method();}
  static void method(){
    try{
        System.out.println("test");
    }
    finally{
        System.exit(0);
        System.out.println("finally");}
    }
}
```

2. [判断题]下面的代码段中 finally 语句块会被执行吗? (   )

```
public class Exe6_2{
    public static void main(String [] args){
        try{
            int [] a=new int[3];
            System.exit(0);
        }
        catch(ArrayIndexOutOfBoundsException e){
            System.out.println("发生了异常");}
        finally{
            System.out.println("Finally");
        }
    }
}
```

3. [编程题]定义 Triangle 类,其中包含一个方法 void sanjiao(int a,int b,int c),用来判断三个参数是否能构成一个三角形。如果不能,则抛出异常 IllegalArgumentException 并显示异常信息"a,b,c+不能构成三角形";如果可以构成三角形,则显示三角形三个边长。最后在主方法中通过命令行输入三个整数,调用 sanjiao 方法并捕获处理异常。

4. [编程题]编写三个自定义异常类,分别为空异常类、年龄小异常类和年龄大异常类。再编写一个学生类,包括学号、姓名、年龄属性和一个构造方法。其中构造方法设置学号、年龄和姓名。如果年龄小于 3,则抛出年龄小异常;如果年龄大于 35,则抛出年龄大异常;如果姓名为空,则抛出空异常。最后编写测试程序。

第7章

Java 输入输出流

内容导览

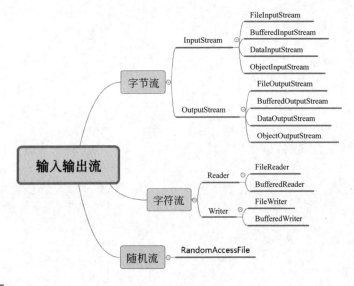

学习目标

- 理解流的定义，举例说明输入流和输出流的区别
- 能够使用字节流、字符流及缓冲流类实现输入输出
- 学会使用随机读写文件流实现输入输出
- 理解对象串行化概念，能实现对象串行化、反串行化

7.1 引　例

大多数应用程序都需要实现与设备的数据传输，例如使用键盘输入数据、使用显示器显示程序的运行结果等。在 Java 语言中，流指不同输入输出设备（如键盘、内存、显示器、网络等）间的数据传输。程序通过流的形式与各种 I/O 设备进行数据传输。Java 中的流定义于 java.io 包中，被称为 I/O 流（图 7-1 展示了 I/O 流的主要分类）。下面我们先看一个实例。

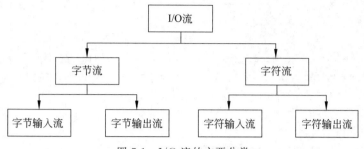

图 7-1　I/O 流的主要分类

例 7.1　将一个学生对象写入文件,然后再读出并显示。

分析:定义可序列化的学生类,借助对象流将可序列化的学生对象写入文件,然后再读出。

设计步骤:

① 定义 Student 类。

类:Students

字段:serialVersionUID:long

　　　sId:int

　　　sName:String

　　　sAge:int

方法:Student(int id,String name,int age)

　　　String toString()

② 创建 FileOutputStream、ObjectOutputStream 流对象,用于将学生写入文件。

③ 创建 FileInputStream、ObjectInputStream 流对象,用于将学生读出。

代码如下:

```
//文件名为 Jpro7_1.java
1   import java.io.FileOutputStream;
2   import java.io.FileInputStream;
3   import java.io.IOException;
4   import java.io.ObjectInputStream;
5   import java.io.ObjectOutputStream;
6   import java.io.Serializable;
7   class Student implements Serializable{          //标识 Student 类可串行化
8       private static final long serialVersionUID=1L;  //显式声明 SerialVersionUID
9       int sId;
10      String sName;
11      int sAge;
12      public Student(int id,String name,int age){   //构造方法初始化字段
13          super();
14          this.sId=id;
15          this.sName=name;
```

```java
16        this.sAge=age;
17      }
18    @ Override
19    public String toString(){                      //重写此方法
20      return "Student [id="+sId+", name="+sName+", age="+sAge+"]";
21    }
22  }
23  public class Jprog7_1{
24    public static void main(String[] args){
25      FileOutputStream fos=null;                   //声明流变量
26      FileInputStream fis=null;
27      ObjectInputStream ois=null;
28      ObjectOutputStream oos=null;
29      try{
30        Student stu1=new Student(1001,"张三",18);
31        fos=new FileOutputStream("d:/c.txt");       //创建 FileOutputStream 对象
32        oos=new ObjectOutputStream(fos);             //创建 ObjectOutputStream 对象
33        oos.writeObject(stu1);                       //写对象
34        oos.flush();                                 //刷新流
35        fis=new FileInputStream("d:/c.txt");         //创建 FileInputStream 对象
36        ois=new ObjectInputStream(fis);              //创建 ObjectInputStream 对象
37        Student stu2=(Student) ois.readObject();     //读对象
38        System.out.println(stu2);                    //输出对象至控制台
39      }catch(ClassNotFoundException e){
40        e.printStackTrace();                         //将异常栈打印至标准错误流
41      }catch(IOException e){
42        e.printStackTrace();
43      }finally{                                      //关闭流
44        if(oos!=null){
45          try{
46            oos.close();
47          }catch(IOException e){
48            e.printStackTrace();
49          }
50        }
51        if(fos!=null){
52          try{
53            fos.close();
54          }catch(IOException e){
55            e.printStackTrace();
56          }
57        }
58        if(ois!=null){
59          try{
```

```
60          ois.close();
61        }catch(IOException e){
62          e.printStackTrace();
63        }
64     }
65     if(fis!=null){
66       try{
67          fis.close();
68        }catch(IOException e){
69          e.printStackTrace();
70        }
71     }
72    }
73   }
74  }
```

运行结果为：

```
Student [id=1001, name=张三, age=18]
```

程序分析：第 7～22 行首先定义 Student 类实现 Serializable 接口。第 25～28 行实例化对象的输入输出流。第 33 行将 stu1 对象写入文件；第 37 行将文件中的学生读出并拼装成学生对象。第 44～70 行关闭打开的输入输出流。

本例中主要应用 Java 的输入输出流实现了对象的写入与读出。有关流的知识及其应用将在本章后面详细解释。

7.2

7.2 流

流是指计算机各部件之间的数据流动。Java 流序列中的数据既可以是未经加工的原始二进制数据，也可以是经过一定编码处理后符合某种格式规定的特定数据。

根据流中的数据传输的方向，可将流分为输入流和输出流。

当程序需要读取数据时，会生成一个通向数据源的流，这个数据源可以是文件、内存或网络连接，这时称该流为输入流。当程序需要写入数据时，会生成一个通向目的地的流，此时流被称为输出流，如图 7-2 所示。

注意：流是有方向的，只能从输入流读数据，而不能向输入流写数据；只能向输出流写数据，而不能从输出流读数据。

Java 的 I/O 包提供了大量的流类来实现数据的输入和输出。但是所有输入流类都是抽象类 InputStream 或 Reader 的子类，它们都继承了 read()方法用于读取数据。而所有输出类都是 OutputStream 或 Writer 的子类，它们都继承了 write()方法用于写入数据。

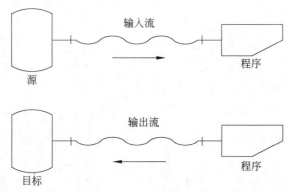

图 7-2　输入流和输出流

【练习 7.1】

1.［填空题］根据流中的数据传输的方向,可将流分为_____和_____。

2.［填空题］读取数据时应使用_____流。

3.［填空题］流是_____(有/无)方向的。

4.［填空题］只能向_____流写数据,而不能从中读数据。

7.3

7.3　标准输入输出流

语言包 java.lang 中的 System 类管理标准输入/输出流和错误流。它提供了标准输入流 System.in、标准输出流 System.out 及错误流 System.err。通过 System 类的基本属性 in 可以获得一个 InputStream 对象,其语句为:

```
InputStream is=System.in;
```

它是一个标准输入流,一般接收键盘的响应,得到键盘所传递来的数据。

System.out 是标准输出流,一般用于向显示设备(通常是显示器)输出数据。它是 java.io 包中 PrintStream 类的一个对象,其 println()、print()和 write()方法用于输出数据。

和 System.out 一样,System.err 也是一个 PrintStream 对象,用于向显示设备输出错误信息。

例 7.2　将键盘输入的字符转换为字符串。

分析:使用输入流将字符读入字节缓冲区,再将字节缓冲区中的字符转换为字符串。

设计步骤:

① 创建输入流。

② 开辟字节缓冲区,读取字节。

③ 将字节缓冲区中的数据转换为字符串。

代码如下:

```
//文件名为 Jpro7_2.java
1   import java.io.*;
2   public class Jpro7_2{
3       public static void main(String[] args){
4           InputStream is=System.in;
5           try{
6               byte[] bs=new byte[1024];          //开辟字节缓冲区
7               int len=is.read(bs);               //从标准输入流对象读取字节
8               String str=new String(bs);         //创建 String 对象
9               System.out.println("输入的内容:"+str);
10              is.close();
11          }
12          catch(IOException e){
13              e.printStackTrace();               //将异常栈打印至标准错误流
14          }
15      }
16  }
```

请读者自行运行该程序。

程序分析: 第 4 行创建一个 InputStream 对象 is 并将其赋值为 System.in,从键盘获得字节信息。通过这些字节信息创建字符串并将其在显示器上输出。

【练习 7.2】

1. [填空题] java.lang 中的_____类管理标准输入/输出流和错误流。

2. [单选题]标准输入流是(   )。

    A. System.out   B. System.in   C. System.err   D. System.input

3. [填空题]System.err 是一个_____对象。

4. [单选题]下面(   )方法不是 Java.io 包中 PrintStream 类的方法。

    A. println()   B. print()   C. write()   D. read()

7.4 文件访问

7.4

在进行流操作时,经常从文件中读数据或将数据写到文件中去。因此在对文件进行 I/O 操作时,还需要知道一些关于文件的信息。与文件操作相关的类有:File 类、FileDescriptor 类和 FilenameFilter 接口(主要用于实现文件名查找模式的匹配);RandomAccessFile 类提供对本地文件系统中文件的随机访问支持。这里我们主要介绍 File 类。

File 类是一个和流无关的类。该类不仅提供操作文件的方法,也提供操作目录的方法。对于目录,Java 把它作为一种特殊的文件,即文件名的列表。通过 File 类的方法,可以得到文件或目录的描述信息,包括名称、所在路径、读写性、长度等,还可以进行创建新目录、创建临时文件、改变文件名、删除文件、列出一个目录中所有的文件或与某个模式相匹配的文件等操作。

1. File 类的构造方法

File 类主要有四个构造方法:

- public File(String pathname)
- public File(File parent,String child)
- public File(String parent,String child)
- public File(URI uri)

其中,第四个构造方法的参数 URI 转换为一个抽象路径名来创建一个新的 File 实例,使用时还与具体的机器有关。因为该方法很少使用,所以这里就不详细介绍了。参数 pathname 和 child 指定文件名,parent 指定目录名(目录名既可以是字符串,也可以是 File 对象)。下面的语句组演示创建一个新文件对象的多种方法。

- File f1=new File("D:\\myfile.txt");
- File f2=new File("D:\\mydir","myfile.txt");
- File myDir=new File("D:\\tc");
- File f3=new File(myDir,"myfile.txt");

其中,第 1 条语句通过指定文件名创建 f1,第 2 条语句通过指定文件名和目录名创建 f2,第 3 条语句通过指定目录名创建 myDir,最后一条则以目录对象 myDir 创建 f3。

注意:表示文件路径时,使用转义的反斜线作为分隔符,即用"\\"代替"\"。以"\\"开头的路径名表示绝对路径,否则表示相对路径;或者用"/"表示,如 File f1 = new File ("D:/myfile.txt");。

如果应用程序中只用一个文件,则第一种创建文件的结构是最容易的。如果在同一目录中打开数个文件,则需要用第二种或第三种结构。

2. File 类提供的方法

创建一个文件对象后,可以用 File 类方法来获得文件相关信息,对文件进行操作。
(1) 文件操作

```
public String getName()              //返回文件对象名,不包含路径名
public String getPath()              //返回相对路径名,包含文件名
public String getAbsolutePath()      //返回绝对路径名,包含文件名
public String getParent()            //返回父文件对象的路径名
public File getParentFile()          //返回父文件对象
public long length()                 //返回指定文件的字节长度
public boolean exists()              //判断指定文件是否存在
public long lastModified()           //返回指定文件最后被修改的时间
public boolean renameTo(File dest)   //文件重命名
```

```
public boolean delete()                     //删除空目录
public boolean canRead()                     //判断文件是否可读
public boolean canWrite()                    //判断文件是否可写
```

（2）目录操作

```
public boolean mkdir()                       //创建指定目录,正常建立时返回 true
public String[]list()                        //返回目录中的所有文件名字符串
public File[]listFiles()                     //返回目录中的所有文件对象
```

下面给出一个实例演示 File 类中一些常用方法的使用。

例 7.3　获取文件的文件名、父路径、长度、可写性等信息。

分析：可以使用 File 类中提供的成员方法获取文件的文件名、父路径、长度、可写性等信息。

设计步骤：

① 创建 File 类对象 file。

② 调用 File 类的 getName()、getParent()、length()、canWrite()方法。

代码如下：

```
//文件名为 Jpro7_3.java
1   import java.io.*;
2   public class Jpro7_3{
3       public static void main(String[] args){
4           File file=new File("D:/Jpro7_3.java");
5           if (file.exists()){
6               String name=file.getName();
7               String parent=file.getParent();
8               long leng=file.length();
9               boolean bool=file.canWrite();
10               System.out.println("文件名称为:"+name);
11               System.out.println("文件目录为:"+parent);
12               System.out.println("文件大小为:"+leng+" bytes");
13               System.out.println("是否为可改写文件:"+bool);
14          }
15      }
16  }
```

请读者自行运行该程序。

程序分析：程序第 1 行首先引入系统包 java.io。在第 4 行的 main 主方法中创建一个文件对象,通过调用相应的方法获得文件名、文件父路径和文件长度,以及判断文件是否能写,程序最后将相关信息输出。

【练习 7.3】

1.［判断题］File 类仅提供操作文件的方法,没有提供操作目录的方法。（　　　）

2.［单选题］下面（　　　）不是 File 类的构造方法。

A. public File(String pathname)

B. public File(File parent,String child)

C. public File(String parent,String child)

D. public File(File file)

3. [单选题]File 类中返回相对路径名且包含文件名的方法是(　　)。

A. public String getName()

B. public String getPath()

C. public String getAbsolutePath()

D. public String getParent()

4. [单选题]File 类中创建目录的方法是(　　)。

A. public boolean mkdir()

B. public boolean dir()

C. public boolean directory()

D. public boolean cd()

7.5　字　节　流

字节流用来读写 8 位的数据。由于在读写中不会对数据进行任何转换,因此可以用来直接处理二进制的数据。

7.5.1　InputStream 和 OutputStream 类

7.5.1

InputStream 类是所有字节输入流类的父类,OutputStream 类是所有字节输出流类的父类,均是抽象类。

1. InputStream 类

InputStream 是一个抽象类,它定义了基本的字节数据读入方法,它的子类是对其的实现或进一步的功能扩展,它们的继承关系如图 7-3 所示。

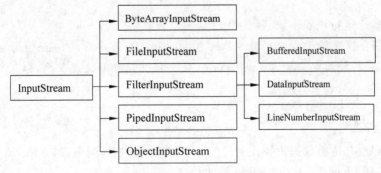

图 7-3　InputStream 及其子类

InputStream 类用于从外部设备获取数据到计算机内存中,通过定义其子类以及方法来实现字节输入功能。InputStream 类提供了输入数据所需的基本方法,如表 7-1 所示。

表 7-1 InputStream 类的成员方法

成 员 方 法	主 要 功 能
public abstract int read() throws IOException	自输入流中读取一字节
public int read(byte b[]) throws IOException	将输入的数据存放在指定的字节数组
public int read (byte b[], int offset, int len) throws IOException	自输入流中的 offset 位置开始读取 len 字节并存放在指定的数组 b 中
public void reset() throws IOException	将读取位置移至输入流标记之处
public long skip(long n) throws IOException	在输入流中跳过 n 字节
public int available() throws IOException	返回输入流中的可用字节个数
public void mark(int readlimit)	在输入流当前位置加上标记
public boolean markSupported()	测试输入流是否支持标记用的所有资源
public void close() throws IOException	关闭输入流并释放占用的所有资源

2. OutputStream 类

OutputStream 类也是抽象类,它定义了基本的数据写出方法,如 write()方法。所有的字节输出流都是 OutputStream 类及其子类,它们继承关系如图 7-4 所示。

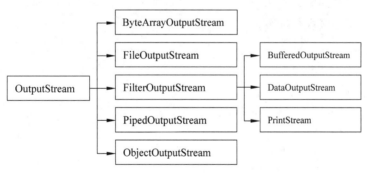

图 7-4 OutputStream 及其子类

OutputStream 类用于将计算机内存的数据输出到外部设备,通过定义其子类以及方法来实现字节输出功能。OutputStream 提供了输出数据所需的基本方法,如表 7-2 所示。

表 7-2 OutputStream 类的成员方法

成 员 方 法	主 要 功 能
public abstract void write(int b) throws IOException	写一字节
public void write(byte b[]) throws IOException	写一字节数组
public void write (byte b[],int offset,int len) throws IOException	将字节数组 b 中从 offset 位置开始的、长度为 len 字节的数据写到输出流中
public void flush() throws IOException	写缓冲区内的所有数据
public void close() throws IOException	关闭输出流并释放占用的所有资源

图 7-5 是抽象类 InputStream 和 OutputStream 中常用成员的对应关系。

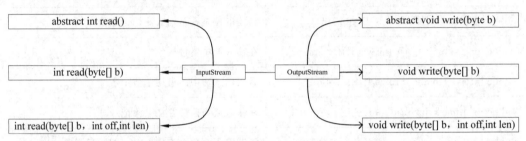

图 7-5 抽象类 InputStream 和 OutputStream 中常用成员的对应关系

例 7.4 对文件进行的复制。

分析：使用 InputStream、OutputStream 进行读写操作,完成文件的复制。

设计步骤：

① 创建 FileInputStream 类对象并上转型为 InputStream 类对象用于输入。

② 创建 FileOutputStream 类对象并上转型为 OutputStream 类对象用于输出。

③ 开辟字节缓冲区。

④ 对字节缓冲区进行读写。

代码如下：

```
//文件名为 Jpro7_4.java
1    import java.io.InputStream;
2    import java.io.OutputStream;
3    import java.io.FileInputStream;
4    import java.io.FileOutputStream;
5    import java.io.IOException;
6    public class Jpro7_4{
7      public static void main(String[] args){
8          InputStream is=null;
9          OutputStream os=null;
10         try{
11             is=new FileInputStream("d:/test.jpg");
```

```
12              os=new FileOutputStream("d:/testOut.jpg");
13              byte[] bs=newbyte[1024];                   //开辟字节缓冲区
14              int len;
15              while ((len=is.read(bs)) !=-1){             //读数据至缓冲区
16                  os.write(bs, 0, len);                   //将数据写至输出流
17              }
18          }catch(Exception e){
19              e.printStackTrace();
20          }finally{
21              try{
22                if (is !=null)
23                    is.close();
24                if (os !=null)
25                    os.close();
26              }catch(IOException e){
27                    e.printStackTrace();
28              }
29          }
30      }
31  }
```

请读者自行运行该程序。

程序分析：第8、9行分别定义了 Input、Output 变量，第11、12行分别对两个变量实例化。第13行建立缓冲区。第15、16行借助缓冲区实现文件的复制。通过 is、os 两个父类变量引用子类 FileInputStream、FileOutputStream 实例，实现了面向抽象的编程。调用的方法 int read(byte[] b)由子类 FileInputStream 重写，同样 void write(byte[] b,int off,int len)由子类 FileOutputStream 重写。

7.5.2 FileInputStream 类和 FileOutputStream 类

7.5.2

FileInputStream 类通过字节方式读取文件，FileOutputStream 类通过字节方式写数据到文件中，它们的父类分别是 InputStream 和 OutputStream。

1. FileInputStream 类

InputStream 类和 OutputStream 类都是抽象类，不能实例化，因此在实际应用中并不能直接使用这两个类，而是使用一些基本数据流类，如 FileInputStream 和 FileOutputStream。它们分别是 InputStream 类和 OutputStream 类的子类，用于进行文件输入和输出的处理，其数据源和目标都是文件。

FileInputStream 用于顺序访问本地文件。它从超类 InputStream 中继承了 read()、close()等方法对本机上的文件进行操作，但不支持 mark()方法和 reset()方法。

（1）构造方法

为了创建 FileInputStream 类的对象，用户可以调用它的构造方法。FileInputStream 类主要有三个构造方法：

- FileInputStream(String name)
- FileInputStream(File file)
- FileInputStream(FileDescriptor fd)

第一个构造方法使用给定的文件名 name 创建 FileInputStream 对象，用来打开一个到达该文件的输入流，这个文件就是源。例如为了读取一个名为 myfile.txt 的文件，需要建立一个文件输入流对象，其语句如下所示：

```
FileInputStream fis=new FileInputStream("myfile.txt");
```

而第二个构造方法使用 File 对象创建 FileInputStream 对象，用来指定要打开哪个文件。例如，下面的代码段使用第二个构造方法来建立一个文件输入流对象，用于检索文件。

```
File f=new File("myfile.txt");
FileInputStream fis=new FileInputStream(f);
```

第三个构造方法比较特别，是以 FileDescriptor 对象为参数。FileDescriptor 也是 java.io 包中的类，主要用于关联到已打开的文件或网络链接，或者其他 I/O 连接，在机器底层发挥作用。它可以强制系统缓冲区与底层设备保持同步，从而为输入输出流提供一个与底层设备同步的系统缓冲区，但是这个类不太常用。

（2）读取字节的方法

在创建文件输入流对象之后，可以调用 read()方法从流中读取字节。read()方法有三种格式：

- public int read() throws IOException
- public int read(byte[] b,int off,int len) throws IOException
- public int read(byte[] b) throws IOException

read()方法将返回一个整数，它包含流中的下一字节。如果返回的是−1，则表示到达了文件输入流的末尾。这种方法每次只能从文件输入流中读取一字节。为了能从流中读入多个数据字节，可以调用 read(byte b[],int off,int len)方法。该方法从输入流当前字节处起读取长度为 len 字节的数据，从位置 off 处起存入数组 b 中，b 中位置在 off 之前和在 off+len 之后的数据将保持不变，返回读取的数据长度并将第 len 字节设为当前字节。例如

```
String str="";
FileInputStream fis=new FileInputStream("D:\\Jpro7_3.java");
for(int i=fis.read();i!=-1;i=fis.read())
    str+=(char)i;
```

上述程序段的功能是应用 read()方法将 D:\Jpro7_3.java 的内容输出到字符串

str 中。

但是在使用 FileInputStream 类时要注意,若关联的目录或文件不存在,Java 会抛出一个 IOException 异常。程序可以使用 try-catch 块检测和处理捕捉到的异常。例如,为了把一个文件输入流对象与一个文件关联起来,可以使用下列的代码段来处理 Java 产生的 IOException 异常。

```
try{
    FileInputStream fis=new FileInputStream("java7.txt");
    }
catch(IOException e){
    System.out.println("File Exception:"+e);
}
```

由于 I/O 操作容易产生异常,因此其他的输入输出流类也需要抛出 IOException,一般在程序中按上述代码段所示的相同方式捕捉处理这些异常。

（3）关闭输入流

```
public void close()throws IOException
```

虽然 Java 在程序结束时会自动关闭所有打开的流,但使用完流后,调用 close()方法显式地关闭打开的流可以及时地释放系统资源。

例 7.5 读取文件并将读取的内容显示在屏幕上。

分析：使用 FileInputStream 对象读取文件内容,并且将内容显示在控制台中。

设计步骤：

① 创建 FileInputStream 对象。

② 开辟字节缓冲区。

③ 读数据至字节缓冲区并打印输出。

代码如下：

```
//文件名为 Jpro7_5.java
1    import java.io.*;
2    public class Jpro7_5{
3    public static void main(String[] args){
4        File file=new File("D:\\in.txt");            //创建 File 对象
5        try{
6            FileInputStream fis=new FileInputStream(file);
7            int len;
8            byte by[]=new byte[1024];
9            while((len=fis.read(by))!=-1){
10               String str=new String(by,0,len);
11               System.out.println("从文件 in.txt 中读取出的内容是:"+str);
12           }
13           fis.close();
14       }catch(Exception e){
```

```
15            e.printStackTrace();
16       }
17    }
18  }
```

请读者自行运行该程序。

程序分析：程序的第 1 行引入系统包 java.io。主方法中的代码都放在异常处理块 try-catch 中。在 main()方法中,第 4、6 行分别创建了文件对象 file 和 FileInputStream 对象 fis,第 8 行创建一个 byte 数组,第 9～12 行循环读取文件中的内容并输出读取的内容。

2. FileOutputStream 类

与 FileInputStream 相对应,FileOutputStream 类用于向一个文本文件写数据,它从其超类 OutputStream 中继承了 write()、close()等方法。

（1）构造方法

- public FileOutputStream(String name) throws FileNotFoundException
- public FileOutputStream(File file) throws FileNotFoundException
- public FileOutputStream(String name,boolean append) throws FileNotFoundException

其中,name 为文件名,file 为文件类 File 对象,append 表示文件是否为添加写入方式。当 append 值是 false 时,为重写方式,即从头写入;当 append 值是 true 时,为添加方式,即从尾写入。append 默认值为 false。

例如,下面的语句以文件名 OutputFile.txt 构造文件数据输出流对象 fos 并设置添加写入方式。

```
FileOutputStream fos=new FileOutputStream("OutputFile.txt",true);
```

（2）写入字节的方法

使用 write()方法将指定的字节写入文件输出流。write()方法有 3 种方式：

- public void write(int b) throws IOException
- public void write(byte[] b) throws IOException
- public void write(byte[] b,int off,int len) throws IOException

write()方法可以向文件写入一字节、一字节数组或一字节数组的一部分。

当 b 是 int 类型时,它占用 4 字节 32 位,通常是把 b 的低 8 位写入输出流,忽略其余高 24 位。

当 b 是字节数组时,可以写入从 off 位置开始的 len 个字节。如果没有 off 和 len 参数,则写入所有字节,相当于 write(b,0,b.length)。

发生 I/O 错或文件关闭时,抛出 IOException 异常。如果 off 或 len 为负数或 off＋ len 大于数组 b 的长度 length,则抛出 IndexOutOfBoundsException 异常;如果 b 是空数组,则抛出 NullPointerException 异常。

用 FileOutputStream 对象写入时,如果文件不存在,则会创建一个新文件;如果文件已存在,使用重写方式则会覆盖原有数据。

（3）关闭输出流

```
public void close() throws IOException
```

close()方法关闭输出流并释放相关的系统资源。

例 7.6　如何实现文件的复制。

分析：使用 FileInputStream 类、FileOutStream 类进行文件的复制。

设计步骤：

① 定义成员方法 copyFile(String,String)。

② 实现成员方法 copyFile(String,String)。

● 创建 FileInputStream 类对象；

● 创建 FileOutputStream 类对象；

● 创建缓冲区 buffer；

● 将数据由 FileInputStream 类对象读入,然后由 FileOutputStream 类对象输出。

代码如下：

```
//文件名为 Jpro7_6.java
1   import java.io.FileInputStream;
2   import java.io.FileOutputStream;
3   import java.io.IOException;
4   public class Jpro7_6{
5       public static void main(String[] args){
6           copyFile("d:/a.txt","d:/b.txt");
7       }
8       static void copyFile(String src,String des){   //实现将文件 src 复制到文件 des
9           FileInputStream fis=null;
10          FileOutputStream fos=null;
11          byte[] buffer=new byte[1024];
12          int len=0;
13          try{
14              fis=new FileInputStream(src);
15              fos=new FileOutputStream(des);
16              while((len=fis.read(buffer))!=-1){
17                  fos.write(buffer,0,len);
18              }
19          }catch(Exception e){
20              e.printStackTrace();
21          }finally{
22              try{
23                  if(fos!=null)
24                      fos.close();
25              }catch(IOException e){
```

```
26              e.printStackTrace();
27          }
28          try{
29              if(fis!=null)
30                  fis.close();
31          }catch(IOException e){
32              e.printStackTrace();
33          }
34      }
35  }
36 }
```

请读者自行运行该程序。

程序分析：第8～35行定义静态的copyFile(String,String)实现文件的复制。第11行建立输入缓冲区buffer。第16、17行通过while循环，借助于FileInputStream对象fis的read(byte[])将源文件中的数据读入缓冲区，再使用FileOutputStream对象fos的write(byte[],int,int)方法将缓冲区buffer中的数据写入目标文件，实现文件的复制。

7.5.3 BufferedInputStream 类和 BufferedOutputStream 类

BufferedInputStream类和BufferedOutputStream类都带有缓冲区，能够提高文件读取性能或写入效率。

1. BufferedInputStream 类

BufferedInputStream类与BufferedOutputStream类又称为缓冲流。缓冲流为I/O流增加了内存缓冲区。增加缓冲区意味着允许Java程序一次不止操作一字节，从而提高了程序的性能。另外，由于有了缓冲区，因此使得在流上执行skip()、mark()和reset()方法都成为可能。使用缓冲流时也要注意，必须将缓冲流和某个输入流或输出流连接。

BufferedInputStream类可以对任何的InputStream流进行带缓冲的封装，以达到性能的改善。该类在已定义的输入流上再定义一个具有缓冲的输入流，可以从此流中成批地读取字符而不会每次都引起直接对数据源的读操作。数据输入时，首先被放入缓冲区，随后的读操作就是对缓冲区中的内容进行访问。

BufferedInputStream类常用的构造方法主要有两个：
* BufferedInputStream(InputStream in)
* BufferedInputStream(InputStream in,int size)

第一个构造方法的目的是创建一个BufferedInputStream对象，其缓冲区的大小为32字节。第二个构造方法创建指定大小的BufferedInputStream对象。

下面的实例通过BufferedInputStream类实现读取指定文件的10个字符。

例7.7 反复读取文件的前10字节。

分析：使用BufferedInputStream类将需要反复读取的数据存入缓冲区，加快读取速度。

设计步骤：

① 创建 BufferedInputStream 类对象。

② 加标记,保证需要反复读取的数据存放在缓冲区。

③ 反复读取,每读一次就复位。

代码如下：

```java
//文件名为 Jpro7_7.java
1    import java.io.*;
2    public class Jpro7_7{
3        public static void main(String[] args){
4            try{
5                File file=new File("D:\\in.txt");
6                FileInputStream fis=new FileInputStream(file);
7                BufferedInputStream bis=new BufferedInputStream(fis);
8                int count=0;
9                bis.mark(50);              //加标记
10               for (int i=0; i<200; i++)
11               {
12                   count++;
13                   int read=bis.read();
14                   if (count %10==0)
15                     bis.reset();        //复位至标记
16                   System.out.print((char) read+" ");
17               }
18               bis.close();
19           }
20           catch(Exception e){
21               e.printStackTrace();
22           }
23       }
24   }
```

请读者自行运行该程序。

程序分析：程序中第 1 行引入系统包 java.io。主方法中的代码都放在异常处理块 try-catch 中。第 6 行创建了 FileInputStream 类对象并存储到对象变量 fis 中,第 7 行创建一个 BufferedInputStream 对象。程序的第 9 行在输入流中定义标记位置,由 reset() 回归至该位置。第 10～17 行读取文件内容。第 15 行将流定位到最后一次调用 mark() 方法的位置,第 16 行输出到显示器上。程序的第 18 行关闭流。

2. BufferedOutputStream 类

BufferedOutputStream 类在已定义的输出流上再定义一个具有缓冲功能的输出流。用户可以向流中写字符,而不会每次都直接对数据目的地进行写操作,只有在缓冲区已满或清空缓冲区时,数据才会输出到数据目的地。在 Java 中使用输出缓冲可大大提高写操作性能并方便用户操作。

BufferedOutputStream 类主要有两个构造方法:

- BufferedOutputStream(OutputStream out)
- BufferedOutputStream(OutputStream out,int size)

第一个构造方法的目的是创建一个 BufferedOutputStream 对象,其缓冲区的大小为 512字节。第二个构造方法创建指定大小的 BufferedOutputStream 对象。BufferedOutputStream的两种构造方法的用法与 BufferedInputStream 的两种构造方法的用法类似。

例 7.8 向指定文件中多次写入重复的串。

分析:使用 BufferedOutputStream 类将缓冲区中的数据多次写入文件中。

设计步骤:

① 创建 BufferedOutputStream 类对象。

② 创建缓冲区,向缓冲区中填入数据。

③ 多次向 BufferedOutputStream 类对象写入数据。

代码如下:

```
//文件名为 Jpro7_8.java
1    import java.io.*;
2    public class Jpro7_8{
3        public static void main(String args[]){
4            try{
5                FileOutputStream fos=new FileOutputStream("D:\\out.txt");
6                BufferedOutputStream bos=new BufferedOutputStream(fos);
7                String msg="BufferedInputStream & BufferedOutputStream";
8                byte[] ob=new byte[msg.length()];
9                msg.getBytes(0,ob.length,ob,0);        //由 msg 填充字节数组 ob
10               for (int i=0;i<5;i++)
11                   bos.write(ob,0,ob.length);
12               bos.flush();
13               bos.close();
14           }catch(IOException e){
15               e.printStackTrace();
16           }
17       }
18   }
```

请读者自行运行该程序。

程序分析:程序中第 1 行引入系统包 java.io。主方法中的代码都放在异常处理块 try-catch 中。第 5 行创建了 FileOutputStream 类对象,第 6 行创建一个 BufferedOutputStream对象。程序的第 8 行创建长度与对应字符串相同的字节数组,第 9 行将字符串中的数据复制到数组中。第 10、11 行 5 次将字节数组 ob 写到缓冲输出流中。第 12 行清空输出流缓冲。程序的第 13 行关闭对象 bos。

7.5.4 DataInputStream 类和 DataOutputStream 类

DataInputStream 类和 DataOutputStream 类也称为数据输入输出流。数据输入流允许应用程序以与机器无关的方式从底层输入流中读取基本 Java 数据类型。也就是在读取数值时,不需要考虑这个数值占多少字节。同样数据输出流允许应用程序以适当方式将基本 Java 数据类型写入输出流中,然后应用程序可以使用数据输入流将数据读入。

DataInputStream 类的构造方法如下:

```
DataInputStream(InputStream in)
```

该构造方法主要使用指定的 InputStream 流对象创建一个 DataInputStream 对象。

DataOutputStream 类的构造方法如下:

```
DataOutputStream(OutputStream out)
```

该构造方法主要使用指定的 OutputStream 流对象创建一个 DataOutputStream 对象。

DataInputStream 类继承了 InputStream,同时实现了 DataInput 接口,比普通的 InputStream 多一些方法。例如,方法 readBoolean()用于读取一个布尔值,方法 readInt()用于读取一个 int 值,方法 readUTF()用于读取一个 UTF 字符串。这里没有给出新增的全部方法,请读者参考 Java API。DataOutputStream 类与 DataInputStream 类类似,此处不再赘述。

下面的例子演示了 DataInputStream 类与 DataOutputStream 类的应用。

例 7.9 写某类型数据至文件中,然后读取并显示。

分析:由于是将某类型的数据写入文件,因此使用 DataOutputStream 类对象将数据写入文件,然后使用 DataInputStream 类对象将数据读出并显示。

设计步骤:

① 创建 DataOutputStream 类对象。

② 使用 DataOutStream 类的 writeXXX()方法写数据至文件。

③ 创建 DataInputStream 类对象。

④ 使用 DataInputStream 类的 readXXX()方法读取并显示。

代码如下:

```
//文件名为 Jpro7_9.java
1   import java.io.*;
2   public class Jpro7_9{
3       public static void main(String[] args){
4           try{
5               File file=new File("D:\\in.txt");
6               FileOutputStream fos=new FileOutputStream(file);
```

```
7           DataOutputStream dos=new DataOutputStream(fos);
8           dos.writeUTF("使用 writeUTF()方法写入数据.");    //使用 UTF-8 写
9           fos.close();
10          FileInputStream fis=new FileInputStream("D:\\in.txt");
11          DataInputStream dis=new DataInputStream(fis);
12          System.out.println(dis.readUTF());               //使用 UTF-8 读
13          fis.close();
14      }catch(Exception e){
15          e.printStackTrace();
16      }
17    }
18  }
```

请读者自行运行该程序。

程序分析：程序中第 1 行引入系统包 java.io。主方法中的代码都放在异常处理块 try-catch 中。第 6 行创建了 FileOutputStream 类对象并存储到对象变量 fos 中，第 7 行创建一个 DataOutputStream 对象。程序的第 8 行调用方法 writeUTF()将指定内容写入指定文件中。第 10 行创建了 FileInputStream 类对象并存储到对象变量 fis 中，第 11 行创建一个 DataInputStream 对象。程序的第 12 行调用方法 readUTF()将指定文件内容显示在屏幕上。

【练习 7.4】

1. [单选题]字节流用来读写( )位数据。
   A. 8   B. 16   C. 32   D. 64

2. [判断题]可以用 InputStream 类实例化一个对象。   (   )

3. [判断题]FileInputStream 类是 InputStream 类的子类。   (   )

4. [单选题] OutputStream 类中定义了( )方法,用于向输出流中写入数据。
   A. print()   B. println()   C. write()   D. writeln()

5. [判断题]使用 BufferedOutputStream 类向流中写操作时,只有在缓冲区已满或清空缓冲区时,数据才会输出到数据目的地。   (   )

6. [单选题]DataInputStream 类中的 readBoolean()方法是( )。
   A. 继承自 InputStream 类   B. 继承自 FilterInputStream 类
   C. 实现了 DataInput 接口中的方法   D. 实现了 FilterInput 接口中的方法

7.6 字 符 流

字节输入/输出流只能操作以字节为单位的流,用户程序有时需要读取其他格式的数据,如 Unicode 格式的文字内容。Java 从 Java SE 1.1 开始,提供了以 Unicode 字符为单位的字符操作流。字符流中的大多数类都能在字节流中找到相应的操作类。字符流分为

Reader 和 Writer 两个类，分别对应字符的输入与输出。

7.6.1 Reader 类和 Writer 类

7.6.1

字符流提供了处理字符的输入/输出的方法，包括两个抽象类 Reader 和 Writer。字符流 Reader 指字符流的输入流，用于输入，而 Writer 指字符流的输出流，用于输出。Reader 和 Writer 使用的是 Unicode 字符。从 Reader 和 Writer 类派生出的子类的对象都能对 Unicode 字符流进行操作，由这些对象来实现与外设的连接。Reader 类提供的方法如表 7-3 所示，Writer 类提供的方法如表 7-4 所示。

表 7-3　Reader 类的常用方法

成 员 方 法	主 要 功 能
public abstract void close() throws IOException	关闭输入流并释放占用的所有资源
public void mark(int readlimit) throws IOException	在输入流当前位置加上标记
public boolean markSupported()	测试输入流是否支持标记
public int read() throws IOException	从输入流中读取一个字符
public int read(char c []) throws IOException	将输入的数据存放在指定的字符数组
public abstract int read(char c[], int offset, int len) throws IOException	从输入流中的 offset 位置开始读取 len 个字符并存放在指定的数组中
public void reset() throws IOException	将读取位置移至输入流标记之处
public long skip(long n) throws IOException	从输入流中跳过 n 字节
public boolean ready() throws IOException	测试输入流是否准备完成等待读取

表 7-4　Writer 类的常用方法

成 员 方 法	主 要 功 能
public abstract void close() throws IOException	关闭输出流并释放占用的所有资源
public void write(int c) throws IOException	写一个字符
public void write(char cbuf[]) throws IOException	写一个字符数组
public abstract void write(char cbuf[], int offset, int len) throws IOException	将字符数组 cbuf 中从 offset 位置开始的 len 个字符写到输出流中
public void write(String str) throws IOException	写一个字符串
public void write(String str, int offset, int len) throws IOException	将字符串中从 offset 位置开始的 len 个字符写到输出流中
public abstract void flush() throws IOException	写缓冲区内的所有数据

除了这两个处理字符的抽象类外，java.io 包中还提供了 FileReader、FileWriter、BufferedReader、BufferedWriter 等类。这些字符流类都是 Reader 或 Writer 的子类。

例 7.10 设计一个类实现对文件的读取,将读取结果显示在控制台上。

分析:该类应能记载该文件;类要提供读取该文件的方法。

设计步骤:

① 定义类成员 file,通过构造方法对其进行初始化。

② 定义带参构造函数 ReadingFile(String str),参数 str 为要访问的文件。

③ 定义成员方法 readFromFile()读取成员 file 中的内容并显示。

代码如下:

```
//文件名为 Jpro7_10.java*;
1   import java.io.*;
2   public class Jpro7_10{
3      public static class ReadingFile{
4         private File file=null;              //记载待访问文件
5         public ReadingFile(String str){      //初始化成员 file
6            file=new File(str);
7         }
8         void readFromFile() throws IOException{
9            Reader reader=new FileReader(file);    //创建子类 FileReader 对象
10           char[] buf=new char[1024];             //定义缓冲区
11           while(reader.read(buf)!=0)             //读至缓冲区并输出
12              System.out.print(buf);
13           reader.close();
14        }
15     }
16     public static void main(String[] args) throws IOException{
17        ReadingFile myFirstRead=new ReadingFile("d:/in.txt");
18        myFirstRead.readFromFile();
19     }
20  }
```

请读者自行运行该程序并分析。

7.6.2 FileReader 类和 FileWriter 类

7.6.2

思政素材

FileReader、FileWriter 类用于字符文件的输入输出处理,与文件数据流 FileInputStream、FileOutputStream 的功能相似。其构造方法如下:

- public FileReader(File file) throws FileNotFoundException
- public FileReader(String filename) throws FileNotFoundException
- public FileWriter(File file) throws IOException
- public FileWriter(String fileName,boolean append) throws IOException

FileReader 从超类中继承了 read()、close()等方法,FileWriter 从超类中继承了 write()、close()等方法。

下面是创建 FileReader 对象的语句,可以使用该对象读取名为 Jpro7_10.java 的文件。

```
FileReader in=new FileReader("Jpro7_10.java");
```

例 7.11 读取文件内容,将其显示在屏幕上。

分析:使用 FileReader 类读取文件,然后显示。

设计步骤:

① 创建 FileReader 类对象。

② 每次读取一个字符并显示。

代码如下:

```
//文件名为 Jpro7_11.java
1   import java.io.*;
2   public class Jpro7_11{
3       public static void main(String args[]){
4           FileReader fr;
5           int ch;
6           try{
7               fr=new FileReader("D:\\Jpro7_11.java");
8               while((ch=fr.read())!=-1)    //每次读取一个字符
9               {
10                  System.out.print((char)ch);
11              }
12              fr.close();
13          }
14          catch(Exception e){
15              e.printStackTrace();
16          }
17      }
18  }
```

请读者自行运行该程序。

7.6.3 BufferedReader 类和 BufferedWriter 类

7.6.3

FileReader 和 FileWriter 类以字符为单位进行输入输出,无法进行整行输入与输出,数据的传输效率很低。Java 语言提供了 BufferedReader 和 BufferedWriter 类以缓冲区方式进行输入输出,使用时要先和相应的流连接,其构造方法如下:

- public BufferedReader(Reader in)
- public BufferedReader(Reader in,int sz)
- public BufferedWriter(Writer out)
- public BufferedWriter(Writer out,int sz)

BufferedReader 流能够按行读取文本,方法是 readLine()。

通过向类 BufferedReader 传递一个 Reader 对象或 Reader 子类对象来创建一个 BufferedReader 对象,例如

```
BufferedReader br=BufferedReader(new FileReader("Jpro7_11.java"));
```

然后再从流 br 中读取 Jpro7_11.java 中的内容。

类似地,可以将 BufferedWriter 流与 FileWriter 流连接起来,然后通过 BufferedWriter 流将数据写到目的地,例如

```
FileWriter fw=new FileWriter("Jpro7_11.out ");
BufferedWriter bw=new BufferedWriter(fw);
```

再使用 BufferedReader 类的成员方法

```
write(String s int off,int len);
```

把字符串 s 写到 Jpro7_11.out 中,参数 off 是字符串 s 开始处的偏移量,len 是写入的字符长度。

例 7.12　高效率地读取文件内容并显示。

分析：使用带缓冲的 BufferedReader 类对象读取文件。

设计步骤：

① 创建 BufferedReader 类对象。

② 使用 readLine()读取一行,然后显示一行。

代码如下：

```
//文件名为 Jpro7_12.java
1   import java.io.*;
2   public class Jpro7_12{
3       public static void main(String args[]){
4           FileReader fr;
5           BufferedReader br;
6           String ch;
7           try{
8               fr=new FileReader("Jpro7_11.java");
9               br=new BufferedReader(fr);              //带缓冲的字符流
10              while((ch=br.readLine())!=null)      //每次读一行
11                  System.out.println(ch);
12              fr.close();
13              br.close();
14          }catch(Exception e){
15              e.printStackTrace();
16          }
17      }
18  }
```

程序的运行结果与上例类似,请读者比较例 7.11 与例 7.12 的源代码,并且试着分析它们的运行速度,判断哪种方式的输入流读取效率高。

【练习 7.5】

1. [判断题]字符流操作的基本单位为字节。 (　　)
2. [判断题]Reader 和 Writer 类都是抽象类。 (　　)
3. [判断题]FileWriter 类可以以字节为单位写文件。 (　　)
4. [判断题]BufferedReader 类不能指定缓冲区大小。 (　　)

7.7　随机读写文件

7.7

前面学习了几个常用的输入输出流,并且通过一些实例掌握了这些流的功能。但是这些流(不管是文件字节流还是文件字符流)都是顺序访问方式,只能进行顺序读/写,无法随意改动文件读取的位置。为了克服这些困难,实现随机访问文件的需求,Java 专门提供了用来处理文件输入输出操作、功能更完善的 RandomAccessFile 流。

RandomAccessFile 类创建的流与前面的输入输出流不同,它独立于字节流和字符流体系之外,不具有字节流和字符流的任何特性,直接继承自 Java 的基类 Object。RandomAccessFile 类有两个构造方法。

- RandomAccessFile(String name,String mode)
- RandomAccessFile(File file,String mode)

参数 name 用来确定一个文件名,给出创建的流的源,也可以是目的地。参数 file 是一个 File 对象,给出创建流的源,也可以是目的地。参数 mode 用来决定创建的流对文件的访问权限,其值可以取 r(只读)或 rw(可读写)。注意没有只写方式(w)。

RandomAccessFile 类提供的方法功能强大且非常多,这里只列出常用的方法,如表 7-5 所示。

表 7-5　RandomAccessFile 类的常用方法

成 员 方 法	主 要 功 能
public void close() throws IOException	关闭流并释放占用的所有资源
public void seek(long pos) throws IOException	设置随机文件指针的位置
public long length() throws IOException	求随机文件的字节长度
public final double readDouble() throws IOException	随机文件浮点数的读取
public final int readInt() throws IOException	随机文件整数的读取
public final char readChar() throws IOException	随机文件字符的读取
public final void writeDouble(double v) throws IOException	随机文件浮点数的写入
public final void writeInt(int v) throws IOException	随机文件整数的写入

成 员 方 法	主 要 功 能
public final void writeChar(int v) throws IOException	随机文件字符的写入
public long getFilePointer() throws IOException	获取随机文件指针所指的当前位置
public int skipBytes(int n) throws IOException	随机文件访问跳过指定的字节数

例 7.13 从文件中提取出想要的数据。

分析：由于想随机提取，因此使用 RandomAccessFile 对象，运用 seek()方法定位，使用 readXXX()读取。

设计步骤：

① 创建 RandomAccessFile 类对象。

② 使用 seek(long)定位。

③ 使用 readXXX()方法读取数据并显示。

代码如下：

```
//文件名为 Jpro7_13.java
1    import java.io.IOException;
2    import java.io.RandomAccessFile;
3    public class Jpro7_13{
4        public static void main(String[] args){
5            RandomAccessFile fileHandler=null;
6            try{
7                int[] data={100,200,300,400,500,600,700,800,900,1000};
8                fileHandler=new RandomAccessFile("d:/a.txt","rw");
9                for(int i=0;i<data.length;i++)
10                   fileHandler.writeInt(data[i]);
11               fileHandler.seek(4);          //定位在第 2 个 int 数据处
12               System.out.println(fileHandler.readInt());
13               for(int i=0;i<10;i+=2){
14                   fileHandler.seek(i*4);     //定位于 int 序列的奇数位
15                   System.out.print(fileHandler.readInt()+"  ");
16               }
17               System.out.println();
18               fileHandler.seek(8);          //定位在第 3 个 int 数据处
19               fileHandler.writeInt(350);     //修改第 3 个 int 数据
20               for(int i=0;i<10;i++){
21                   fileHandler.seek(i*4);     //定位于每个 int 数据开头
22                   System.out.print(fileHandler.readInt()+"  ");
23               }
24           }catch(IOException e){
25               e.printStackTrace();
26           }finally{
```

```
27              if(fileHandler!=null){
28              try{
29                      fileHandler.close();
30                  }catch(IOException e){
31                      e.printStackTrace();
32                  }
33          }
34      }
35   }
36 }
```

运行结果为：

```
200
100  300  500  700  900
100  200  350  400  500  600  700  800  900  1000
```

程序分析：程序第 7 行产生一个数组。第 9、10 行通过 RandomAccessFile 对象 fileHandler 将该数组写入文件中。第 11、12 行将指针定位在第 2 个 int 数据处并读出显示。第 13~16 行将指针定位在数据序列中奇数位，分别读出并显示。第 18、19 行定位在第 3 个 int 数据处，修改其为 350。第 20~23 行将文件中的全部数据读出并显示。

【练习 7.6】

1. [判断题]字符可以进行随机存取。   (   )
2. [单选题]下列(   )存取方式不属于 RandomAccessFile 类。
   A. r   B. w   C. rw   D. rws
3. [单选题]RandomAccessFile 类的 seek()的作用是(   )。
   A. 跳过指定的字节数   B. 获取随机文件指针所指的当前位置
   C. 设置随机文件指针的位置   D. 读取数据
4. [单选题]RandomAccessFile 类的父类是(   )。
   A. Object   B. InputStream
   C. OutputStream   D. InOutputStream

7.8 对象串行化

7.8

一般对象不能脱离应用程序。但有时需要将对象的状态保存下来，在需要时再将对象恢复，即对象持久化。对象串行化可以将对象存储到外存中或以二进制形式通过网络传输。对象反串行化可以从这些数据中重构一个与原始对象状态相同的对象。

1. 对象串行化的定义

从 JDK 1.1 开始，Java 语言就提供了对象串行化机制，在 java.io 包中，接口

Serializable 用来作为实现对象串行化的工具,只有实现了 Serializable 的类的对象才可以被串行化。Serializable 是一个空接口,当一个类声明要实现 Serializable 时,只是表明该类可串行化。

Java 中 Serializable 接口的完整定义如下:

```
package java.io;
public interface Serializable{};
```

在定义可串行化的类时,只需要增加 implements Serializable 即可,例如

```
public class MySerializableData implements Serializable{
    ⋮
}
```

2. 串行化对象输出

为了将 Java 对象输出存储到外存中,Java 提供对象输出流 ObjectOutputStream 将对象写到输出流中。具体是调用 ObjectOutputStream 的 writeObject()方法,该方法定义如下:

```
public final void writeObject(Object obj) throws IOException
```

该方法将指定的对象写入输出流中,包括对象的类、类的签名以及类及其所有超类型的非瞬态和非静态字段的值,要求对象可串行化,否则将抛出异常。

例 7.14 实现用户的复制,但要对用户姓名进行隐私保护。

分析:通过串行化和反串行化对用户实例进行复制,将用户姓名标注为 transient,保护用户的姓名。

设计步骤:

① 定义 User 类。

类:User

字段:userID:int

　　　userName:transient String

方法:User(int,String)

　　　toString()

② 定义 SerialandDeserial 类。

类:SerialandDeserial

字段:ferry:File

方法:SerialandDeserial(String)

　　　void execSerialize(User us)　串行化

　　　User execDeserialize()　　　反串行化

③ 在 main()中,创建 user 对象 us 作为源对象,变量 us2 接收目标;输出 us,用于与

目标 us2 对比；定义 SerialandDeserial 对象 ferryBoat，用于复制；调用 ferryBoat.
execSerialize(User)和 ferryBoat.execDeserialize()进行对象复制；输出 us2 用于对比。

代码如下：

```java
//文件名为 Jpro7_14.java
1   import java.io.*;
2   public class Jpro7_14{
3       static class User implements Serializable{
4           private static final long serialVersionUID=1L;
5           private int userID;
6           private transient String userName;      //串行化时不会传送具体的值
7           public User(int id,String name){
8               userID=id;
9               userName=name;
10          }
11          public String toString(){
12              return userID+": "+userName;
13          }
14      }
15      static class SerialandDeserial{
16          File ferry=null;         //串行化的目标文件、反串行化的源文件
17          public SerialandDeserial(String str){
18              ferry=new File(str);
19          }
20          public void execSerialize(User us) throws IOException{       //串行化
21              FileOutputStream fout=new FileOutputStream(ferry);
22              ObjectOutputStream ob=new ObjectOutputStream(fout);
23              ob.writeObject(us);
24              ob.close();
25          }
26          public User execDeserialize() throws IOException,         //反串行化
27                                      ClassNotFoundException{
28              FileInputStream fin=new FileInputStream(ferry);
29              ObjectInputStream ob=new ObjectInputStream(fin);
30              User us=(User)ob.readObject();
31              ob.close();
32              return us;
33          }
34      }
35      public static void main(String[] args) throws IOException,
36                                      ClassNotFoundException{
37          User us=new User(1001,"张三");
38          User us2;
39          System.out.println("Before Serialization:"+us);
```

```
40          SerialandDeserial ferryBoat=new SerialandDeserial("data.dat");
41          ferryBoat.execSerialize(us);
42          us2=ferryBoat.execDeserialize();
43          System.out.println("After Serialization:"+us2);
44      }
45  }
```

运行结果为：

```
Before Serialization:1001: 张三
After Serialization:1001: null
```

程序分析：第 6 行定义 userName 为 transient。因此经过第 41、42 行的复制（借助于串行化、反串行化），比较复制前后发现：userName 为 null,对该字段进行了保护。

ObjectOutputStream 类中还实现了将基本数据类型写到流的方法,如 writeInt()、writeLong()、writeFloat()和 writeBoolean()等。

例 7.15　应用 ObjectOutputStream 类将一个字符串对象串行化,写到 data.dat 文件中。

```
//文件名为 Jpro7_15.java
1   import java.io.*;
2   public class Jpro7_15{
3       public static void main(String args[]){
4           String s="Java program";      //String类可串行化
5           try{
6               FileOutputStream fo=new FileOutputStream("data.dat");
7               ObjectOutputStream oos=new ObjectOutputStream(fo);
8               oos.writeObject(s);
9               oos.close();
10          }catch(IOException e){
11              e.printStackTrace();
12          }
13          System.out.println("被串行化的数据是:"+s);
14      }
15  }
```

运行结果为：

被串行化的数据是:Java Program

程序分析：程序中第 1 行引入系统包 java.io。主方法中的代码都放在异常处理块 try-catch 中。第 6 行创建了 FileOutputStream 类对象并将数据存储到 data.dat 文件中,第 7 行创建一个 ObjectOutputStream 对象。程序的第 8 行调用方法 writeObject()将字符串对象 s 写到文件中。第 9 行调用 close 方法关闭对象输出流 oos。

3. 从输入流中重构对象

当串行化的对象被写到流中输出后,可以再用流读到内存中,重构该对象。从流中读

取对象使用 ObjectInputStream 的 readObject()方法,该方法定义如下:

```
public final Object readObject()throws IOException, ClassNotFoundException
```

对象的类、类的签名和类及所有其超类型的非瞬态和非静态字段的值都将被读取。只有可串行化的对象可被读取重构,否则抛出异常。

ObjectInputStream 类中实现了读取基本数据类型的方法,如 readInt()、readLong()、readFloat()和 readBoolean()等。

例 7.16 从文件中重构字符串。

分析:使用 ObjectInputStream 类对象的 readObject()方法重构字符串对象。

设计步骤:

① 创建 ObjectInputStream 类对象。

② 使用 readObject()方法重构字符串。

代码如下:

```
//文件名为 Jpro7_16.java
1   import java.io.*;
2   public class Jpro7_16{
3   public static void main(String args[]){
4          String s="";
5          try{
6              FileInputStream fi=new FileInputStream("data.dat");
7              ObjectInputStream ois=new ObjectInputStream(fi);
8              s=(String)ois.readObject();
9              ois.close();
10         }catch(IOException e){
11              e.printStackTrace();
12         }catch(ClassNotFoundException e){
13              e.printStackTrace();
14         }
15         System.out.println("被反串行化的数据是:"+s);
16  }
```

运行结果为:

被反串行化的数据是: Java Program

程序分析:程序中第 1 行引入系统包 java.io。主方法中的代码都放在异常处理块 try-catch 块中。第 6 行创建了 FileInputStream 类对象并读取 data.dat 文件,第 7 行创建一个 ObjectInputStream 对象。程序的第 8 行调用方法 readObject()读取对象输入流数据,重构字符串对象。第 9 行调用 close()方法关闭对象输入流。

对象串行化只能保存对象的非静态成员变量,不能保存任何的成员方法和静态的成员变量,而且串行化保存的只是变量的值,对于变量的任何修饰符都不能保存。

对于某些类型的对象,其状态是瞬时的,这样的对象是无法保存其状态的。例如一个

Thread 对象或一个 FileInputStream 对象,对于这些字段,我们必须用 transient 关键字标明,否则编译器将报错。

另外,串行化可能涉及将对象存放到磁盘上或在网络上发送数据,这时会产生安全问题。对于这些需要保密的字段,不应保存在永久介质中,或者不应简单地不加处理地保存下来。为了保证安全性,应该在这些字段前加上 transient 关键字。

【练习 7.7】

1. [判断题]可串行化类要实现 Serializable 接口。   (   )
2. [判断题]输出对象使用 ObjectOutputStream 类的 writeObject()方法。   (   )
3. [单选题]下列(   )不属于 ObjectInputStream 类的方法。
   A. readBoolean()   B. readInt()   C. readDouble()   D. readUTF8()
4. [判断题]使用 ObjectInputStream 类的 readObject()方法可以重构对象。(   )

7.9 实   例

例 7.17 把指定目录中包含关键字的文件复制至目标目录中。

分析:在源目录中筛选出包含关键字的文件,然后在目标目录中创建同名文件,最后借助流将源文件中的数据传送至目标文件。

设计步骤:

① 设计 FileUtils 类,实现将源目录中包含关键字的文件复制至目标目录的方法。

类:FileUtils

方法:static void copySpecifiedFilesFromSrcDirtoDestDir(File srcDir,File destDir, FilenameFilter filter)将源目录中包含关键字的文件复制至目标目录

② 设计 DocumentCopy(主类)获取源文件夹、目标文件夹和过滤器,调用 FileUtils 类中的 void copySpecifiedFilesFromSrcDirtoDestDir(File,File,FilenameFilter)方法。

FileUtils 类的代码:

```
//文件名为 FileUtils.java
1   import java.io.File;
2   import java.io.FilenameFilter;
3   import java.io.IOException;
4   import java.io.FileInputStream;
5   import java.io.FileOutputStream;
6   public class FileUtils{
7       public static void copySpecifiedFilesFromSrcDirtoDestDir(File
    srcDir,File destDir,FilenameFilter filter){        //filter 为过滤器
8           //过滤出源文件夹中符合要求的文件
9           File[] files=srcDir.listFiles(filter);
10          if(files!=null){
```

```
11              for(int i=0;i<files.length;i++){
12      //在目标文件夹中创建与源文件夹中名字中包含所选关键字的文件
13              File clonedFile=new File(destDir,files[i].getName());
14                  //借助流实现文件的复制
15              try{
16                  FileInputStream input=new FileInputStream(files[i]);
17                  FileOutputStream output;
18                  output=new FileOutputStream(clonedFile);
19                  byte[] buf=new byte[1024];
20                  int n=0;
21                  while((n=input.read(buf))!=-1)
22                      output.write(buf, 0, n);//写入读取的字节
23                  input.close();
24                  output.close();
25              }catch(IOException e){
26                  e.printStackTrace();
27              }
28          }
29      }
30  }
31  }
```

DocumentCopy 类的代码：

```
//文件名为 DocumentCopy.java
1   import java.io.File;
2   import java.io.FilenameFilter;
3   import java.util.Scanner;
4   public class DocumentCopy{
5       public static void main(String[] args){
6           copyFileByKeyWord();
7       }
8       private static void copyFileByKeyWord(){
9        Scanner sc=new Scanner(System.in);
10       System.out.println("Please input the source directory to be copied:");
11       String srcDir=sc.next();
12       File srcFile=new File(srcDir);        //源文件夹
13       if(!srcFile.exists() || !srcFile.isDirectory()){
14           System.out.println("invalid Directory!");
15       }
16       System.out.println("Please input the destination directory to be copied:");
17       String destDir=sc.next();
18       File destFile=new File(destDir);      //目标文件夹
19       if(!destFile.exists() || !destFile.isDirectory()){
20           System.out.println("invalid Directory!");
```

```
21          }
22          System.out.println("Please input key to be researched:");
23          String searchKey=sc.next();                    //关键字
24          FilenameFilter filter=new FilenameFilter(){    //创建过滤器
25              public boolean accept(File dir,String name){
26                  File currFile=new File(dir,name);
27                  if(currFile.isFile() && name.contains(searchKey))
28                      return true;
29                  return false;
30              }
31          };
32          FileUtils.copySpecifiedFilesFromSrcDirtoDestDir(srcFile,
      destFile, filter);           //调用FileUtils中的方法完成复制
33      }
34  }
```

程序分析：FileUtils 类中定义了 void copySpecifiedFilesFromSrcDirtoDestDir（File，File，FilenameFilter）方法。第 9 行过滤出源文件夹中包含关键字的文件；第 13 行在目标文件夹中创建待复制文件的同名文件；第 15～25 行借助于 FileInputStream、FileOutputStream 实现文件复制。DocumentCopy 类为主类。第 9 行获取源文件夹；第 18 行获取目标文件夹；第 23、24 行获取关键字并创建过滤器。第 32 行调用 FileUtils 类中提供的 void copySpecifiedFilesFromSrcDirtoDestDir（File，File，FilenameFilter）方法。

习　题　7

1. [程序填空题]

```
import java.io.*;
public class ch7ex1{
    public static void main(String args[]){
        File f=new File("d:\\javatry\\ch7ex1","ch7ex1.java");
        System.out.println(f.getName()+"是否可读:"+f.canRead());
        System.out.println(f.getName()+"的长度:"+_____);
        System.out.println(f.getName()+"的绝对路径:"+f.getAbsolutePath());
        File file=new File("new.txt");
        System.out.println("在当前目录下创建新文件"+file.getName());
        if(!_____){
          try{
              file.createNewFile();
              System.out.println("创建成功");
          }
          catch(IOException exp){}
```

```
          }
       }
    }
```

2. [程序填空题]

```
import java.io.*;
public class ch7ex2{
   public static void main(String args[]){
      try{
           Runtime ce=Runtime.getRuntime();
           File file=new File("c:/windows","Notepad.exe");
           ce.exec(_____);
           }
      catch(Exception e){
         System.out.println(e);
      }
   }
```

3. [改错题]本程序将完成自身代码的输出。

```
//import java.io.*;
public class ch7ex3{
   public static void main(String args[]){
      int n=-1;
      byte [] a=new byte[100];
      try{  File f=new File("./src/ch7ex3.java");
           InputStream in=new InputStream(f);
           while((n=in.write(a,0,100))!=-1){
              String s=new String (a,0,n);
              System.out.print(s);
           }
           in.close();
      }
      catch(IOException e){
           System.out.println("File read Error"+e);
      }
   }
}
```

4. [程序阅读]写出运行结果。

```
import java.io.*;
public class ch7ex4{
   public static void main(String args[]){
     byte [] a="hi ".getBytes();
     byte [] b="Happy New Year".getBytes();
```

```
File file=new File("a.txt");
try{
  OutputStream out=new FileOutputStream(file);
  System.out.println(file.getName()+"的大小:"+file.length()+"字节");
  out.write(a);
  out.close();
  out=new FileOutputStream(file,true);
  System.out.println(file.getName()+"的大小:"+file.length()+"字节");
  out.write(b,0,b.length);
  System.out.println(file.getName()+"的大小:"+file.length()+"字节");
  out.close();
}
catch(IOException e){
    System.out.println("Error "+e);
}
}
}
```

5. [编程题]编写程序,使用文件字符输入输出流将 a.txt 中的内容追加至 b.txt 尾部。

6. [编程题]按行读取 english.txt,在行尾加上该句中含有的单词数目,然后将该行写入 englishCount.txt 文件中。

7. [编程题]把几个 int 型整数写入 tom.dat 文件中,然后按相反顺序读出。

8. [编程题]定义 TV 类,然后使用对象流读写 TV 类对象。

第**8**章

图形用户界面

内容导览

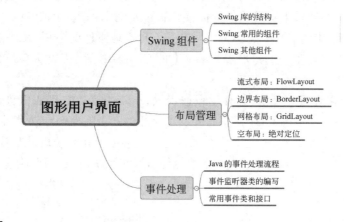

学习目标

- 能够运用 Swing 常见组件设计 GUI 界面
- 在 UI 设计中,能够根据需要选择合适的布局来管理组件
- 掌握 Java 的事件处理机制和常见事件类的应用,学会给组件添加事件处理功能
- 能够综合应用 Swing 组件、布局管理和事件处理等知识实现较复杂的应用系统

8.1　概　　述

图形用户界面(Graphical User Interface,GUI)又称图形用户接口,是指采用图形方式显示的计算机用户操作界面。与前面一直使用的命令行(也称控制台)方式下的程序运行界面相比较,这些熟悉的图形界面元素会使开发者感到界面更加友好,也提供了更好的交互性,给用户带来更好的操作体验。

8.1.1　AWT 简介

AWT 是 Abstract Window Toolkit(抽象窗口工具包)的缩写,是 Sun 公司专门针对

Java GUI 编程提供的最早的图形界面开发工具包,其在操作系统之上提供了一个抽象层,这样设计的本意是保证同一程序在不同平台上运行时具有类似的外观和风格。

这个工具包提供了一套与本地图形界面交互的接口,AWT 中的图形函数与操作系统所提供的图形函数之间有着一一对应的关系。也就是说,当利用 AWT 来构建图形用户界面时,实际上是在利用操作系统所提供的图形库。不过由于不同操作系统的图形库所提供的功能是不完全一样的,所以在一个平台上存在的功能在另外一个平台上则可能不存在。这就导致一些应用程序在测试时界面非常美观,而一旦移植到其他的操作系统平台上就可能变得"惨不忍睹"。为了实现 Java 语言的"一次编写,到处运行"的目标,AWT 不得不通过牺牲功能来实现其平台无关性,只为组件提供所有平台都支持的特性。因为 AWT 是依靠本地方法来实现其功能的,所以通常把 AWT 组件称为重量级组件。

AWT 是 Sun 公司不推荐使用的工具包,它有许多缺点。①更少的组件类型:没有提供表和树组件;②缺乏丰富的组件特征:按钮不支持图片;③无扩展性:AWT 的组件是本地组件。JVM 中的 AWT 类实例实际只是包含本地组件的引用,无法继承和重用一个已有的 AWT 组件。唯一的扩展点是 AWT 的 Canvas 组件,可以从零开始创建自定义组件。

然而,它在许多非桌面环境(如移动或嵌入式设备)中有着自己的优势。①更少的内存:对运行在有限环境中的 GUI 程序的开发是合适的;②更少的启动事件:由于 AWT 组件是由本地操作系统实现的,绝大多数的二进制代码已经在系统启动时被预装载,减少了它的启动事件;③更好的响应:由于本地组件由操作系统渲染,因此响应更快;④成熟稳定:能稳定工作,很少使程序崩溃。

8.1.2 Swing 简介

Swing 是在 AWT 的基础上构建的一套新的 Java 图形界面库,其在 JDK 1.2 中首次发布并成为 JFC(Java Foundation Class)的一部分,是试图解决 AWT 缺点的一个尝试。它提供了 AWT 能够提供的所有功能,并且用纯粹的 Java 代码对 AWT 的功能进行了大幅度的扩充。Swing 组件没有对等体,不再依赖操作系统的本地代码,而是自己负责绘制组件的外观,因此也被称为轻量级组件,这是它与 AWT 组件的最大区别。

作为 Sun 推荐使用的 GUI 库,相对于 AWT,Swing 在下列几个方面有着明显的优势。①丰富的组件类型:Swing 提供了非常多的标准组件。除了标准组件,它还提供了大量的第三方组件。②丰富的组件特性:Swing 不仅包含所有平台上的特性,它还支持根据程序所运行的平台来添加额外特性。③好的组件 API 模型支持:Swing 遵循 MVC 模式,这是一种非常成功的设计模式,它的 API 成熟并设计良好。经过多年的演化,Swing 组件的 API 变得越来越成熟,而且更加灵活和可扩展。④标准的 GUI 库:Swing 和 AWT 一样是 JRE 中的标准库。因此,用户不用单独地将它们随自己的应用程序一起分发。它们是平台无关的,不用担心平台兼容性。⑤成熟稳定:由于它是纯 Java 实现的,因此,不会有兼容性问题。Swing 在每个平台上都有相同的性能,不会有明显的性能差异。⑥可扩展和灵活性:Swing 完全由 Java 代码实现。Swing 基于 MVC 的结构使得它可以发挥 Java 作为一门面向对象语言的优势。

需要注意的是,Swing 中几乎所有的类都直接或间接继承自 AWT 中的类,另一方面 Swing 的事件模型也是完全基于 AWT 的。因此,AWT 和 Swing 并非两套彼此独立的 Java 图形库。基于 Swing 的特点,在开发 Java GUI 程序时,通常应优先考虑使用 Swing,这也是本章应重点考虑的,所以本章主要基于 Swing 来讲解 GUI 组件。

8.2 Swing 库的结构

Swing 图形库包含了丰富的组件类,掌握这些组件的分类、组件之间的继承关系及其上层类的常用对外接口和方法,有利于我们熟悉这些组件的应用。

8.2.1 组件类的继承关系

由于 Swing 库下的组件众多,读者有必要了解一下这些组件之间的继承结构关系。如图 8-1 所示,带有灰色背景的类属于 AWT 库,位于 java.awt 包下,其他类均属于 Swing 库,位于 javax.swing 包下。为区别于 AWT 下的组件,Swing 组件一般以大写字母 J 开头。

Swing 组件类分为两种:

- Windows 类型。Windows 类包含的是一些运行时可以独立显示的组件,例如 JFrame 和 JDialog,这些组件属于容器类型,是存放其他组件的组件。
- JComponent 类型。JComponent 类包含的是不可以独立显示的组件,即运行时必须依附可独立显示的组件才能显示出来,如 JLabel、JButton 类等,它们需要放入诸如 JFrame 的容器中才能显示出来。

从功能和特性上划分,Swing 组件又分为顶层组件(容器)、中间组件(容器)和基本组件。

- 顶层容器:是指 Window 类型组件,是可以独立显示的组件容器,包括 JFrame、JDialog、JApplet 和 JWindow。
- 中间容器:是指那些可以充当容器存放一般组件但自己又不能独立显示的容器组件,它们必须要放入顶层容器中才能正常显示出来,如 JPanel、JScrollPane、JSplitPane 和 JToolBar 等。
- 基本组件:是指那些用于与用户交互的可视化界面元素,如 JButton(普通按钮)、JLabel(标签)、JTextField(文本输入框)、JComboBox(下拉选择框)、JMenu(菜单)和 JTable(表格)等。

如前文所述,Swing 库是在 AWT 基础之上开发的 GUI 库,其中的组件直接或间接地继承自 AWT,另一方面 Swing 库中组件繁多,每个组件自身也提供了许多 API,所以除了要经常查阅这些组件的 API 文档外,事半功倍的方法是掌握这些组件类的上层类提供的常用接口方法。这些主要的上层类包括 java.awt.Component 和 java.awt.Container

等,下面将介绍这些类以及它们提供的常用接口方法。

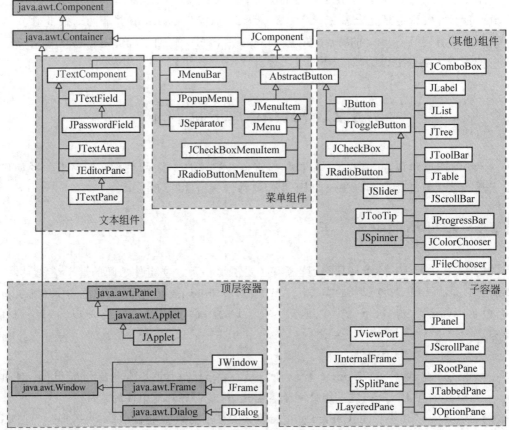

图 8-1   Swing 库的继承结构图

8.2.2   java.awt.Component 类

java.awt.Component 是一个抽象类,它是 AWT 和 Swing 库的根类。在 Component
类中定义的方法在 Swing 组件类中都可以使用,该类常用的方法如表 8-1 所示。

表 8-1   java.awt.Component 类的常用方法

成 员 方 法	主 要 功 能
void add(PopupMenu popup)	向组件添加指定的弹出菜单
boolean contains(int x,int y)	检查组件是否"包含"指定的点(x,y)
boolean contains(Point p)	检查组件是否"包含"指定的点 p
float getAlignmentX()	返回 x 轴的对齐方式
float getAlignmentY()	返回 y 轴的对齐方式

成 员 方 法	主 要 功 能
Color getBackground( )	获得组件的背景色
Rectangle getBounds( )	以 Rectangle 对象的形式获得组件的边界
Font getFont( )	获得组件的字体
Color getForeground( )	获得组件的前景色
int getX( )	返回组件原点的当前 x 坐标
int getY( )	返回组件原点的当前 y 坐标
void setBackground(Color c)	设置组件的背景色
void setBounds(int x,int y,int width, int height)	移动组件位置到指定坐标处并调整其大小
void setFont(Font f)	设置组件的字体
void setForeground(Color c)	设置组件的前景色
void setLocation(int x,int y)	将组件移到新位置
void setName(String name)	将组件的名称设置为指定的字符串
void setSize(int width,int height)	调整组件的大小,使其宽度为 width,高度为 height
void setVisible(boolean b)	根据参数 b 的值显示或隐藏此组件,为 true 则显示该组件
void update(Graphics g)	更新组件

8.2.3　java.awt.Container 类

GUI 设计中另一个重要的类是 java.awt.Container 类,它派生自 Component 类,是 AWT/Swing 中所有容器的根类。表 8-2 列出了 Container 类的常用方法。

表 8-2　java.awt.Container 类的常用方法

成 员 方 法	主 要 功 能
Component add(Component comp)	将指定组件追加到此容器的尾部
Component add(Component comp,int index)	将指定组件添加到此容器的给定位置上
void doLayout( )	使此容器布置其组件
float getAlignmentX( )	返回沿 x 轴的对齐方式
float getAlignmentY( )	返回沿 y 轴的对齐方式
Component getComponent(int n)	获得此容器中的第 n 个组件
void paint(Graphics g)	绘制容器
void remove(Component comp)	从此容器中移除指定组件
void remove(int index)	从此容器中移除 index 指定的组件

成 员 方 法	主 要 功 能
void removeAll()	从此容器中移除所有组件
void setFont(Font f)	设置此容器的字体
void setLayout(LayoutManager mgr)	设置此容器的布局管理器
void update(Graphics g)	更新容器

编写 GUI 程序时,一般不直接实例化上述几个公共父类(Component 类是抽象类,也无法实例化),而是使用它们的子类。另外,因为子类本身具有数目众多的方法,再加上继承自父类的方法,很难准确记住这些方法,所以应该尽量借助 Eclipse 开发工具提供的智能提示功能和多查阅 API 文档来完成代码的编写。

8.3　Swing 常见组件

Swing 库中组件繁多,作为开发者没必要全部记住,但应该掌握常见组件的应用。Swing 常见组件有窗口类 JFrame、面板类 JPanel、标签类 JLabel、单行文本输入类 JTextField、口令输入类 JPasswordField、多行文本输入类 JTextArea、普通按钮类 JButton、单选按钮类 JRadioButton、多选按钮类 JCheckBox 等。

8.3.1　窗口

8.3.1

窗口(JFrame)继承自 java.awt.Frame 类,它包含边框、标题栏和窗口图标(最大化、最小化和关闭),是用来容纳按钮、文本框等其他可视化组件的顶层容器组件。表 8-3 列出了 JFrame 类的常用方法。

表 8-3　JFrame 类的常用方法

成 员 方 法	主 要 功 能
JFrame()	默认构造方法,创建窗口
JFrame(String title)	构造方法,创建具有指定标题栏文字的窗口
Container getContentPane()	获得该窗口的内容面板对象
String getTitle()	获得 JFrame 的标题
void setDefaultCloseOperation(int operation)	设置窗口的关闭行为,参数取值包括 ● DO_NOTHING_ON_CLOSE:不执行任何操作;可以在注册的 WindowListener 对象的 windowClosing() 方法中处理该操作 ● HIDE_ON_CLOSE:隐藏窗口,为默认值 ● DISPOSE_ON_CLOSE:隐藏窗口并释放显示资源 ● EXIT_ON_CLOSE:退出程序

续表

成 员 方 法	主 要 功 能
void setContentPane(Container contentPane)	用容器 contentPane 替换窗口默认的内容面板
void setMenuBar(MenuBar mb)	将此 JFrame 的菜单栏设置为指定的菜单栏
void setResizable(boolean resizable)	设置此 JFrame 是否可由用户调整大小
void setTitle(String title)	将此 JFrame 的标题设置为指定的字符串

例 8.1 创建一个窗口,在窗口中添加一个按钮。

```
//文件名为 Jpro8_1.java
/* 省去 import 语句,请使用 Eclipse 的智能提示功能完成输入 */
1    public class Jpro8_1{
2        public static void main(String[] args){
3            JFrame win=new JFrame();                  //创建窗口对象
4            JButton b=new JButton("我是按钮");          //创建按钮对象
5            win.getContentPane().add(b);              //将按钮添加到窗口的内容面板中
6            win.setTitle("我的第一个 GUI 程序");         //设置窗口标题栏文字
7            win.setLocation(300,300);                 //窗口左上角的位置
8            win.setSize(200, 100);                    //设置窗口大小
9            //下一行代码设置窗口的关闭行为
10           win.setDefaultCloseOperation(JFrame.EXIT_ON_CLOSE);
11           win.setVisible(true);                     //让窗口可见
12       }
13   }
```

程序运行结果如图 8-2 所示。

程序分析:

图 8-2　窗口的演示

① 第 3 行构造一个窗口对象,第 4 行创建一个按钮对象(参见 8.3.5 节),第 5 行获得窗口的内容面板并将按钮放入其中,第 6 行设置窗口标题为"我的第一个 GUI 程序",第 7 行指定窗口的显示位置(左上角点的坐标),第 8 行指定窗口的大小,第 10 行设置当单击窗口上的关闭图标时退出程序,第 11 行显示窗口。

② 关于代码第 5 行,当向窗口添加对象时需要先获得窗口的内容面板,然后向该面板中添加组件。JDK 1.6 文档中指明:如果直接向 JFrame 中添加对象,则窗口会将对象转发到其内容面板中,也即允许直接将组件加入 JFrame 中,这样该行代码可简化为 win.add(b)。

③ 关于代码第 7、8 行,指定窗口坐标和大小也可以用 setBounds(x,y,width,height) 代替。

④ 本例也可以采用类 Jpro8_1 直接继承 JFrame 的方式来获得一个 JFrame 窗口类,然后利用它创建窗口,参见 Jpro8_1_2.java 文件,运行结果不变。

```
//文件名为 Jpro8_1_2.java
/* 省去 import 语句,请使用 Eclipse 的智能提示功能完成输入 */
1    public class Jpro8_1_2 extends JFrame{          //继承 JFrame 类
2      public static void main(String[] args){
3          Jpro8_1_2 win=newJpro8_1_2();            //创建窗口对象
4          JButton b=new JButton("我是按钮");        //创建按钮对象
5          win.add(b);                              //将按钮加入窗口
6          win.setTitle("我的第一个 GUI 程序");      //设置标题栏文字
7          win.setBounds(300, 300,200, 100);        //设置左上角的位置和窗口大小
8          //下一行代码设置窗口的关闭行为
9          win.setDefaultCloseOperation(JFrame.EXIT_ON_CLOSE);
10          win.setVisible(true);                    //让窗口可见
11        }
12    }
```

8.3.2 面板

8.3.2

　　面板(JPanel)属于非顶层容器,可以在其中加入组件或子容器,通常用于将多个组件组织到一起。一个界面只可以有一个 JFrame 窗口组件,但是可以有多个 JPanel 面板组件。表 8-4 列出了 JPanel 类的常用方法,除此之外它还继承了如 setLocation、setSize 和 setBackground 等方法。

表 8-4　JPanel 类的常用方法

成 员 方 法	主 要 功 能
JPanel()	默认构造方法,创建的面板默认具有流式布局(见 8.4.1 节)
JPanel(LayoutManager layout)	构造方法,使用指定布局创建面板,JPanel 的默认布局为流式布局

例 8.2　实现面板。

```
//文件名为 Jpro8_2.java
/* 省去 import 语句,请使用 Eclipse 的智能提示功能完成输入 */
1    public class Jpro8_2{
2      public static void main(String[] args){
3          JFrame f=new JFrame("JPanel 演示");     //实例化窗口对象
4          f.setLayout(null);      //设为"空布局",即其内组件的位置采用像素绝对定位
5          f.setSize(260, 180);                      //指定窗口大小
6          f.setDefaultCloseOperation(JFrame.EXIT_ON_CLOSE);
7          JPanel p1=new JPanel();                   //创建面板对象
8          JPanel p2=new JPanel();
9          JButton btn1=new JButton("按钮一");       //创建按钮对象
10          JButton btn2=new JButton("按钮二");
11          JButton btn3=new JButton("按钮三");
```

```
12          p1.add(btn1);                      //将按钮加入面板
13          p1.setLocation(5, 10);             //设置面板的位置(相对于父容器)
14          p1.setSize(80, 60);                //设置面板大小
15          p1.setBackground(Color.LIGHT_GRAY);//设置面板的背景色
16          p2.add(btn2);
17          p2.add(btn3);
18          p2.setLocation(40, 50);
19          p2.setSize(80, 70);
20          p2.setBackground(Color.BLACK);
21          f.add(p2);                         //将面板加入窗口
22          f.add(p1);
23          f.setVisible(true);
24      }
25  }
```

程序运行结果如图 8-3 所示。

程序分析：

① 从运行结果看,面板 p2 显示在上层,遮住了面板 p1 的一部分,这是因为越后加入的组件越显示在上层。

② 第 4 行设置布局为空布局,表示采用像素绝对定位的方式来确定组件在容器中的位置和大小,空布局的内容请参见 8.4.4 节。

③ 默认情况下,面板的背景色与其所在容器的背景色相同,并且没有边框,是不可见的。因此,第 15、20 行设置

图 8-3　面板的演示

了背景色是为了让面板可见。在实际应用中较少这样使用,因为面板的主要应用是将若干组件组织到同一容器中,方便布局。

④ 第 13、18 行设置面板的位置,此处的位置参数值指面板左上角相对于其父容器(窗口对象 f)左上角的位置。

8.3.3　标签

标签(JLabel)用于显示文字或图片,不能获得键盘焦点,因此不具备交互功能。表 8-5 列出了 JLabel 类的常用方法。

表 8-5　JLabel 类的常用方法

成　员　方　法	主　要　功　能
JLabel()	默认构造方法,创建一个没有文字的标签
JLabel(String text)	构造方法,创建标签且 text 作为标签上的文字,可含 HTML 标记
JLabel(String text,int align)	构造方法,创建标签,将 text 作为标签上的文字并以 align 方式对齐,其中 align 可以是 JLabel 的常量值 LEFT、RIGHT 和 CENTER 等,分别代表靠左、靠右和居中对齐

成 员 方 法	主 要 功 能
int getAlignment()	返回标签内文字的对齐方式,返回的值可能为 LEFT、RIGHT 和 CENTER 等
int setAlignment(int align)	设置标签内文字的对齐方式,align 的值可为 LEFT、RIGHT 和 CENTER 等
void setIcon(Icon icon)	设置标签内将要显示的图标
String getText()	返回标签内的文字
String setText(String text)	设置标签内的文字为 text

例 8.3 实现标签。

```
//文件名为 Jpro8_3.java
/* 省去 import 语句,请使用 Eclipse 的智能提示功能完成输入 */
1   public class Jpro8_3{
2     public static void main(String[] args){
3       JFrame f=new JFrame("JLabel 应用");
4       f.setLocation(300, 300);
5       f.setSize(400, 200);
6       f.setDefaultCloseOperation(JFrame.EXIT_ON_CLOSE);
7       f.setLayout(new FlowLayout());                //设置窗口布局为流式布局
8       JLabel label_1=new JLabel("1.普通标签");       //创建标签
9       JLabel label_2=new JLabel("2.方正姚体标签");
10      label_2.setFont(new Font("方正姚体", Font.BOLD, 16));     //设置标签字体
11      label_2.setOpaque(true);          //设置标签为不透明(否则其背景色设置无效)
12      label_2.setBackground(Color.DARK_GRAY);      //设置标签背景色
13      label_2.setForeground(Color.WHITE);          //设置标签前景色(文字颜色)
14      String html="<html><h1 align='center'>3.HTML:1 号标题文本</h1></html>";
15      JLabel label_3=new JLabel(html);             //创建带 HTML 标记的标签
16      f.add(label_1);
17      f.add(label_2);
18      f.add(label_3);
19      f.setVisible(true);                          //让窗口可见
20    }
21  }
```

程序运行结果如图 8-4 所示。

程序分析:

① 第 7 行设置窗口的布局为流式布局,指按照从上到下、从左到右的规则,将添加到容器中的组件依次排列。当一行的空间用完后,便从新的一行开始存放,详细参见 8.4.1 节。

图 8-4 标签的应用

② 标签上的文字可以是普通的文本,也可以是 HTML 标记,如第 14、15 行所示,可以显示出 HTML 网页的文字效果。

③ 设置标签的背景色时,需要设置标签为不透明,否则设置其背景色无效。

8.3.4　文本组件

8.3.4

Swing 中用来处理文字输入的组件类主要有两个:JTextField(文本框)和 JTextArea(文本区)。JTextField 可输入单行文字,而 JTextArea 则可以输入多行文字,它们都继承自 javax.swing.text.JTextComponent 类。表 8-6 列出了 JTextComponent 类的常用方法。

表 8-6　JTextComponent 类的常用方法

成 员 方 法	主 要 功 能
void copy( )	将此文本组件中选定的内容复制到系统剪贴板
void cut( )	将此文本组件中选定的内容剪切到系统剪贴板
void paste	将系统剪贴板的内容粘贴到此文本组件中
String getSelectedText( )	返回文本组件中被选定的文本
int getSelectionEnd( )	获取文本组件中选定文本的结束位置
int getSelectionStart( )	获取文本组件中选定文本的开始位置
String getText( )	返回文本组件的文本
boolean isEditable( )	文本组件是否可编辑
void selectAll( )	选择文本组件中的所有文本
void setText(String t)	将文本组件显示的文本设置为指定文本

1. 文本框

下面先介绍文本框(JTextField),它只能接收单行文字。表 8-7 列出了 JTextField 类的常用方法。

表 8-7　JTextField 类的常用方法

成 员 方 法	主 要 功 能
JTextField( )	默认构造方法,创建初始文字为空、列数为零的文本框
JTextField(int columns)	构造方法,创建指定列数的空文本框。参数并不是指文本框所能接收的字符个数,而是由系统根据该值设置文本框的首选宽度
JTextField(String text)	构造方法,创建文本框并以 text 为默认的文字

成 员 方 法	主 要 功 能
JTextField(String text,int columns)	构造方法,创建文本框,以 text 为默认的文字并设置文本框的宽度为 columns 个字符
int getColumns()	取得文本框默认的宽度(以字符数为单位)
void setColumns(int columns)	设置文本框的宽度为 columns 个字符
void setFont(Font f)	设置文本框的字体

例 8.4 实现用户登录窗口。

```
//文件名为 Jpro8_4.java
/* 省去 import 语句,请使用 Eclipse 的智能提示功能完成输入 */
1   public class Jpro8_4{
2     public static void main(String args[]){
3       JFrame f=new JFrame("输入框 Demo");
4       f.setSize(240, 200);
5       f.setResizable(false);                      //不可拖动改变窗口大小
6       f.setLayout(new FlowLayout());              //窗口为流式布局
7       JLabel labelUsername=new JLabel("用户名");    //用户名标签
8       JTextField tfdUsername=new JTextField(10);  //用户名输入框
9       JPanel p1=new JPanel();
10      p1.add(labelUsername);                      //将用户名标签放入 p1
11      p1.add(tfdUsername);                        //将用户名输入框放入 p1
12      JLabel labelPwd=new JLabel("密码");
13      JPasswordField pfdPwd=new JPasswordField(10); //密码输入框的初始宽度为 10
14      pfdPwd.setEchoChar('*');                    //设置回显字符为 *
15      JPanel p2=new JPanel();
16      p2.add(labelPwd);
17      p2.add(pfdPwd);
18      JButton btnLogin=new JButton("登录");        //创建"登录"按钮
19      JButton btnClear=new JButton("清除");        //创建"清除"按钮
20      JPanel p3=new JPanel();
21      p3.add(btnLogin);
22      p3.add(btnClear);
23      f.add(p1);                                  //将面板加入窗口中
24      f.add(p2);
25      f.add(p3);
26
27      f.setLocationRelativeTo(null);              //窗口在屏幕上居中显示
28      f.setVisible(true);                         //显示窗口
29    }
30  }
```

程序运行结果如图 8-5 所示。

程序分析：

① 第 6 行设置窗口的布局为流式布局。第 5 行设置禁止用户通过拖动的方式改变窗口的大小,保证窗口中的三个 Panel(第 23～25 行)分三行排列,组件的布局不变。

② 在第 10、11 行中,JPanel 容器本身的默认布局是流式布局,所以其中的组件也是自左至右排列,形成一行。

③ 在第 13、14 行中,JPasswordField 类继承自 JTextField,是一种特殊的文本框。在该文本框中输入的所有字符均会

图 8-5　用户登录界面

以某个字符(称为回显字符)替代显示,回显字符可以指定(可为汉字)。由于密码框的使用方法与 JTextField 类似,因此本书没有单独列出讲解。

2. 文本区

文本区(JTextArea)是一种允许接收多行无格式文本的组件,可以设置自动换行的功能,但本身不带滚动条。它实现了 Swing 的 Scrollable 接口,因此可以放置在 JScrollPane 的内部,通过 JScrollPane 来设置垂直或水平滚动条。表 8-8 列出了 JTextArea 类的常用方法。

表 8-8　JTextArea 类的常用方法

成 员 方 法	主 要 功 能
JTextArea()	默认构造方法,创建不带初始文字的文本区
JTextArea(int rows,int cols)	构造方法,创建具有指定行数和列数的新的空文本区
JTextArea(String text)	构造方法,创建带指定初始文字 text 的文本区
JTextArea(String text,int rows, int cols)	构造方法,创建带指定初始文字、指定行列数的文本区。第二、三个参数并不是指文本区所能接收文本的最大行列数,而是用于由系统计算文本区的首选大小
void append(String str)	在目前的文本区内的文字之后加上新的文字 str
int getColumns()	取得文字区的列数(以字符数为单位)
int getRows()	取得文字区的行数(以字符数为单位)
void insert(String str,int pos)	在文本区的 pos 位置插入 str 字符串
void replaceRange(String str,int start,int end)	在文本区内,位置在 start 和 end 之间的文字以字符串 str 来取代
void setColumns(int columns)	设置文本区的列数(以字符数为单位)
void setLineWrap(boolean wrap)	设置文本区的换行策略。如果为 true,则当行的长度大于所分配的宽度时换行;否则始终不换行
void setRows(int rows)	设置文本区可显示的行数

成 员 方 法	主 要 功 能
void setText(String text)	设置文本区内的文字为 text
void setWrapStyleWord(boolean word)	设置换行方式。如果为 true,则当行的长度大于所分配的宽度时,将在单词边界(空白)处换行;否则将在字符边界处换行

例 8.5 实现文本区。

```
//文件名为 Jpro8_5.java
/* 省去 import 语句,请使用 Eclipse 的智能提示功能完成输入 */
1   public class Jpro8_5{
2     public static void main(String[] args){
3         JFrame f=new JFrame("JTextArea 演示");
4         f.setLayout(null);                              //组件的位置采用像素绝对定位
5         f.setSize(260, 180);
6         f.setDefaultCloseOperation(JFrame.EXIT_ON_CLOSE);
7         JTextArea ta1=new JTextArea();                  //创建不带初始文字的文本区
8         ta1.setLocation(5, 5);
9         ta1.setSize(140, 40);
10
11        JTextArea ta2=new JTextArea("初始文字");       //创建带初始文字的文本区
12        ta2.setLineWrap(true);                          //设置文本区为自动换行
13        JScrollPane sp=new JScrollPane(ta2);            //将 ta2 作为 sp 的显示区
14        sp.setLocation(5, 50);
15        sp.setSize(140, 70);
16        f.add(ta1);                                     //添加文本区到窗口
17        f.add(sp);                                      //添加可滚动面板到窗口
18        f.setVisible(true);
19    }
20  }
```

程序运行结果如图 8-6 所示。

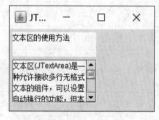

图 8-6 文本区的演示

程序分析:第 13 行将文本区添加到滚动面板中,也就是给文本区添加滚动条。因为文本区设置了自动换行(第 12 行),所以不会出现水平滚动条。

8.3.5　常规按钮

按钮是一类可交互组件,用户可以通过单击按钮控制程序的运行。按钮具体包括常规按钮(JButton)、开关按钮(JToggleButton)、单选按钮(JRadioButton)和复选框(JCheckBox),它们都是抽象类 AbstractButton 的直接或间接子类。表 8-9 列出了AbstractButton 类的常用方法。

表 8-9　列出了 AbstractButton 类的常用方法

成 员 方 法	主 要 功 能
void setText(String text)	设置按钮上的文字为 text,可以带 HTML 标记
void setActionCommand(String command)	设置按钮的动作命令文字,用于按钮的单击事件处理
boolean isSelected( )	判断按钮是否被选中。选中返回 true,否则返回 false
void setMnemonic(int mnemonic)	设置按钮的快捷键字符。按"Alt＋该字符键"相当于单击按钮
void setDisplayedMnemonicIndex(int index)	将按钮文字中指定下标的字符设为显示的快捷键字符,该字符会带一个下画线
void setFocusPainted(boolean b)	设置当按钮被选中时是否绘制焦点(一个矩形线框,默认为 true)
void setContentAreaFilled(boolean b)	设置按钮是否绘制其内容区(默认为 true)。若要得到透明效果的按钮(如只有一个图标的按钮),应设置为 false
setIcon(Icon defaultIcon)	设置按钮上的默认图标

下面介绍 AbstractButton 最常用的子类 JButton,其常用方法参见表 8-10。

表 8-10　JButton 的常用方法

成 员 方 法	主 要 功 能
JButton( )	默认构造方法,创建不带文字和图片的按钮
JButton(Stringtext)	构造方法,创建带指定文字的按钮
JButton(Icon icon)	构造方法,创建带指定图标、不带文字的按钮
JButton(Stringtext,Icon icon)	构造方法,创建带指定文字和图标的按钮

例 8.6　实现按钮。

```
//文件名为 Jpro8_6.java
/* 省去 import 语句,请使用 Eclipse 的智能提示功能完成输入 */
1   public class JPro8_6{
2     public static void main(String[] args){
```

```
3          JFrame f=new JFrame("JButton 演示");
4          f.setSize(300, 150);
5          f.setLayout(new FlowLayout());              //给窗口指定流式布局
6          f.setDefaultCloseOperation(JFrame.EXIT_ON_CLOSE);
7          JButton[] buttons=new JButton[5];           //创建按钮数组
8
9          for (int i=0; i<5; i++){
10             buttons[i]=new JButton();               //创建没有文字和图片的按钮
11             f.add(buttons[i]);                      //添加按钮到窗口
12         }
13
14         buttons[0].setText("普通按钮");              //设置按钮文字
15
16         buttons[1].setText("带快捷键的按钮(C)");
17         buttons[1].setMnemonic(KeyEvent.VK_C);      //设置快捷键字符
18         int k=buttons[1].getText().indexOf(KeyEvent.VK_C);      //找字符下标
19         buttons[1].setDisplayedMnemonicIndex(k);    //设置显示的快捷键字符
20
21         buttons[2].setText("禁用的按钮");
22         buttons[2].setEnabled(false);
23
24         buttons[3].setText("不带边框的按钮");
25         buttons[3].setBorder(null);                 //设置边框为空
26
27         buttons[4].setText("不绘制焦点的按钮");
28         buttons[4].setFocusable(false);             //不绘制按钮焦点
29
30         f.setVisible(true);
31     }
32 }
```

程序运行结果如图 8-7 所示。

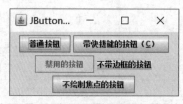

图 8-7　按钮的演示

8.3.6　单选按钮

单选按钮(JRadioButton)是一种特殊的开关按钮,具有选中和未选两种状态。单选

Java 面向对象程序设计(第 3 版)

按钮只能被选中而不能取消选中。如果要保证多个单选按钮只能选择其中一个,则必须将它们加入同一个按钮组(javax.swing.ButtonGroup 类的对象),这样当选中其中一个时,其余的按钮将取消选中。表 8-11 列出了 JRadioButton 类的常用方法。

表 8-11　JRadioButton 类的常用方法

成 员 方 法	主 要 功 能
public JRadioButton(String text)	构造方法,创建一个单选按钮,指定按钮文本,默认不选中
public JRadioButton(Icon icon)	构造方法,创建一个单选按钮并设定图片
public JRadioButton(Icon icon,boolean selected)	构造方法,创建一个单选按钮,设定图片并设定是否选中
public JRadioButton(String text,boolean selected)	构造方法,创建一个具有指定文本和选择状态的单选按钮
public JRadioButton(String text,Icon icon,boolean selected)	构造方法,创建一个具有指定的文本、图像和选择状态的单选按钮
public void setSelected(boolean b)	设置按钮是否被选中,从类 AbstractButton 继承
public boolean isSelected()	返回该按钮是否被选中,如果选定了按钮,则返回 true,否则返回 false。从类 AbstractButton 继承
public void setText(String text)	设置按钮的显示文本,从类 javax. swing. AbstractButton 继承
public void setIcon(Icon defaultIcon)	设置按钮的默认图标

例 8.7　实现单选按钮。

```
//文件名为 Jpro8_7.java
/* 省去 import 语句,请使用 Eclipse 的智能提示功能完成输入 */
1    public class Jpro8_7 extends JFrame{
2      public static void main(String[] args){
3        Jpro8_7 f=new Jpro8_7();
4        f.setTitle("JRadioButton 演示");
5        f.setSize(360, 100);
6        f.setLayout(new FlowLayout());
7        f.setDefaultCloseOperation(JFrame.EXIT_ON_CLOSE);
8        f.add(new JLabel("专业:"));
9        ButtonGroup majorGroup=new ButtonGroup();        //"专业"按钮组
10       //定义各单选按钮上的文字
11       String[] buttonsText={ "软件", "计算机", "物联网", "大数据"   };
12       //构造单选按钮数组
13       JRadioButton[] buttons=new JRadioButton[buttonsText.length];
14
15       for (int i=0; i<buttons.length; i++){
16           buttons[i]=new JRadioButton(buttonsText[i]);        //创建单选按钮
```

```
17              majorGroup.add(buttons[i]);      //将单选按钮加入按钮组,保证处于单选状态
18              f.add(buttons[i]);               //将单选按钮加入窗口
19          }
20          buttons[1].setSelected(true);        //默认选中"计算机"
21      f.setVisible(true);                      //显示窗口
22  }
23}
```

程序运行结果如图 8-8 所示。

图 8-8　单选按钮的演示

程序分析:

① 第 17 行将 4 个单选按钮加入同一个按钮组 majorGroup 中,保证该组按钮任一时刻只能有一个单选按钮被选中。

② 在第 20 行,单选按钮默认状态都是未选择的,程序运行时一般应该让其中一个按钮处于选中状态。

8.3.7

8.3.7　复选框

与单选按钮一样,复选框(JCheckBox)是另一种特殊的开关按钮,也具有选中和未选两种状态。与单选按钮不同的是,JCheckBox 既能被选中也能取消选中,并且多个按钮的选中状态彼此互不影响。因此,复选框不需要被加到按钮组中。表 8-12 列出了 JCheckBox 类的常用方法。

表 8-12　JCheckBox 类的常用方法

成 员 方 法	主 要 功 能
JCheckBox()	默认构造方法,使用空字符串创建一个复选框
JCheckBox(String label)	构造方法,使用指定标签创建一个复选框
JCheckBox(String label,boolean state)	构造方法,使用指定标签创建一个复选框并设置它的选定状态,true 为选中
JCheckBox(String label,Icon icon,boolean state)	构造方法,使用指定标签和图标创建一个复选框并设置它的选定状态
String getText()	获得此复选框的标签文字
boolean isSelected()	获取复选框是否处于选中状态
void setText(Stringtext)	将此复选框的文本设置为指定文本
void setSelected (boolean state)	设置复选框的选定状态,true 为选中

例 8.8 实现多选按钮。

```
//文件名为 Jpro8_8.java
/* 省去 import 语句,请使用 Eclipse 的智能提示功能完成输入 */
1  public class Jpro8_8 extends JFrame{
2      public static void main(String[] args){
3          Jpro8_8 f=new Jpro8_8();
4          f.setTitle("JCheckBox 演示");
5          f.setSize(360, 100);
6          f.setLayout(new FlowLayout());
7          f.setDefaultCloseOperation(JFrame.EXIT_ON_CLOSE);
8          f.add(new JLabel("爱好:"));
9          String[] chkText={ "音乐", "体育", "网络", "旅游" };
10         JCheckBox[] hobbies=new JCheckBox[chkText.length];
11
12         for (int i=0; i<hobbies.length; i++){
13             hobbies[i]=new JCheckBox(chkText[i]);      //构造复选框对象
14             f.add(hobbies[i]);                          //添加复选框到窗口
15         }
16         f.setVisible(true);
17     }
18 }
```

程序运行结果如图 8-9 所示。

图 8-9 复选框的演示

【练习 8.1】

1. [单选题]以下关于 AWT 与 Swing 之间关系的叙述,正确的是(   )。
   A. Swing 是 AWT 的提高和扩展
   B. 在写 GUI 程序时,AWT 和 Swing 不能同时使用
   C. AWT 和 Swing 在不同的平台上都有相同的表示
   D. AWT 是轻量级组件,Swing 是重量级组件
2. [单选题]下列属于容器的是(   )。
   A. JFrame   B. JButton   C. JLabel   D. TextArea
3. [单选题]在 Java 语言中,JButton 组件是在(   )包中定义的。
   A. java.awt   B. javax.swing   C. java.util   D. java.io

4. ［简答题］什么是组件？AWT 与 Swing 组件库有何联系与区别？

5. ［简答题］什么是容器组件，其有何特点？Swing 提供了哪些常用的容器组件？

6. ［简答题］顶层容器与非顶层容器有何区别？Swing 提供了哪些常用的顶层容器？

7. ［简答题］组件 JLabel、JTextField、JTextArea 和 JPasswordField 有何区别？

8. ［简答题］当存在多个单选按钮时，如何保证用户只能选择其中的一个选项？

8.4　布　局　管　理

在进行 GUI 程序设计时，经常需要向窗体中添加许多组件。如果不按照某种顺序和规则进行放置，这些组件将显得非常凌乱，有些甚至不可见，这时就需要用布局管理器（LayoutManager）来管理容器中组件的摆放位置和大小。

Java 提供的常用布局管理器有流式布局、边界布局、网格布局、网格包布局和分组布局等，这些布局都实现了 LayoutManager 接口。除了 BoxLayout 和 GroupLayout 位于 javax.swing 包下外，其余布局管理器类均位于 java.awt 包下。实际上，每个容器对象都有一个默认的布局管理器。布局管理器可以由容器的 setLayout() 方法指定，下面将介绍这些布局。

8.4.1　流式布局

流式布局（FlowLayout）指按照自上而下、自左到右的规则，将添加到容器中的组件依次排列。当一行的空间用完后，便从下一行开始存放，每行默认水平居中对齐。流式布局是 JPanel 的默认布局方式，其常用方法如表 8-13 所示。

表 8-13　FlowLayout 类的常用方法

成 员 方 法	主 要 功 能
FlowLayout()	创建一个新的 FlowLayout，默认是居中对齐且组件之间彼此有 5 个单位的水平和垂直距离
FlowLayout(int align)	构造方法，创建具有指定水平对齐方式且水平和垂直间距均为 5 个单位的流式布局。参数取值来自 FlowLayout 类自身，包括：LEFT——水平居左；CENTER——水平居中（默认值）；RIGHT——水平居右
FlowLayout (int align, int hgap, int vgap)	设置组件对齐方式以及在水平和垂直方向上的间隙大小，hgap 和 vgap 分别代表水平间距和垂直间距
void setAlignment(int align)	设置流式布局的对齐方式，参数取值同上
void setHgap(int hgap)	设置流式布局的水平间距
void setVgap(int vgap)	设置流式布局的垂直间距

例 8.9 运用流式布局实现界面。

```
//文件名为 Jpro8_9.java
/* 省去 import 语句,请使用 Eclipse 的智能提示功能完成输入 */
1   public class Jpro8_9{
2       public static void main(String args[]){
3           JFrame f=new JFrame("FlowLayout 演示");
4           f.setSize(300, 150);
5           //设置 FlowLayout 布局,并且组件左对齐
6           f.setLayout(new FlowLayout(FlowLayout.LEFT));
7            JButton[] buttons=new JButton[5];          //创建存放 5 个按钮的数组
8              for (int i=0; i<buttons.length; i++){
9                  buttons[i]=new JButton("按钮 "+(i+1));          //创建按钮
10                 f.add(buttons[i]);                       //将按钮加入窗口
11             }
12          f.setVisible(true);
13      }
```

程序运行结果如图 8-10(a)所示。

(a)   (b)

图 8-10   FlowLayout 的演示

程序分析:

① 当向右拖动窗口的右边框线改变其宽度后,可以看到在流式布局管理器的管理下首行放置的按钮个数会增加,结果如图 8-10(b)所示。

② 第 6 行设定窗口布局为 FlowLayout 且组件左对齐,默认为水平居中。

8.4.2   边界布局

边界布局(BorderLayout)将容器划分为北、南、东、西、中 5 个区域并分别以 BorderLayout 类自身的静态常量 NORTH、SOUTH、EAST、WEST、CENTER 表示。边界布局是 JFrame 的默认布局方式。

在边界布局方式下向容器添加组件时,通常要指定组件被添加到容器的哪个区域,若未指定区域,则默认添加到中心区域。每个区域最多只能放置一个组件,若多次向同一区域添加多个组件,则最后一次添加的组件有效。表 8-14 列出了 BorderLayout 类的常用方法。

表 8-14 BorderLayout 类的常用方法

成 员 方 法	主 要 功 能
BorderLayout()	创建组件之间没有间距的新的 BorderLayout
BorderLayout(int hgap,int vgap)	创建组件之间有间距的新的 BorderLayout,其中水平间距和垂直间距分别由参数 hgap 和 vgap 指定
void setHgap(int hgap)	设置边界布局的水平间距
void setVgap(int vgap)	设置边界布局的垂直间距

例 8.10 运用边界布局实现界面。

```
//文件名为 Jpro8_10.java
/* 省去 import 语句,请使用 Eclipse 的智能提示功能完成输入 */
1    public class Jpro8_10{
2        public static void main(String[] args){
3        JFrame f=new JFrame("BorderLayout 演示");
4            f.setSize(300, 150);
5            f.setLayout(new BorderLayout());       //设置边界布局
6            JButton bEast=new JButton("东");
7            JButton bWest=new JButton("西");
8            JButton bSouth=new JButton("南");
9            JButton bNorth=new JButton("北");
10           JButton bCenter=new JButton("中");
11           f.add(bEast, BorderLayout.EAST);       //添加组件到东区域
12           f.add(bWest, BorderLayout.WEST);
13           f.add(bSouth, BorderLayout.SOUTH);
14           f.add(bNorth, BorderLayout.NORTH);
15           f.add(bCenter);                        //未指定区域,默认添加到中心区域
16           f.setVisible(true);
17       }
18   }
```

程序运行结果如图 8-11 所示。

图 8-11 BorderLayout 的演示

8.4.3 网格布局

网格布局(GridLayout)是将容器分成指定行数和列数且大小相同的网格。当向具有

网格布局的容器添加组件时,组件按照从上至下、从左至右的顺序添加,并且占满该网格。表 8-15 列出了 GridLayout 类的常用方法。

表 8-15　GridLayout 类的常用方法

成 员 方 法	主 要 功 能
GridLayout( )	创建具有默认值的网格布局,即每个组件占据一行一列
GridLayout(int rows,int cols)	创建具有指定行数和列数的网格布局
GridLayout(int rows,int cols,int hgap,int vgap)	创建具有指定行数和列数的网格布局,同时设置组件之间的间距
void setRows(int rows)	设置网格布局的行数
void setColumns(int cols)	设置网格布局的列数
void setHgap(int hgap)	设置网格布局的水平间距
void setVgap(int vgap)	设置网格布局的垂直间距

例 8.11　运用网格布局实现界面。

```
//文件名为 Jpro8_11.java
/* 省去 import 语句,请使用 Eclipse 的智能提示功能完成输入 */
1   public class Jpro8_11{
2       public static void main(String[] args){
3       JFrame f=new JFrame("GridLayout演示");
4           f.setSize(360, 300);
5           f.setLayout(new GridLayout(4, 4, 3, 3));   //创建 4 行 4 列的网格布局
6           JButton[] buttons=new JButton[14];          //创建存放 14 个按钮的数组
7               for (int i=0; i<buttons.length; i++){
8                   buttons[i]=new JButton("按钮 "+(i+1));  //创建按钮
9                   f.add(buttons[i]);                      //将按钮加入窗口
10              }
11          f.setVisible(true);                             //显示窗口
12      }
13  }
```

程序运行结果如图 8-12 所示。

图 8-12　GridLayout 的演示

思政素材

8.4.4 空布局

空布局实际上是采用像素绝对定位的方式来确定组件在容器中的位置和大小,严格来说,它并不是一种布局管理器。一般通过以下方式来使用空布局。

- 对容器对象调用 setLayout(null)方法,实参 null 表示空布局。
- 调用组件对象的 setLocation 方法确定组件左上角相对于其所在容器左上角的坐标,并且调用 setSize 方法确定组件大小。

空布局非常容易理解,但当容器中的组件较多时,坐标的计算比较麻烦。其最大的缺点是:组件的大小和位置永远是固定的,不会随容器而变化。当不允许改变顶层容器的大小或容器中的组件对大小调整行为没有要求时,可以考虑使用空布局。

除此之外,Java 还提供网格包布局(GridBagLayout)、卡片布局(CardLayout)、盒式布局(BoxLayout)、分组布局(GroupLayout)等。由于这些在实际应用中较少使用,因此读者可自行查阅相关资料。

【练习 8.2】

1. [单选题]框架(JFrame)的默认布局管理器是(　　)。
   A. FlowLayout　　　B. CardLayout　　　C. BorderLayout　　　D. GridLayout

2. [单选题]当容器的大小改变后,哪种布局管理器的容器中的组件大小不随容器大小的变化而改变(　　)。
   A. FlowLayout　　　　　　　　B. BorderLayout
   C. GridLayout　　　　　　　　D. null（无布局管理器）

3. [单选题]将 GUI 窗口划分为东、西、南、北、中 5 部分的布局管理器是(　　)。
   A. FlowLayout　　　B. GridLayout　　　C. CardLayout　　　D. BorderLayout

4. [单选题]以下关于 BorderLayout 类功能的描述,(　　)是错误的。
   A. 它可以与其他布局管理器协同工作
   B. 它可以对 GUI 容器中的组件完成边框式的布局
   C. 它位于 java.awt 包中
   D. 它是一种特殊的组件

5. [编程题]编写程序,完成图 8-13 所示的界面设计。

图 8-13　最终界面

8.5 事件处理

在 GUI 程序设计中,可视化的界面组件具有与用户交互的功能。前面已经介绍了多个组件和布局管理器,学习了如何设计程序的界面,但是这些界面元素还无法对用户的操作进行响应,例如当单击按钮时程序的界面没有任何变化。这就需要理解 Java 的事件处理机制,在设计好界面之后,再编写相关的事件处理程序。

8.5.1 Java 的事件处理流程

Java 的事件处理机制涉及三个非常重要的概念。
- 事件源:产生事件的组件叫事件源。例如,如果单击了登录按钮,则登录按钮为事件源。事件源通常是程序界面中某个可交互的组件,也可以是定时器等其他对象。
- 事件对象:事件源产生的事件通常由用户的操作产生,每个事件均被 Java 运行时环境封装为事件对象,用于在事件源与事件监听器间传递信息。事件对象包含与该事件相关的必要信息,如鼠标按下事件产生时鼠标指针所处的坐标等。
- 事件监听器:用于接收和处理事件源通知的对象。整个事件的核心就是如何实现事件监听器。

事件处理机制的流程是:当事件源收到用户发出的操作指令(如用户单击按钮)后即触发相应的事件,然后将事件发送给已注册的监听器,由监听器来处理该事件。在整个过程中,监听器简单地等待,直到它收到一个事件。这种事件处理机制称为委托式事件处理方式——事件源将事件处理工作委托给特定的对象(事件监听器),当事件源发生指定的事件时,就通知委托的事件监听器来处理这个事件。这种机制可以用手机订阅天气信息作类比,天气信息服务器是事件源,手机是事件监听器,天气信息是事件对象。手机收到信息的前提是必须要让该手机向天气信息服务器注册。

Java 事件处理机制中的事件源、事件和事件监听器均以对象的形式存在,这些对象对应的类构成了整个 Java 事件处理机制的核心。为了更好地理解这些概念以及事件本身,下面通过一个例子说明。

例 8.12 运用事件模型实现界面。

```
//文件名为 Jpro8_12.java
/* 省去 import 语句,请使用 Eclipse 的智能提示功能完成输入 */
1   public class Jpro8_12 implements ActionListener{          //事件监听器类
2       JLabel tips=new JLabel("请单击下面的按钮");              //创建各组件
3       JButton b1=new JButton("确定");
4       JButton b2=new JButton("取消");
5
6       public static void main(String[] args){
7           Jpro8_12 demo=new Jpro8_12();
```

```
8              demo.initUI();
9        }
10
11       void initUI(){                                                        //初始化界面
12           JFrame f=new JFrame("事件处理模型演示");
13           f.setSize(200, 150);
14           f.setLayout(new FlowLayout());
15           //该类实现了 ActionListener 监听器接口,故当前对象 this 就是动作事件监听器
16           //事件监听器必须向事件源(b1、b2)注册,当事件发生时事件源才通知该监听器
17           b1.addActionListener(this);
18           b2.addActionListener(this);
19
20           f.add(tips);              //添加组件
21           f.add(b1);
22           f.add(b2);
23           f.setVisible(true);
24       }
25
26       //实现 ActionListener 接口定义的 actionPerformed 方法(事件处理程序),
27       //该方法由 Java 运行时环境(在事件发生时)自动调用
28       public void actionPerformed(ActionEvent e){    //参数 e 为事件对象
29           if (e.getSource()==b1){                              //获取事件源并进行比较
30               tips.setText("你单击了""+b1.getText()+""按钮");
31           }else if (e.getSource()==b2){
32               tips.setText("你单击了""+b2.getText()+""按钮");
33           }
34       }
35  }
```

程序运行结果如图 8-14(a)、(b)和(c)所示。

| (a) | (b) | (c) |

图 8-14　事件模型的运用

程序分析:

① 程序运行的初始界面如图 8-14(a)所示,分别单击"确定"和"取消"按钮,结果如图 8-14(b)和(c)所示。

② 在本例中,事件源为两个按钮 b1 和 b2。当单击按钮时,就产生了一个事件。该事件触发在事件源上注册的事件监听器(第 17、18 行,监听器对象为 this),该事件监听器调

用对应的事件处理程序(actionPerformed)进行响应(第 28~34 行)。注意这里的 actionPerformed 从来不需要编写代码显式调用,当事件发生时,Java 运行时环境会自动回调该方法并传入相应的事件对象(ActionEvent e)。

事件的一般实现步骤如下:

① 创建事件监听器类,该类是一个特殊的 Java 类,必须实现 XxxListener 接口,重写接口中的相应方法。需要说明的是,不同的事件对应不同的接口,如果需要监听多个事件,则该类要实现多个指定的接口。

② 创建事件源对象(如按钮对象)。

③ 事件源对象调用 AddXxxListener()方法,将监听器对象向事件源对象注册。需要说明的是,如果不向事件源对象注册,则当事件发生时监听器对象无法收到事件对象。

8.5.2 事件监听器类的编写

8.5.2

从事件的一般实现步骤看,主要是编写事件监听器类。根据需要监听的事件,监听器类必须实现该事件对应的接口(通常为 XxxListener)。接口的实现有多种方式。

- 类自身作为事件监听器类。这种方法请参见例 8.12。
- 内部类作为事件监听器类。将例 8.12 的例子改为在主类中创建类 MyActionListener 作为事件监听器类,它实现 ActionListener 接口(参见例 8.13)。
- 匿名内部类作为事件监听器类。此种方式与上一种方式类似,但事件监听器类是作为匿名内部类出现的,这样做的好处是隐藏了事件处理的细节,但也带来了缺点——不能复用事件处理逻辑。将例 8.12 的例子改为使用匿名内部类的方式实现事件监听器接口(参见例 8.14)。

例 8.13 内部类作为事件监听器类,实现如图 8-14 所示的界面。

```
//文件名为 Jpro8_13.java
/* 省去 import 语句,请使用 Eclipse 的智能提示功能完成输入 */
1   public class Jpro8_13{
2
3       JLabel tips=new JLabel("请单击下面的按钮!");   //创建各组件
4       JButton b1=new JButton("确定");
5       JButton b2=new JButton("取消");
6
7       public static void main(String[] args){
8           Jpro8_13 demo=new Jpro8_13();
9           demo.initUI();
10      }
11
12      void initUI(){                                  //初始化界面
13          JFrame f=new JFrame("事件处理模型演示");
14          f.setSize(200, 150);
15          f.setLayout(new FlowLayout());
```

```
16      MyActionListener myListener=new MyActionListener();
17      b1.addActionListener(myListener);
                                        //监听器对象 myListener 向事件源对象 b1 注册
18      b2.addActionListener(myListener);
19
20      f.add(tips);                                    //添加组件
21      f.add(b1);
22      f.add(b2);
23      f.setVisible(true);
24   }
25
26   class MyActionListener implements ActionListener{
27      public void actionPerformed(ActionEvent e){ //重写方法
28         if (e.getSource()==b1){                    //直接访问外部类的字段 b1
29            tips.setText("你单击了""+b1.getText()+""按钮");
30         }else if (e.getSource()==b2){
31            Lips.setText("你单击了""+b2.getText()+""按钮");
32         }
33      }
34   }
35 }
```

程序分析:

① 代码第 26～34 行创建了内部类实现 ActionListener,监听器的注册参见第 16～18 行。

② 实际上也可以创建外部类作为事件监听器类,但由于该监听器主要监听当前类中按钮的事件,不被其他类调用,故放在该类中作为内部类设计更加合理。

例 8.14 匿名内部类作为事件监听器类,实现如图 8-14 所示的界面。

```
//文件名为 Jpro8_14.java
/* 省去 import 语句,请使用 Eclipse 的智能提示功能完成输入 */
1  public class Jpro8_14{
2
3      JLabel tips=new JLabel(" 请单击下面的按钮! ");      //创建各组件
4      JButton b1=new JButton("确定");
5      JButton b2=new JButton("取消");
6
7      public static void main(String[] args){
8         Jpro8_14 demo=new Jpro8_14();
9         demo.initUI();
10     }
11
12     void initUI(){      //初始化界面
13        JFrame f=new JFrame("事件处理模型演示");
```

```
14          f.setSize(200, 150);
15          f.setLayout(new FlowLayout());
16          b1.addActionListener(new ActionListener(){
17              @Override
18              public void actionPerformed(ActionEvent e){
19                  tips.setText("你单击了""+b1.getText()+""按钮");
20              }});
21          b2.addActionListener(new ActionListener(){
22
23              @Override
24              public void actionPerformed(ActionEvent e){
25                  tips.setText("你单击了""+b2.getText()+""按钮");
26              }});
27
28          f.add(tips);         //添加组件
29          f.add(b1);
30          f.add(b2);
31          f.setVisible(true);
32      }
33  }
```

程序分析：第 16~20 行和第 21~26 行在向按钮注册事件监听器对象时，都使用了实现 ActionListener 接口的匿名内部类对象。

此外，也可以采用继承事件适配器类的方法实现事件监听器类，因为 JDK 提供了一些事件适配器类，它们实现了相应的事件接口。例如，用于监听鼠标事件的 MouseAdapter 类实现了 MouseWheelListener 和 MouseMotionListener 接口。

8.5.3　常用事件类和接口

Swing 的事件模型是完全基于 AWT 的，AWT 定义了不同的事件类来描述程序在运行过程中产生的各种事件。这些事件类均直接或间接继承自 java.awt 包下的 AWTEvent 抽象类，且均位于 java.awt.event 包下，其中常用的事件类如表 8-16 所示。

表 8-16　AWT 的常用事件类

事　　件	监听器接口	事件处理程序	描　　述
ActionEvent	ActionListener	actionPerformed(ActionEvent)	动作事件，如单击按钮、选择菜单项、在文本框中按回车键
ItemEvent	ItemListener	itemStateChanged(ItemEvent)	项事件，如项被选定或取消选定

事　　件	监听器接口	事件处理程序	描　　述
MouseEvent	MouseMotionListener	mouseDragged(MouseEvent)	鼠标指针移动
		mouseMoved(MouseEvent)	
	MouseListener	mousePressed(MouseEvent)	鼠标单击等
		mouseReleased(MouseEvent)	
		mouseEntered(MouseEvent)	
		mouseExited(MouseEvent)	
		mouseClicked(MouseEvent)	
KeyEvent	KeyListener	keyPressed(KeyEvent)	键盘事件，如键盘被按下、释放或敲击
		keyReleased(KeyEvent)	
		keyTyped(KeyEvent)	
FocusEvent	FocusListener	focusGained(FocusEvent)	焦点事件，如组件获得或失去焦点
		focusLost(FocusEvent)	
AdjustmentEvent	AdjustmentListener	adjustmentValueChanged(AdjustmentEvent)	调整事件，如改变滚动条的滑块位置
ComponentEvent	ComponentListener	componentMoved(ComponentEvent)	对象移动、缩放、显示、隐藏等
		componentHidden(ComponentEvent)	
		componentResized(ComponentEvent)	
		componentShown(ComponentEvent)	
WindowEvent	WindowListener	windowClosing(WindowEvent)	窗口事件，如关闭、最小化和最大化窗口
		windowOpened(WindowEvent)	
		windowIconified(WindowEvent)	
		windowDeiconified(WindowEvent)	
		windowClosed(WindowEvent)	
		windowActivated(WindowEvent)	
		windowDeactivated(WindowEvent)	
ContainerEvent	ContainerListener	componentAdded(ContainerEvent)	容器事件，如在容器中添加或移除组件
		componentRemoved(ContainerEvent)	
TextEvent	TextListener	textValueChanged(TextEvent)	文本事件，如（文本相关）组件上的文本被改变

根据表 8-16 可以知道常用组件大体可能支持哪些事件,以及对应的事件监听器接口。通过实现相应的接口创建事件监听器类并重写相应的事件处理程序,然后通过 AddXxxListener() 方法将事件监听器注册给指定的组件(事件源)。这样,当事件源组件上发生特定事件时,被注册到该组件的监听器的对应方法(事件处理器)将被触发。

【练习 8.3】

1. GUI 中能处理鼠标拖动和移动两种事件的接口是(　　　)。
   A. ActionListener　　　　　　　　　B. ItemListener
   C. MouseListener　　　　　　　　　D. MouseMotionListener
2. 当事件发生时,从事件源传递给监听器的特定事件信息的对象是(　　　)。
   A. 事件对象　　　　　　　　　　　B. 事件源对象
   C. 监听器对象　　　　　　　　　　D. 接口
3. 简述 Java 的事件处理模型,并且说明如何编写事件处理程序。
4. 若多个组件共享同一事件监听器对象,则在事件方法中如何区分事件来源于哪个组件?
5. 如何自定义窗口的关闭逻辑?

8.6　其他 Swing 组件

在 Swing 库中,除了常见组件外还有一些更高级的组件,它们具有更好的交互体验,功能更加丰富,使用方法也更为复杂,需要我们通过其演示程序认真学习才能领会,掌握其使用方法。

8.6.1　下拉列表

8.6.1

下拉列表(JComboBox)是一个弹出式下拉组件,任何时刻只显示其中的一项作为选择项。下拉列表只能选择单一的项。表 8-17 列出了 JComboBox 类的常用方法。

表 8-17　JComboBox 类的常用方法

成 员 方 法	主 要 功 能
JComboBox()	默认构造方法,创建不含任何项的下拉列表
JComboBox(Object[] items)	构造方法,创建一个用指定数组初始化的新下拉列表
JComboBox(Vector<?> items)	构造方法,以指定的向量作为列表项创建下拉列表
void addItem(Object item)	为下拉列表添加新项
void addItemListener(ItemListener l)	添加指定的项监听器,以接收来自下拉列表的项事件
Object getItemAt(int index)	获得此下拉列表指定索引上的字符串

成 员 方 法	主 要 功 能
int getItemCount()	返回此下拉列表中项的数量
int getSelectedIndex()	返回当前选定项的索引
Object getSelectedItem()	返回当前所选项
Object[] getSelectedObjects()	返回包含所选项的数组
void insertItemAt(Object item,int index)	在项列表中的给定索引处插入项
void setEnabled(boolean b)	启用下拉列表以便可以选择项
void setMaximumRowCount(int count)	设置 JComboBox 显示的最大行数
void setSelectedIndex(int index)	选择索引 index 处的项
void setSelectedItem(Object item)	将 item 设置为下拉列表的选定项

例 8.15　运用下拉列表实现界面。

```
//文件名为 Jpro8_15.java
/* 省去 import 语句,请使用 Eclipse 的智能提示功能完成输入 */
1    public class Jpro8_15 extends JFrame implements ItemListener{
2        JLabel lblSelection=new JLabel();
3
4        public Jpro8_15(){
5            super("JComboBox演示");
6            this.setSize(300, 120);
7            this.setLayout(new FlowLayout());
8            String[] majors={"软件工程", "计算机", "物联网", "大数据"};
9            JComboBox cbxMajor=new JComboBox(majors);
10           cbxMajor.setSelectedIndex(1);                    //默认选择为:计算机
11           lblSelection.setText("你当前选择的专业是:"+majors[1]);
12           this.add(new JLabel("专业:"));
13           this.add(cbxMajor);
14           this.add(lblSelection);
15           cbxMajor.addItemListener(this);
16       }
17
18       public static void main(String args[]){
19           new Jpro8_15().setVisible(true);
20       }
21
22       public void itemStateChanged(ItemEvent e){
23           String selection=(String)e.getItem();           //获取选择项
24           lblSelection.setText("你当前选择的专业是:"+selection);
25       }
26   }
```

程序运行结果如图 8-15(a)和(b)所示。

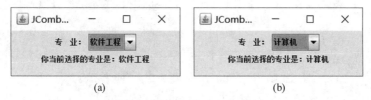

图 8-15　JComboBox 的演示

程序分析：第 1 行的 Jpro8_15 实现了 ItemListener 接口，作为组件 cbxMajor 的监听器类，在第 15 行进行了注册。当选择了新项时，itemStateChanged 方法将被调用，参见第 22～25 行。

8.6.2　列表

与 JComboBox 不同，列表(JList)可以显示所有项中的一项或多项，并且允许用户选择其中的一项或多项。表 8-18 列出了 JList 类的常用方法。

表 8-18　JList 类的常用方法

成 员 方 法	主 要 功 能
JList()	默认构造方法，创建新的列表
JList(Object[] listData)	构造方法，创建一个用指定数组初始化的新列表
JList(Vector<?> listData)	构造方法，创建一个初始化为指定向量的新列表
void addListSelectionListener (ListSelectionListener listener)	添加指定的项监听器，以接收此列表的选择改变事件
void clearSelection()	清除选择
int getSelectedIndex()	获取列表中选中项的索引
Object getSelectedValue()	获取列表中选中的第一个值
Object[] getSelectedValues()	获取列表中选中的一组值
int getSelectionMode()	确定此列表是否允许多项选择
int getVisibleRowCount()	返回首选可见行数
void setVisibleRowCount(int visibleRowCount)	设置不使用滚动条可以在列表中显示的首选行数

例 8.16　运用列表实现界面。

```
//文件名为 Jpro8_16.java
/* 省去 import 语句,请使用 Eclipse 的智能提示功能完成输入 */
1    public class Jpro8_16 extends JFrame implements ListSelectionListener{
2        JLabel lblSelection=new JLabel();
```

```
3       JList lstMajor;
4       String[] majors={ "软件工程", "计算机", "物联网", "大数据" };
5
6       public Jpro8_16(){
7           super("JList 演示");
8           this.setSize(240, 200);
9           this.setLayout(new FlowLayout());
10          lstMajor=new JList(majors);
11          lstMajor.setSelectedIndex(1);          //默认选择为:计算机
12          lblSelection.setText("选择了专业:"+majors[1]+" ");
13          this.add(new JLabel("专业:"));
14          this.add(lstMajor);
15          this.add(lblSelection);
16          lstMajor.addListSelectionListener(this);
17      }
18
19      public static void main(String args[]){
20          new Jpro8_16().setVisible(true);
21      }
22
23      @Override
24      public void valueChanged(ListSelectionEvent e){
25          //鼠标单击,getValueIsAdjusting() 返回 True
26          //鼠标释放,getValueIsAdjusting() 返回 False
27          if (e.getValueIsAdjusting()){          //如不做判断,则选择一项会执行两次
28              int index=lstMajor.getSelectedIndex();
29              lblSelection.setText(lblSelection.getText()+majors[index]+"  ");
30          }
31      }
32  }
```

程序运行结果如图 8-16(a)和(b)所示。

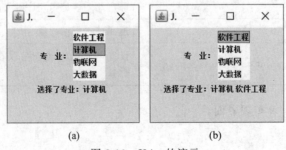

(a)   (b)

图 8-16   JList 的演示

程序分析:

① 与 JComboBox 不同,Jpro8_16 实现了 ListSelectionListener 接口(第 1 行),作为组件 lstMajor 的监听器类,其对象在第 16 行进行了注册。当单击选择一个新项时,valueChanged 方法将被调用,参见第 24~31 行。

② 关于第 25~27 行,需要注意的是,当选择一项时 valueChanged 方法将被调用两次,因为单击鼠标和释放鼠标都会触发这个方法。单击时 e.getValueIsAdjusting()返回 true,释放时返回 false,所以可以利用这个方法的返回值来确保相关逻辑代码只被执行一次(见第 27 行)。

8.6.3　选项面板

Swing 提供了选项面板(JOptionPane)组件,其包含的几个形如 showXxxDialog 的静态方法可以快速创建并显示几种常用的对话框。这些对话框都是模态的,同时允许指定对话框中的图标、标签文字、标题栏文字、按钮和按钮上的文字等。JOptionPane 类包含了较多的静态常量,其中常用的可分为三类。

① 消息类型:描述面板的基本用途和使用的默认图标,具体包括下列五项。

- ERROR_MESSAGE:错误消息。
- INFORMATION_MESSAGE:信息消息。
- WARNING_MESSAGE:警告消息。
- QUESTION_MESSAGE:问题消息。
- PLAIN_MESSAGE:简单消息,不使用图标。

② 选项(按钮)类型:描述面板包含哪些选项按钮,具体包括下列四项。

- YES_NO_OPTION:"是"和"否"选项。
- OK_CANCEL_OPTION:"确定"和"取消"选项。
- YES_NO_CANCEL_OPTION:"是""否"和"取消"选项。
- DEFAULT_OPTION:默认选项(一般只包含一个"确定"选项)。

③ 选择的选项:描述用户选择了哪个选项,通常作为方法的返回值,具体包括下列五项。

- YES_OPTION:"是"选项。
- NO_OPTION:"否"选项。
- CANCEL_OPTION:"取消"选项。
- OK_OPTION:"确定"选项。
- CLOSED_OPTION:关闭对话框而未选择任何选项。

JOptionPane 类的常用静态方法如表 8-19 所示。

表 8-19　JOptionPane 类的常用静态方法

成　员　方　法	主　要　功　能
static int showConfirmDialog(Component parentComponent, Object message, String title, int optionType, int messageType)	显示带有选项 Yes、No 和 Cancel 的对话框,询问一个确认问题
static String showInputDialog(Component parentComponent, Object message, String title, int messageType)	显示请求用户输入内容的问题消息对话框
static void showMessageDialog (Component parentComponent, Object message, String title, int messageType)	显示信息对话框,告知用户某事已发生
static int showOptionDialog (Component parentComponent, Object message, String title, int optionType, int messageType, Icon icon, Object[] options, Object initialValue)	上述三项的大统一,显示选择性的对话框

例 8.17　运用选项面板实现对话框。

```
//文件名为 Jpro8_17.java
/* 省去 import 语句,请使用 Eclipse 的智能提示功能完成输入 */
1   public class Jpro8_17{
2     public static void main(String[] args){
3         JFrame f=new JFrame("JOptionPane 演示");
4         f.setSize(260, 180);
5         f.setDefaultCloseOperation(JFrame.EXIT_ON_CLOSE);
6         String[] buttonsText={ "好,删除!", "不,以后再说." };        //按钮文字
7         String[] groups={ "同事", "家人", "同学" };                  //下拉列表文字
8
9         //消息对话框
10        JOptionPane.showMessageDialog(f, "邮件发送失败.", "发送邮件",
                                         JOptionPane.ERROR_MESSAGE);
11        //消息对话框(自定义图标)
12        JOptionPane.showMessageDialog(f, "收到一封新邮件.", "收到邮件",
                                         JOptionPane.INFORMATION_MESSAGE);
13        //确认对话框
14        JOptionPane.showConfirmDialog(f, "确认要删除该邮件吗?", "删除邮件",
                                         JOptionPane.YES_NO_CANCEL_OPTION,
                                         JOptionPane.QUESTION_MESSAGE);
15        //选项对话框(自定义按钮文字)
16        JOptionPane.showOptionDialog(f, "确认要删除该邮件吗?", "删除邮件",
                      JOptionPane.YES_NO_OPTION,
                      JOptionPane.QUESTION_MESSAGE, null, buttonsText,
                      buttonsText[1]);
17        //输入对话框(文本框)
18        JOptionPane.showInputDialog(f, "请输入收件人地址:", "name@ gmail.com");
19        //输入对话框(下拉列表)
20        JOptionPane.showInputDialog(f, "请选择联系人分类:", "选择分类",
```

```
            JOptionPane.PLAIN_MESSAGE, null, groups, groups[1]);
21        f.setVisible(true);
22    }
23}
```

程序运行结果如图 8-17 所示。

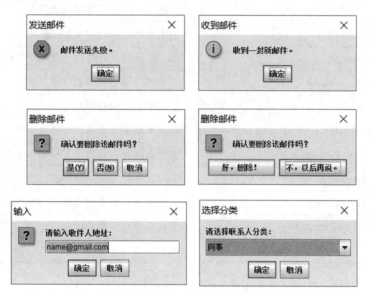

图 8-17　JOptionPane 的演示

8.6.4　菜单相关组件

窗口可以包含一个菜单栏（JMenuBar），菜单栏可以包含多个菜单（JMenu），而每个菜单可以包含多个菜单项或子菜单（JMenuItem）。JMenuBar 的常用方法如表 8-20 所示，JMenu 的常用方法如表 8-21 所示，JMenuItem 的常用方法如表 8-22 所示。

表 8-20　JMenuBar 的常用方法

成 员 方 法	主 要 功 能
JMenuBar()	默认创建方法，创建菜单栏
JMenu add(JMenu m)	将指定的菜单添加到菜单栏
JMenu getHelpMenu()	获取该菜单栏上的帮助菜单
JMenu getMenu(int i)	获取指定的菜单
int getMenuCount()	获取该菜单栏上的菜单数
void remove(int index)	从菜单栏移除指定索引处的菜单
void remove(Component comp)	从菜单栏移除指定的组件
void setHelpMenu(Menu m)	将指定的菜单设置为菜单栏的帮助菜单

表 8-21　JMenu 的常用方法

成 员 方 法	主 要 功 能
JMenu()	创建具有空标签的新菜单
JMenu(Stringtext)	创建具有指定标签的新菜单
JMenuItem add(JMenuItem mi)	将指定的菜单项添加到此菜单
JMenuItem add(Stringtext)	将带有指定标签的项添加到此菜单
void addSeparator()	将一个新分隔符添加到菜单的当前位置
JMenuItem getItem(int index)	获取指定索引处的菜单项
int getItemCount()	获取此菜单中的项数
JMenuItem insert(JMenuItem menuitem,int index)	将菜单项插入此菜单的指定位置
void insert(String label,int index)	将带有指定标签的菜单项插入此菜单的指定位置
void insertSeparator(int index)	在指定的位置插入分隔符
void remove(int index)	从此菜单移除指定索引处的菜单项
void remove(Component item)	从此菜单移除指定的组件
void removeAll()	从此菜单移除所有项

表 8-22　JMenuItem 的常用方法

成 员 方 法	主 要 功 能
JMenuItem()	创建具有空标签的新菜单项
JMenuItem(Stringtext)	创建具有指定标签的新菜单项
JMenuItem(Stringtext,Icon icon)	创建带有指定文本和图标的 JMenuItem
JMenuItem(String text,int nemonic)	创建方法,创建带指定文字和快捷键字符的菜单项。快捷键必须在相应菜单或菜单项显示后按下才有效,加速键则不需要
void addActionListener(ActionListener l)	添加指定的操作侦听器,以从此菜单项接收操作事件
AccessibleContext getAccessibleContext()	获取与此菜单项关联的 AccessibleContext
String getText()	获取此菜单项的标签
void setEnabled(boolean b)	启用或禁用菜单项
void setText(Stringtext)	将此菜单项的标签设置为指定标签
void setAccelerator(KeyStroke k)	设置加速键。

例 8.18　实现菜单。

```
//文件名为 Jpro8_18.java
/* 省去 import 语句,请使用 Eclipse 的智能提示功能完成输入 */
1    public class Jpro8_18{
```

```
2      public static void main(String[] args){
3          JFrame f=new JFrame("JMenuBar/JMenu/JMenuItem 演示");
4          f.setSize(260, 300);
5          f.setDefaultCloseOperation(JFrame.EXIT_ON_CLOSE);
6          JMenuBar bar=new JMenuBar();                    //创建菜单栏
7
8          JMenu menuFile=new JMenu("文件(F)");            //创建指定文字的菜单
9          JMenuItem item1=new JMenuItem("新建");         //创建指定文字的菜单项
10         //创建指定文字、快捷键字符的菜单项
11         JMenuItem item2=new JMenuItem("打开(O)", KeyEvent.VK_O);
12
13         //创建指定文字、图标的菜单项
14         JMenuItem item3=new JMenuItem("保存");
15         //设置菜单项的加速键
16         item3.setAccelerator(KeyStroke.getKeyStroke(KeyEvent.VK_S,
                                        ActionEvent.ALT_MASK));
17         //创建子菜单(注意类型也是 JMenu)
18         JMenu saveAsMenu=new JMenu("另存为");
19         JMenuItem item4=new JMenuItem("文本文件");     //创建子菜单项
20         item4.setAccelerator(KeyStroke.getKeyStroke(KeyEvent.VK_T,
                                        ActionEvent.CTRL_MASK));
21         JMenuItem item5=new JMenuItem("图片文件");
22         saveAsMenu.add(item4);                          //添加子菜单项
23         saveAsMenu.add(item5);
24
25         //构造三个单选菜单项
26         JRadioButtonMenuItem item6=new JRadioButtonMenuItem("宋体");
27         JRadioButtonMenuItem item7=new JRadioButtonMenuItem("楷体", true);
28         JRadioButtonMenuItem item8=new JRadioButtonMenuItem("隶书");
29         ButtonGroup bg=new ButtonGroup();   //创建按钮组
30         bg.add(item6);                                  //将 3 个单选菜单项加入同一个按钮组
31         bg.add(item7);
32         bg.add(item8);
33
34         //创建两个复选菜单项
35         JCheckBoxMenuItem item9=new JCheckBoxMenuItem("粗体", true);
36         JCheckBoxMenuItem item10=new JCheckBoxMenuItem("斜体", true);
37
38         menuFile.add(item1);                            //添加菜单项到菜单中
39         menuFile.add(item2);
40         menuFile.addSeparator();                        //添加菜单分隔条
41         menuFile.add(item3);
42         menuFile.add(saveAsMenu);                       //菜单中可以再加入菜单,从而形成多级菜单
43         menuFile.addSeparator();
```

```
44        menuFile.add(item6);
45        menuFile.add(item7);
46        menuFile.add(item8);
47        menuFile.addSeparator();
48        menuFile.add(item9);
49        menuFile.add(item10);
50        menuFile.setMnemonic(KeyEvent.VK_F);        //设置菜单的快捷键字符
51
52        JMenu menuEdit=new JMenu("编辑");            //另一个菜单(没有菜单项)
53
54        bar.add(menuFile);                          //添加两个菜单到菜单栏
55        bar.add(menuEdit);
56        f.setJMenuBar(bar);                         //设置窗口的菜单栏
57        f.setVisible(true);
58    }
59  }
```

程序运行结果如图 8-18 所示。

图 8-18　JMenuBar、JMenu 和 JMenuItem 的演示

程序分析：

① 第 26～29 行创建单选菜单项(JRadioButtonMenuItem)，使用方法与单选按钮类似。第 35、36 行创建复选菜单项(JCheckBoxMenuItem)，使用方法与复选框类似。

② 第 11 行和第 50 行给菜单(菜单项)添加快捷键；第 16 行和第 20 行给菜单添加加速键。快捷键必须在相应菜单或菜单项显示后按下才有效，而加速键则不需要。

8.7　实　　例

例 8.19　实现用户注册界面(参见图 8-19)，其中密码在输入时要求用"＊"代替，性别默认为"男"，从事的行业可选项有：教育行业、IT 行业、采掘业、制造业、服务业。当输入各项信息并单击"注册用户"按钮时，"消息"对话框显示用户的输入信息(参见图 8-20)，当用户名和密码为空时会弹出"警告"对话框进行提示;单击"重新填写"按钮时,则会将用户的输入信息清空,还原到初始输入状态。

图 8-19　用户注册界面

图 8-20　显示用户的输入信息

1. 界面设计

如图 8-19 所示,整个界面共有六行,所以整个窗口采用 6 行 1 列的网格布局。每行存放一个面板容器,将该行的全部组件都置于该面板中。面板默认采用流式布局,其中的组件居中对齐,详细设计参见表 8-23。

表 8-23　用户注册界面组件的布局

行序	面 板 容 器	组件及作用
第 1 行	用户面板 jpUser	JLabel(显示用户名)、JTextField(输入用户名)
第 2 行	密码面板 jpPass	JLabel(显示密码)、JPasswordField(输入密码)
第 3 行	性别面板 jpSex	JLabel(显示性别)、两个 JRadioButton(男或女,单项选择)
第 4 行	行业面板 jpProfession	JLabel(显示行业)、JComboBox(下拉框,显示多个行业)
第 5 行	兴趣面板 jpHobby	JLabel(显示兴趣)、4 个 JCheckBox(显示 4 个选项)
第 6 行	按钮面板 jpButton	两个 JButton(注册用户、重新填写)

2. 代码实现

```
//文件名为 RegisterDemo.java
1  import java.awt.*;
2  import java.awt.event.ActionEvent;
3  import java.awt.event.ActionListener;
4  import javax.swing.*;
5
```

```java
6   public class RegisterDemo extends JFrame implements ActionListener{
7
8       private JTextField tfUsername;              //用户名
9       private JPasswordField pf;                  //密码
10      private JComboBox cbxProfession;            //行业
11      private JRadioButton rbMale;                //男
12      private JRadioButton rbFemale;              //女
13      private JCheckBox[] chkHobbies;             //兴趣
14      private JButton btRegister;                 //注册按钮
15      private JButton btRedo;                     //重新填写按钮
16
17      public static void main(String[] args){
18          RegisterDemo ui=new RegisterDemo();
19          ui.setVisible(true);
20          ui.setLocationRelativeTo(null);         //窗口居中显示
21      }
22
23      //构造函数
24      public RegisterDemo(){
25          //将用户名和相应的文本输入框一起存放到面板中
26          JPanel jpUser=new JPanel();
27          tfUsername=new JTextField(16);
28          jpUser.add(new JLabel("用户名:"));
29          jpUser.add(tfUsername);
30
31          JPanel jpPass=new JPanel();
32          pf=new JPasswordField(16);
33          pf.setEchoChar('*');
34          jpPass.add(new JLabel("密码:"));
35          jpPass.add(pf);
36
37          //下面可以设置单选,性别
38          JPanel jpSex=new JPanel();
39          rbMale=new JRadioButton("男");
40          rbMale.setSelected(true);               //默认选项
41          rbFemale=new JRadioButton("女");
42          //一定要把 rbMale 和 rbFemale 放入一个 ButtonGroup 里面,实现单选
43          ButtonGroup bg=new ButtonGroup();
44          bg.add(rbMale);
45          bg.add(rbFemale);
46          jpSex.add(new JLabel("性别:"));
47          jpSex.add(rbMale);
48          jpSex.add(rbFemale);
49          //下拉框,从事的行业
```

```
50          JPanel jpProfession=new JPanel();
51          jpProfession.add(new JLabel("你从事的行业:"));
52          String[] profession={"教育行业", "IT 行业", "采掘业", "制造业", "服务业"};
53          cbxProfession=new JComboBox(profession);
54          jpProfession.add(cbxProfession);
55          //可以设置多选,兴趣
56          JPanel jpHobby=new JPanel();
57          jpHobby.add(new JLabel("你的兴趣:"));
58          String[] hobbies={"新闻", "体育", "财经", "生活"};
59          chkHobbies=new JCheckBox[hobbies.length];
60          for (int i=0; i<hobbies.length; i++){
61              chkHobbies[i]=new JCheckBox(hobbies[i]);
62              jpHobby.add(chkHobbies[i]);
63          }
64
65          //按钮
66          JPanel jpButton=new JPanel();
67          btRegister=new JButton("注册用户");
68          btRegister.addActionListener(this);
69          btRedo=new JButton("重新填写");
70          btRedo.addActionListener(this);
71          jpButton.add(btRegister);
72          jpButton.add(btRedo);
73
74          this.setLayout(new GridLayout(6, 1));//6 行 1 列
75          //加入 JFrame
76          this.add(jpUser);
77          this.add(jpPass);
78          this.add(jpSex);
79          this.add(jpProfession);
80          this.add(jpHobby);
81          this.add(jpButton);
82
83          this.setSize(400, 360);
84          this.setTitle("用户注册界面");
85          this.setDefaultCloseOperation(JFrame.EXIT_ON_CLOSE);
86
87      }
88
89      @ Override
90      public void actionPerformed(ActionEvent e){
91          if (e.getSource()==btRegister){
92              //获取用户名和密码
93              String username=tfUsername.getText().trim();
```

```
94              String password=new String(pf.getPassword());
95
96              if (username.isEmpty()){        //用户名为空
97                  JOptionPane.showMessageDialog(null, "用户名不能为空!",
                                    "警告", JOptionPane.WARNING_MESSAGE);
98                  return;
99              }
100             if (password.isEmpty()){        //密码为空
101                 JOptionPane.showMessageDialog(null, "密码不能为空!",
                                    "警告", JOptionPane.WARNING_MESSAGE);
102                 return;
103             }
104
105             String sex=rbMale.isSelected() ? rbMale.getText(): rbFemale.
                    getText();
106             String profession=cbxProfession.getSelectedItem().toString();
107             String hobby="";
108             for (JCheckBox chk : chkHobbies){
109                 if (chk.isSelected())
110                     hobby+=chk.getText()+"   ";
111             }
112
113             String msg=String.format("用户名:%s\n 密码:%s\n 性别:%s\n 行
                    业:%s\n 兴趣:%s\n", username, password, sex, profession,
                    hobby);
114             JOptionPane.showMessageDialog(null, msg, "消息",
                                JOptionPane.WARNING_MESSAGE);
115         }else if (e.getSource()==btRedo){
116         tfUsername.setText("");                 //清空用户名
117         pf.setText("");                         //清空密码
118         rbMale.setSelected(true);               //默认选择"男"
119         cbxProfession.setSelectedIndex(0);      //行业默认选择首项
120         for (JCheckBox chk : chkHobbies)        //取消所有多选
121             chk.setSelected(false);
122         }
123     }
124 }
```

习　题　8

1. 填空题

（1）设定控件的位置可以使用方法_____或_____指定。

（2）按照自上而下、自左到右的规则，将添加到容器中的组件依次排列，当一行的空间用完后，便从下一行开始存放，这种布局对应的类为_____。

（3）JFrame 的默认布局是_____。

（4）给按钮添加鼠标单击事件，创建的事件监听器类必须实现_____接口。

（5）当下拉框组件（JComboBox）中的某一项被选中时，即会触发的事件接口是_____。

（6）为了保证多个单选按钮只能选择其中之一，必须将这些按钮加到_____类型的对象中。

（7）_____负责监听事件源上发生的事件并对各样事件做出响应处理。

2. 编程题

（1）运用适当的布局管理器，实现如图 8-21 所示的备忘录界面。

图 8-21　备忘录界面

（2）实现如图 8-22 所示的简易计算器，该计算器包含加、减、乘、除四种运算。

图 8-22　计算器

第**9**章

Java 高级编程

内容导览

学习目标

● 理解多线程的概念，学会应用 Thread 类或 Runnable 接口实现并发程序

- 学会应用 Java 同步机制解决并发资源共享问题
- 掌握数据库编程技术,学会应用 JDBC 编写数据库应用程序
- 学会应用 URL 访问网络上的资源,应用 Socket 编写简单的网络应用程序

9.1 多线程程序设计

多线程是指 CPU 在操作系统的支持下能够并发地执行多个线程,合理地使用多线程可以提升资源的利用效率。例如,当某一线程不需要占用 CPU 而只和 I/O 资源交互时,可以让等待执行的其他线程获得 CPU 资源。多线程程序设计在实际应用系统开发中扮演着重要的角色,应用十分广泛。

9.1.1 进程与线程

9.1.1

进程是程序关于某个数据集合的一次执行过程。在早期的面向进程设计的操作系统(如 Linux 2.4 及更早的版本)中,进程是程序的基本执行实体,在当代面向线程设计的操作系统中,进程是线程的容器。

线程是操作系统能够运算调度的最小单位,是进程中单一顺序的控制流。一个进程中可以并行执行多个线程,每个线程代表一项系统需要执行的任务,如图 9-1 所示。与进程不同,线程共享地址空间。同一进程中的多个线程将共享该进程的所有资源,相互间可以方便地进行通信。

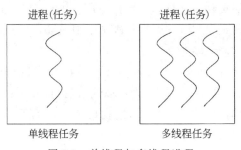

进程(任务)　　　　进程(任务)

单线程任务　　　　多线程任务

图 9-1　单线程与多线程进程

所谓单线程就是程序执行时,进程中的线程顺序是连续的。在单线程的程序设计语言中,运行的程序总是必须顺着程序的流程走,遇到 if-else 语句就进行判断,遇到 for、while 等循环就多绕几个圈,最后程序还是按着一定的顺序走,且一次只能运行一个程序块(如例 9.1 所示)。

例 9.1　单线程程序设计的示例。

```
//文件名为 Jpro9_1.java
1   public class Jpro9_1{
2       public static void main(String[] args){
```

```
3          MyThread thread1=new MyThread("myThread1");
4          MyThread thread2=new MyThread("myThread2");
5          thread1.run();
6          thread2.run();
7      }
8  }
9  class MyThread{
10     String str=null;
11     public MyThread(String str){
12         this.str=str;
13     }
14     public void run(){
15         for (int i=0; i<3; i++)
16             System.out.println("输入参数是:"+str);
17     }
18 }
```

运行结果为：

```
输入参数是: myThread1
输入参数是: myThread1
输入参数是: myThread1
输入参数是: myThread2
输入参数是: myThread2
输入参数是: myThread2
```

程序分析：本例是单线程的范例，在类 Jpro9_1 中定义了 run()方法，用循环输出 3 个连续的字符串。在定义的 main()方法中创建了 thread1 与 thread2 对象之后，各自调用 run()方法，分别输出三行信息。

从例 9.1 可看出，要运行 thread2.run()方法，一定要等到 thread1.run()运行完毕才行，这便是单线程的限制。在 Java 中，是否可以同时运行 thread1.run()和 thread2.run()方法使得上述结果交叉输出呢？当然可以，这就是在 Java 程序中实现多线程。多线程即进程中的线程可以并发执行。

9.1.2 多线程的定义

思政素材

多线程技术已经广泛应用于解决各类实际问题。它使单个程序内部可以在同一时刻执行多个代码段，完成不同的任务。一个复杂任务可以分解为多个子任务交由线程执行。

多线程技术可以将 IO 处理、人机交互等易于阻塞的部分与密集计算的部分分离，提升程序执行效率，实现异步执行环境。例如，在一个网络应用程序中，可以在后台运行一个下载网络数据的线程，在前台运行一个显示当前下载进度的线程，以及一个用于处理用户输入数据的线程。其实浏览器本身就是一个典型的多线程例子，它可以在浏览页面的同时播放动画和声音、打印文件等。

多线程是实现并发的一种有效手段。在多核、多 CPU 或支持超线程（Hyper-threading）的 CPU 上引入多线程技术可以充分发挥多处理器的性能，提升程序的执行吞吐率。但由于线程会共享地址空间，因此在访问公共资源时需要考虑线程安全性问题，如使用同步机制访问临界资源。

Java 在语言级上提供对多线程的有效支持。多线程使程序运行的效率得到了提高，也解决了很多单线程程序设计语言所无法解决的问题。Java 多线程机制是通过 Java 类包 java.lang 中的类 Thread 实现的，Thread 类封装了对线程进行控制所必需的方法。线程的实例化对象定义了很多方法来控制一个线程的行为。关于多线程的实现及同步控制将在后续两节作详细介绍。

9.1.3　多线程的实现方法

9.1.3

在 Java 中实现多线程机制主要有 4 种方法：一是创建用户自己的线程子类；二是在定义的类中实现 Runnable 接口；三是通过 Callable 接口和 FutureTask 类来实现异步线程；四是使用 ThreadPoolExecutor 等类产生线程池。本节重点介绍前两种方法，这两种方法都需要使用 Java 基础库中的 Thread 类及其方法。

1. Thread 类介绍

Thread 类综合了 Java 程序中的一个线程需要拥有的属性和方法。Thread 类定义的几种常用构造方法如下：

- public Thread()；创建一个线程。
- public Thread(String name)；创建名称为 name 的线程。
- public Thread(Runnable target,String name)；创建基于含有线程体的对象的命名线程。其中，参数 target 是一个实现 Runnable 接口的实例，新线程的名称由 name 定义。

2. Runnable 接口介绍

Runnable 接口被定义为：

```
public interface Runnable{
    public abstract void run();
}
```

当使用实现接口 Runnable 的对象创建一个线程时，启动该线程将导致在独立执行的线程中调用对象的 run()方法。

我们知道 Java 多线程机制可以通过创建 Thread 类的子类或 Runnable 接口实现。实际上 Thread 类实现了 Runnable 接口的 run()方法，只是该 run()方法没有具体的操作内容。因此可以通过两种方法实现线程体。但是不管采用哪种方法，都有两个关键性的操作。

① 定义用户线程的操作,即定义用户线程的 run()方法;
② 在适当的时候建立用户线程实例。
下面分别使用两种不同方法将例 9.1 修改为多线程程序。

3. 多线程的实现过程

(1) 创建 Thread 类的子类

定义一个线程类,它继承线程类 Thread 并重写其中的 run()方法。初始化该类实例时,实例本身含有 main()方法,所以目标 target 为空,表示由这个线程实例对象来执行线程体。程序框架如下:

```
public class 类名称 extends Thread{
    public void run(){
        ⋮
        //定义线程对象执行的任务
    }
    ⋮
}
```

例 9.2　使用创建 Thread 子类的方法实现多线程示例。

```
//文件名为 Jpro9_2.java
1    public class Jpro9_2{
2        public static void main(String[] args){
3            MyThread thread1=new MyThread("myThread1");
4            MyThread thread2=new MyThread("myThread2");
5            thread1.start();
6            thread2.start();
7        }
8    }
9    class MyThread extends Thread{
10       String str=null;
11       public MyThread(String str){
12           this.str=str;
13       }
14       public void run(){
15           for (int i=0; i<3; i++){
16               System.out.println("输入参数是:"+str);
17               try{
18                   Thread.sleep(1000);
19               }catch(InterruptedException e){
20               }
21           }
22       }
23   }
```

运行结果为:

输入参数是:myThread1

输入参数是:myThread2
输入参数是:myThread1
输入参数是:myThread2
输入参数是:myThread2
输入参数是:myThread1

程序分析：程序的 main()方法中构造了两个 Jpro9_2 类的线程(一个称为 thread1 线程,另一个称为 thread2 线程),并且调用了 start()方法来启动这两个线程。可以看到,在 4 次输出结果中两个线程的运行是交叉在一起的,没有确定的顺序可循。这是因为这两个线程同时运行并同时显示输出,而且这两个线程的输出次序是随机的。

上面介绍了如何用类 Thread 的方式来创建线程。但是如果类本身已经继承了某个父类,现在又要继承 Thread 类来创建线程,就违背了 Java 不支持多继承的原则,而解决这个问题的方法是使用 Runnable 接口。Runnable 接口中声明了抽象的 run() 方法,因此只要在类中实现 run()方法即可,也就是把处理线程的程序代码放在 run()中就可以创建线程。下面讨论 Java 语言是如何通过实现 Runnable 接口实现多线程的。

(2) 实现 Runnable 接口

创建一个类实现接口 Runnable,作为线程的目标对象。初始化一个线程类时,将目标对象传递给 Thread 实例,由该目标对象提供 run()方法,这样实现 Runnable 的类仍可继承其他父类。程序框架如下:

```
public class 类名称 implements Runnable{
    public void run(){
        ⋮
        //定义线程对象执行的任务
    }
    ⋮
}
```

例 9.3 使用 Runnable 接口实现多线程示例。

```
//文件名为 Jpro9_3.java
1   public class Jpro9_3{
2       public static void main(String[] args){
3           MyThread T1=new MyThread("myThread1");
4           MyThread T2=new MyThread("myThread2");
5           Thread thread1=new Thread(T1);
6           Thread thread2=new Thread(T2);
7           thread1.start();
8           thread2.start();
9       }
10  }
11  class MyThread implements Runnable{
12      String str=null;
```

```
13      public MyThread(String str){
14          this.str=str;
15      }
16      public void run(){
17          for (int i=0; i<3; i++){
18              System.out.println("输入参数是:"+str);
19              try{
20                  Thread.sleep(1000);
21              }catch(InterruptedException e){
22              }
23          }
24      }
25  }
```

程序分析：程序中的 Jpro9_3 类实现了 Runnable 接口，重新定义了 run( )方法。MyThread 类中的 main( )方法构造了两个 Jpro9_2 类的线程：一个称为 T1 线程，另一个称为 T2 线程。与创建 Thread 子类方法实现多线程不同，这里是通过 Thread 对象调用 start( )方法来启动这两个线程。程序的运行结果与例 9.2 类似，线程的运行是交叉在一起的，没有确定次序可循。

另外，程序中的代码段

```
try{
    Thread.sleep(1000);
}catch(InterruptedException e){
}
```

可以使用 Thread.yield( )代替。

上述采用了两种不同的方法将例 9.1 修改为多线程程序。这两种方法都需要执行线程的 start( )方法为线程分配必需的系统资源、调度线程运行并执行线程的 run( )方法。

其中第一种方法采用的是继承 Thread 类，此种方法可以直接操作线程，但不能再继承其他类，因为 Java 是单重继承。单重继承的优点是编写简单，无须使用 Thread.currentThread( )方法来访问当前线程，直接使用 this 即可。第二种方法采用的是实现 Runnable 接口创建线程，它可以将 CPU、代码、数据分开，形成清晰的模型，此时是可以继承其他类的。这种方法的优点是保持了程序风格的一致性。

在具体应用中采用哪种方法来构造线程体要视情况而定。通常，当一个线程已继承另一个类时，就应该用第二种方法来构造，即实现 Runnable 接口。

例 9.4   使用 Java 语言的多线程机制在窗口中动态显示当前时间，每隔 1 秒刷新一次。

```
//文件名为 Jpro9_4.java
1   import javax.swing.*;
2   import java.awt.Container;
3   import java.util.*;
```

```
4   public class Jpro9_4 extends JFrame implements Runnable{
5       Thread clockThread;
6       JLabel text;
7       public void init(){
8           this.setVisible(true);
9           this.setSize(300,150);
10          this.setTitle("Jpro9_4");
11          this.setDefaultCloseOperation(
12                  WindowConstants.EXIT_ON_CLOSE);
13          text=new JLabel("");
14          text.setHorizontalAlignment(SwingConstants.CENTER);
15          Container container=this.getContentPane();
16          container.add(text);
17          this.start();
18      }
19      public void start(){
20          if (clockThread==null){
21              clockThread=new Thread(this, "Clock");
22              clockThread.start();
23          }
24      }
25      public void run(){
26          while (true){
27              Calendar now=Calendar.getInstance();
28              String hour=""+now.get(Calendar.HOUR_OF_DAY);
29              int min=now.get(Calendar.MINUTE);
30              String minute=(min<10?"0":"")+min;
31              int sec=now.get(Calendar.SECOND);
32              String second=(sec<10?"0":"")+sec;
33              text.setText(hour+":"+minute+":"+second);
34              try{
35                  Thread.sleep(1000);
36              }catch(InterruptedException e){e.printStackTrace();}
37          }
38      }
39      public static void main(String[] args){
40          new Jpro9_4().init();
41      }
42  }
```

运行结果如图 9-2 所示。

程序分析：通过 Thread 类的构造方法创建 clock 线程并进行初始化，同时将 Jpro9_4 类的当前对象（this）作为参数。该参数将 clock 线程的 run() 方法与 Jpro9_4 类实现 runnable 接口的 run() 方法联系在一起，因此当线程启动后，Java 类的 run() 方法就开始

图 9-2 Jpro9_4 程序的运行结果

执行,将当前的系统时间动态显示在 JFrame 窗口面板上。

9.1.4 多线程的同步与控制

9.1.4

多线程机制虽然给我们提供了方便,但如果程序一次激活多个线程,并且多个线程共享同一资源,它们可能彼此发生冲突。在设计程序时,需要确保每个线程看到一致的数据视图。例 9.5 通过网络购票的模拟程序说明多线程访问共享资源时的冲突问题,可以使用线程的同步机制解决该问题。

例 9.5 本例模拟网络购票过程,多个线程同时发起购票操作,输出剩余票数的变化情况。

```java
//文件名为 Jpro9_5.java
1   public class Jpro9_5{
2       public static int count=10;
3       public static int buyTicket(){
4           if(count<=0) return -1;
5           count--;
6           System.out.println("剩余票数:"+count);
7           return count;
8       }
9       public static void main(String[] args){
10          for(int i=0;i<15;i++){
11              new Thread(){
12                  public void run(){Jpro9_5.buyTicket();}
13              }.start();
14          }
15      }
16  }
```

运行结果为:

剩余票数: 9
剩余票数: 5
剩余票数: 0
剩余票数: 4

剩余票数：3
剩余票数：6
剩余票数：7
剩余票数：8
剩余票数：1
剩余票数：2

程序分析：本例定义静态变量 count 存储剩余票数，通过静态的 buyTicket()方法模拟购票过程。执行 buyTicket()方法时，若有余票，则票数减 1 并输出剩余票数。在 main()方法中创建 15 个线程，每个线程执行一次 buyTicket()方法。从执行结果可以看出，剩余票数并非按预期的递减顺序排列。这是由于多个线程同时访问共享数据时，出现了数据不同步的问题。

1. 多线程的同步

如果某一时刻有多个线程在执行，其中一个线程在读取数据，而另外一个线程在处理这一数据，当处理数据的线程没有等到读取数据的线程读取完毕就去处理时，必然得到错误的结果。线程同步指的是通过特定的同步机制来控制多线程间的执行顺序，即使得多个线程按照预定的先后次序执行。Java 提供了 synchronized 关键字。Lock 接口等多种同步机制，可以有效地防止共享资源的访问冲突。本节主要介绍使用 synchronized 关键字实现线程同步的方法。synchronized 关键字可以修饰方法或代码块，相当于给修饰的方法或代码块上锁，线程只有获取同步锁，才能进入该区域。synchronized 关键字修饰方法的用法如下所示：

```
public synchronized 返回值类型 方法名(){  }
```

此时，在同一时间内，一个方法只能有一个线程运行。使用 synchronized 关键字修饰例 9.5 中的 buyTicket()方法，观察程序的运行结果。

同步是一种高开销的操作，因而要尽量减少同步的内容。通常不需要同步整个方法，只需要使用 synchronized 关键字同步访问共享资源的关键代码即可，其用法如下所示：

```
synchronized(object){  }
```

2. 线程的五种状态

从例 9.5 可知，如果有一个以上的线程同时运行，线程的管理就很重要。有些线程必须在一些线程结束之后才能运行；有些线程必须先暂缓运行，再等待其他线程唤醒它等。

每一个线程一般有五种基本状态：新建、就绪、运行、阻塞与消亡。这五种状态均可通过 Thread 类所提供的方法来控制。线程状态的转移与方法之间的关系如图 9-3 所示。

线程在产生时便进入新建状态，即 new Thread()创建对象时，线程所处的便是这个状态；但此时系统并不会分配资源，直到用 start()方法激活线程时才会分配。

当 start()方法激活线程时，线程进入就绪状态。处于就绪状态的线程只是说明此线程已经做好准备，随时等待 CPU 调度执行，不是说执行了 start()方法此线程就会立即执行。此时最先抢到 CPU 资源的线程先开始运行 start( )方法,其余的线程在队列中等待机会争取 CPU 资源,一旦争取到就开始运行。

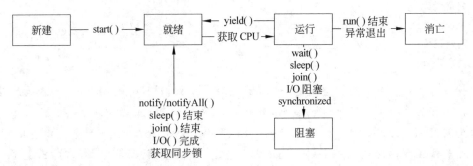

图 9-3　线程状态的转移与方法之间的关系

当发生下列事件之一时,线程就进入阻塞状态。
- 该线程调用对象的 wait( )方法。
- 该线程本身调用 sleep( )方法。sleep(long millis)可用来设置睡眠的时间。
- 该线程和另一个线程 join( )在一起时。当某一线程调用 join( )时,则其他尚未激活的线程或程序代码会等到该线程结束后才开始运行。
- 该线程发出 I/O 请求。
- 该线程执行 synchronized 修饰的区域且未获取同步锁。

当线程被阻塞后,便停止 run( )方法的运行,直到被阻塞的原因不存在后,线程回到可运行状态,继续排队争取 CPU 资源。

线程被阻塞情形消失的原因有下列几点:
- 如果线程是由调用对象的 wait( )方法所阻塞,则该对象的 notify( )方法被调用时可解除阻塞。notify( )方法用来"通知"被 wait( )阻塞的线程开始运行。
- sleep( )方法指定的睡眠时间超时。
- join( )等待的线程执行完毕或超时。
- I/O 处理完毕。
- 线程获取同步锁。

如果线程的 run( )方法执行完成或因异常退出 run( )方法,则线程进入消亡状态。

利用上述方法可以完成线程间的通信以及线程状态之间的转换,下面举例说明通过 wait( )和 notify( )来达到线程间的通信和状态的转换。

例 9.6　线程间通信的示例。本例模拟两个银行之间的转账业务,当 A 银行转账给 B 银行后暂停转账,通知 B 银行转账给 A 银行,转账金额随机确定,源代码如下。

```
//文件名为 Jpro9_6.java
1   import java.awt.*;
2   import java.awt.event.*;
3   public class Jpro9_6 extends Frame{
4       protected static final String[] NAMES={ "A", "B" };
5       private int accounts[]={ 1000, 1000 };
```

```
6      private TextArea info=new TextArea(5, 40);
7      private TextArea status=new TextArea(5, 40);
8      public Jpro9_6(){
9          super("Jpro9_6");
10         setLayout(new GridLayout(2, 1));
11         add(makePanel(info, "Accounts"));
12         add(makePanel(status, "Threads"));
13         validate();
14         pack();
15         setVisible(true);
16         new Jpro9_6Thread(0, this, status);
17         new Jpro9_6Thread(1, this, status);
18         addWindowListener(new WindowAdapter(){
19             public void windowClosing(WindowEvent we){
20                 System.exit(0);
21             }
22         });
23     }
24     public synchronized void transfer(int from, int into, int amount){
25         info.append("\nAccount A: $ "+accounts[0]);
26         info.append("\tAccount B: $ "+accounts[1]);
27         info.append("\n=>$ "+amount
28             +" from "+NAMES[from]+" to "+NAMES[into]);
29         while (accounts[from]<amount){
30             try{
31                 wait();
32             }catch(InterruptedException ie){
33                 System.err.println("Error: "+ie);
34             }
35         }
36         accounts[from] -=amount;
37         accounts[into]+=amount;
38         notify();
39     }
40     private Panel makePanel(TextArea text, String title){
41         Panel p=new Panel();
42         p.setLayout(new BorderLayout());
43         p.add("North", new Label(title));
44         p.add("Center", text);
45         return p;
46     }
47     public static void main(String args[]){
48         new Jpro9_6();
49     }
```

```
50     }
51  class Jpro9_6Thread extends Thread{
52      private Jpro9_6 bank;
53      private int id;
54      private TextArea display;
55      public Jpro9_6Thread(int _id, Jpro9_6 _bank, TextArea _display){
56          bank=_bank;
57          id=_id;
58          display=_display;
59          start();
60      }
61      public void run(){
62          while (true){
63              int amount=(int) (900 * Math.random());
64              display.append("\nThread "+Jpro9_6.NAMES[id]
65                  +" sends $  "+amount+" into "
66                  +Jpro9_6.NAMES[(1-id)]);
67              try{
68                  sleep(50);
69              }catch(InterruptedException ie){
70                  System.err.println("Interrupted");
71              }
72              bank.transfer(id, 1-id, amount);
73          }
74      }
75  }
```

运行结果如图 9-4 所示。

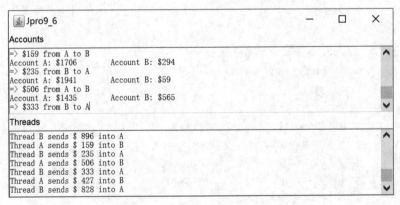

图 9-4　运行结果

　　程序分析：程序中创建一个银行类 Jpro9_6，整型数组 accounts[]用于存放两个银行
银行账户的余额，然后在其构造方法中创建两个银行客户线程 A 和 B，id 分别为 0 和 1。
这个程序中最重要的方法是 transfer()，它是同步方法。它需要三个参数：取钱的账号、存钱的账号和转账的金额。在转账之前检查相应账号是否有足够的资金,然后在转账之后计算新的余额。这个方法被每个银行共享,因此必须设计为同步方法。当一个银行使用时,这个方法被加锁,不再使用时自动解锁,其他银行可以使用这个方法。

程序中使用了方法 start()、sleep()、run()、notify()和 wait(),请读者分析它们在程序中的作用并理解它们的运行顺序。

【练习 9.1】

1. [单选题]以下说法中,错误的是(　　)。
   A. 线程是操作系统能够运算调度的最小单位
   B. 线程是进程的子集
   C. 同一进程中的多个线程具有独立的地址空间
   D. 一个线程可以调用 yield()方法来使其他线程有机会运行

2. [单选题] 以下选项中,(　　)未正确定义 myThread 线程对象。

   A. public class MyThread extends Thread{
   　　public void run(){…}
   　　}
   　　MyThread myThread＝new MyThread();

   B. public class MyThread {
   　　public void run(){…}
   　　}
   　　MyThread myThread＝new MyThread();

   C. public class MyThread implements Runnable{
   　　public void run(){…}
   　　}
   　　MyThread myThread＝new MyThread();

   D. Thread myThread＝new Thread(new Runnable({
   　　public void run(){…}
   　　})));

3. [单选题]线程通过(　　)方法可以休眠一段时间,然后恢复运行。
   A. run()　　　　　　B. sleep()　　　　　　C. yield()　　　　　　D. stop()

4. [单选题]以下说法中,正确的是(　　)。
   A. 多线程没有安全问题
   B. 处于消亡状态的线程可以使用 notify()方法唤醒
   C. 调用 Thread 类的 run()方法可以启动一个线程
   D. synchronized 关键字修饰的方法或代码块会被自动加上内置锁,从而实现同步

5. [单选题]有关线程的叙述,正确的是(　　)。
   A. 一旦一个线程被创建,它就立即开始运行
   B. 使用 start()方法可以使一个线程成为可运行的,并且它是立即开始运行

C. 当一个线程因为抢先机制而停止运行时,它被放在可运行队列的前面

D. 一个线程可能因为不同的原因停止并进入就绪状态

9.2 数据库编程

在计算机应用中,数据库几乎无处不在,大部分应用系统都要涉及对数据库的操作。JDBC(Java Database Connectivity)是 Java 语言提供的一种与平台无关的关系数据库连接标准。使用 JDBC 技术访问数据库的 Java 程序实现了"一次编写,随处运行"。通过关系数据库所对应的 JDBC 驱动程序可访问各种不同类型的数据库,如图 9-5 所示。

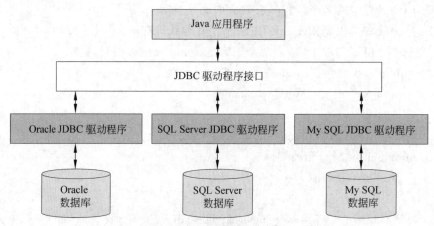

图 9-5　通过 JDBC 访问不同类型数据库

9.2.1　JDBC 概述

9.2.1

JDBC 是实现 Java 程序与数据库系统互连的标准 API,由一组 Java 语言编写的类和接口组成。使用 JDBC API 编写的程序可以很容易地实现对不同数据库的访问。JDBC 的功能包括连接数据库、向数据库发送 SQL 语句及处理数据库返回的结果。

由于 JDBC 是一个标准数据库访问接口,因此各大数据库厂商基本都提供 JDBC 驱动程序,这使得 Java 程序能与这些生产商的数据库系统进行连接通信。JDBC 驱动程序负责将其转换为特定的数据库操作。

JDBC 驱动程序有以下 4 种类型。

1. JDBC-ODBC 桥

JDBC-ODBC 是一种 JDBC 驱动程序,目的是将 JDBC 中的方法调用转换成 ODBC (Open Database Connectivity)中相应的方法调用,再通过 ODBC 访问数据库系统。这种方法借用了 ODBC 的部分技术,使用起来较容易,但是由于 ODBC 只有 Microsoft

Windows 操作系统支持,因此 JDBC-ODBC 桥驱动程序最终只能运行在 Windows 操作系统中,失去了 Java 跨平台的优势。另外每台需要访问数据库的机器上都要安装 ODBC,且必须建立一个数据源。

2. Native API JDBC 驱动程序

Java to Native API 驱动程序是利用客户机上的本地代码库与数据库直接通信。这类驱动程序需要在每台客户机上进行预先安装,使用和维护不方便。

3. Net-Protocol JDBC 驱动程序

该驱动程序是面向数据库中间件的纯 Java 驱动程序,将 JDBC API 的方法调用按照一个独立于数据库系统生产厂商的网络协议发送到一个中间服务器上,这台服务器将这些方法调用转换成针对特定数据库系统的方法调用。这种驱动程序一般由一些与数据库产品无关的公司开发。另外,此类驱动程序用纯 Java 编写,充分体现了 Java 跨平台的优势。但是运行这样的程序需要购买第三方厂商开发的中间件和协议解释器。

4. Pure Java JDBC 驱动程序

Java to Native Database Protocol 驱动程序也是一种纯 Java 驱动程序,它将 JDBC API 的方法调用转换成具体数据库系统能直接使用的内部协议。这种方法的优点是程序效率高,在实际编程中最常用。后面主要以此种驱动程序为例进行介绍。

9.2.2 使用 JDBC 进行数据库开发

本节将结合具体的实例介绍使用 JDBC 进行数据库开发的过程。

1. 安装数据库和驱动程序

9.2.2-1

当前的主流数据库系统有 Oracle、SQL Server、MySQL、DB2、Sybase 等,它们最大的特点是都支持大规模数据的存储与访问,功能强大。它们的基本原理都大致相同,但是其 JDBC 驱动程序的安装配置不尽相同。本节实例使用开源数据库 MySQL 8.0.15。

MySQL 8.0 数据库安装成功后,若采用纯 Java 驱动程序方式与 Java 程序进行连接,则需要下载 MySQL 的 JDBC 驱动程序 MySQL Connector/J 8.0.15。MySQL Connector/J 8.0.15 可以到网站 https://dev.mysql.com/downloads/connector/j/上下载。解压压缩文件后会出现 mysql-connector-java-8.0.15.jar。安装 JDBC 驱动程序的过程就是将该 JAR 包的路径加到开发项目的类路径中去的过程。本节采用开源开发工具 Eclipse 为例,具体安装步骤如下。

(1) 创建应用程序项目

选择 File|New|Project 命令,在弹出的窗口中选择 Java Project 选项,单击 Next 按钮。在窗口中输入项目名称,如 DataBaseTest,如图 9-6 所示,单击 Next 按钮。最后单击 Finish 按钮。

图 9-6　创建 Java 项目

（2）在项目中导入 MySQL Connector/J 类库

在项目中新建子目录 lib 并将 mysql-connector-java-8.0.15.jar 复制到该目录。右击 mysql-connector-java-8.0.15.jar，在弹出的菜单中依次选择 Build Path|Add to Build Path 选项，导入 MySQL Connector/J 类库，如图 9-7 所示。通过项目 Properties 对话框中的 Java Build Path 页面也可导入 MySQL Connector/J 类库。

如果采用 JDBC-ODBC 桥方式，则需要创建 ODBC 数据源。可以通过"控制面板"找到"管理工具"，接着打开"数据源（ODBC）"（以 Windows 7 Professional 版为例）。选择"系统 DSN"选项卡，单击"添加"按钮，出现图 9-8 所示的对话框。目前几乎所有的数据库系统都提供 ODBC 驱动程序，如果图 9-8 中未列出相应驱动程序，则需要进行安装。此种方式比较简单，留给读者完成。

2. 编写访问数据库的 Java 程序

具体操作步骤如下。

（1）注册驱动程序

注册驱动程序就是将驱动程序类装入 JVM 的过程。JDBC 驱动程序类是一个 Java 类，它包含在驱动程序的 JAR 包中。注册 JDBC 驱动程序的具体方法是：

```
Class.forName(<JDBC 驱动程序类名>)
```

JDBC 使用 Class 类的 forName() 方法指明加载哪个数据库系统的 JDBC 驱动程序，其作用是要求 JVM 查找并加载指定的类，即 JVM 会执行该类的静态代码段。forName()

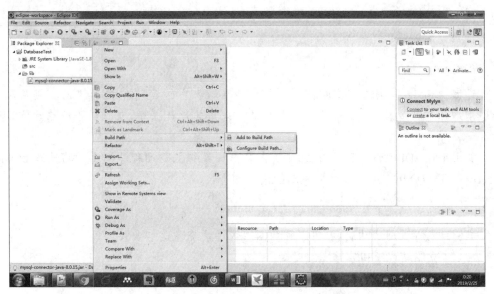

图 9-7　导入 MySQL Connector/J 类库

图 9-8　添加一个 ODBC 数据源

方法的参数为代表不同数据库系统的一个字符串。由于加载驱动时可能发生异常,因此标准格式如下:

```
try{
    Class.forName(<JDBC 驱动程序类名>);
}catch(ClassNotFoundException ex){
    ex.printStackTrace();
}
```

如果采用纯 Java 驱动方式,则不同数据库系统的驱动程序类名的写法各不相同。例如 MySQL 数据库注册驱动的语句为:

```
Class.forName("com.mysql.cj.jdbc.Driver");
```

Oracle 数据库注册驱动的语句为：

```
Class.forName("oracle.jdbc.driver.OracleDriver");
```

注意：不同的数据库厂商都提供了相应的驱动程序类名。目前，典型的数据库相应的驱动名称可参阅本节后面的内容。如果读者采用其他数据库，可以到各数据库官方网站查阅。

如果采用 JDBC-ODBC 桥方式，则不同数据库系统的驱动程序类名的写法均为 sun.jdbc.odbc.JdbcOdbcDriver。注册驱动的语句如下：

```
Class.forName("sun.jdbc.odbc.JdbcOdbcDriver");
```

当驱动程序注册成功后，就可以和数据库管理系统建立连接了。

(2) 建立驱动程序和数据库的连接

在正确注册 JDBC 驱动程序后，使用 DriverManager.getConnection()方法建立驱动程序和数据库的连接。语句如下：

```
Connection conn=DriverManager.getConnection(url,username,password);
```

getConnection()方法有 3 个参数：第一个参数是 JDBC URL，第二、三参数分别是数据库系统的用户名和密码，指定以什么身份连接数据库。后面两个参数是可选的。

如果采用纯 Java 驱动方式，则数据库系统的 URL 均由数据库厂商提供。下面介绍几种典型的数据库的驱动程序和 URL，供读者参考。

- MySQL

驱动程序名称——com.mysql.cj.jdbc.Driver

JDBC URL——jdbc:mysql:// hostname :3306/ dbname

- Oracle

驱动程序名称——oracle.jdbc.driver.OracleDriver

JDBC URL——jdbc:oracle:thin:@hostname:1521:dbname

- SQL Server

驱动程序名称—com.microsoft.jdbc.sqlserver.SQLServerDriver

JDBC URL——jdbc:microsoft:sqlserver://hostname:1433;DatabaseName=dbname

- DB2

驱动程序名称——com.ibm.db2.jdbc.app.DB2Driver

JDBC URL——jdbc:db2://hostname:50002/ dbname

上述列出的 JDBC URL 中的 dbname 是数据库名称。

如果采用 JDBC-ODBC 桥方式，则不同数据库系统的 URL 均为 jdbc:odbc:datasourceName，datasourceName 是建立的 ODBC 数据源的名称。假设建立的数据源名称是 MyDataBase，则采用此种方式建立驱动程序和数据库连接的语句如下：

```
Connection con=DriverManager.getConnection("jdbc:odbc: MyDataBase");
```

注意：Java 是大小写敏感的，JDBC URL 中的协议部分的所有字符必须是小写。

下面举例说明如何使用纯 Java 驱动程序建立与 MySQL 数据库的连接，MySQL 数据库的版本号为 8.0.15。

例 9.7　假设数据库的名称是 mydatabase，登录数据库的用户名为 root，密码是 123456，客户端和数据库服务器是同一台机器，则采用纯 Java 驱动方式建立驱动程序和数据库连接的源代码如下。

```
//文件名为 Jpro9_7.java
1   import java.sql.Connection;
2   import java.sql.DriverManager;
3   import java.sql.SQLException;
4   public class Jpro9_7{
5       public static Connection getConnection(){
6           Connection con=null;
7           try{
8               Class.forName("com.mysql.cj.jdbc.Driver");
9               String url="jdbc:mysql://localhost:3306/mydatabase"
10                      +"?serverTimezone=GMT%2B8";
11              con=DriverManager.getConnection(url,"root","123456");
12          }catch(SQLException e){
13              e.printStackTrace();
14          }catch(ClassNotFoundException e){
15              e.printStackTrace();
16          }
17          System.out.println("连接成功!");
18          return con;
19      }
20      public static void main(String[] args){
21          Connection con=getConnection();
22      }
23  }
```

程序分析：程序中定义了一个建立数据库连接的静态方法 getConnection()。第 10 行的作用是设定服务器时区为 GMT＋8，否则可能会报异常 java.sql.SQLException：The server time zone value '??? ú±ê×?? ±?? ' is unrecognized or represents…，其中％2B 为"＋"符号的转义字符。

（3）建立语句对象

建立到特定数据库的连接之后，就可用该连接发送 SQL 语句。Statement 对象用于将 SQL 语句发送到数据库中。实际上有三种 Statement 对象：Statement、PreparedStatement 和 CallableStatement。其中 PreparedStatement 是 Statement 的子类，CallableStatement 又是 PreparedStatement 的子类。Statement 对象用于执行不带参数的简单 SQL 语句；PreparedStatement 对象用于执行带或不带 IN 参数的预编译 SQL

9.2.2-2

语句;CallableStatement 对象用于执行对数据库已存储过程的调用。

　　Statement 对象将 SQL 语句发送到相应的数据库并获得执行结果。在获取连接后,可以通过下列语句创建 Statement 对象。

```
Statement stmt=con.createStatement();
```

　　(4) 利用语句对象执行 SQL 语句

　　创建了 Statement 对象 stmt 后,可以使用 Statement 接口中的方法执行 SQL 语句。Statement 接口提供了三种执行 SQL 语句的方法:executeQuery、executeUpdate 和 execute。使用哪一个方法由 SQL 语句所产生的内容决定。

　　在数据库操作中涉及的 SQL 语句主要有两种类型:查询和更新。查询使用 executeQuery 方法,该方法用于产生单个结果集的语句,返回 ResultSet 结果集,例如

```
String sql="select * from student";
ResultSet rs=stmt.executeQuery(sql);
```

　　executeUpdate()方法用于执行 INSERT、UPDATE 或 DELETE 语句以及 SQL DDL(数据定义语言)语句,例如 CREATE TABLE 和 DROP TABLE。executeUpdate() 方法返回的是所影响的记录的个数。例如

```
String sql="update student set age=age+1";
stmt.executeUpdate(sql);
```

　　execute()方法用于执行返回多个结果集、多个更新计数或两者组合的语句。

　　注意:Statement 对象本身不包含 SQL 语句,因而必须给 Statement.execute 方法提供 SQL 语句作为参数。

　　(5) 处理结果

　　对于有返回结果集的要进行结果处理,一般用于当执行 SQL 查询语句后得到的数据列表。下面介绍 ResultSet 中较为常用的两个方法。

- next():将游标(类似于指向一行数据的指针,初始时指向第一行的前一行)从当前位置向下移动一行,返回值为 boolean 类型。如果下一行有数据则返回 true,否则返回 false。在数据处理时,通常用于判断是否有符合条件的记录。可以使用 rs.next()配上 while 循环来对结果进行遍历。
- get***()系列方法:用于访问当前行的数据。ResultSet 对象使用这些方法时都存在两个重载方法:一个方法根据列的序号(即列索引)访问数据,另一个方法根据字段名访问数据。例如,方法 getInt(int columIndex) 和 getInt(String columName) 为获取当前行的指定列的整型数据,方法 getString()为获取当前行的指定列的字符串型数据,其他的以此类推。假设表 student 的第一个属性名称为 stu_id,类型为字符型,则获取结果集 rs 的第一个属性的值可以使用语句 rs.getString(1);或 rs.getString("stu_id");。

　　(6) 关闭对象

　　完成数据库相应的操作以后,一定要将数据库连接对象关闭。这样不仅可以释放资

源,而且避免数据库长期连接造成的安全隐患。

关闭数据库操作的顺序与打开数据库操作的顺序相反,即先关闭结果集 ResultSet,再关闭操作 Statement,最后关闭连接 Connection。主要语句如下:

```
rs.close();
stmt.close();
con.close();
```

下面给出一个实例及完整的代码,实现访问数据库的功能。

例 9.8 编写程序,向 MySQL 数据库 mydatabase 中的 student 表插入数据,然后查询 student 表中的记录并打印。

分析:在编程之前,首先要建立 mydatabase 数据库和 student 表。student 表包含三个属性:学号、姓名、电话。表结构如图 9-9 所示。

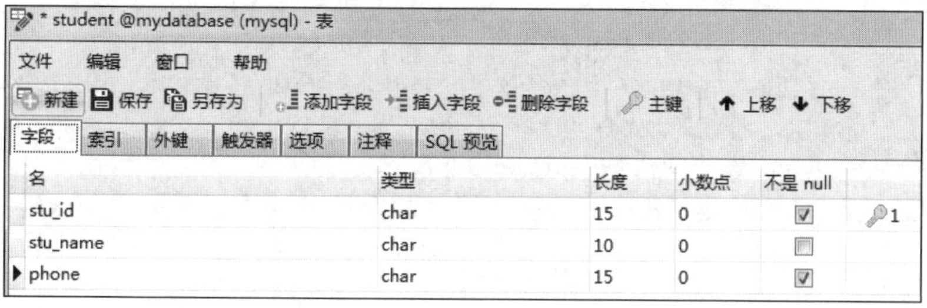

图 9-9　student 表结构

其次安装驱动程序,即将 mysql-connector-java-8.0.15.jar 包加入开发项目的类路径中。最后编写访问数据库的 Java 程序。

源程序代码如下。

```
//文件名为 Jpro9_8.java
1    import java.sql.*;
2    import java.util.ArrayList;
3    import java.util.List;
4    public class Jpro9_8{
5        public static Connection getConnection(){
6            ...//与例 9.7 相同
7        }
8        //查询所有学生的信息
9        public static List<Student>getStudentList(){
10           List<Student>list=new ArrayList<Student>();
11           Connection con=null;
12           Statement stat=null;
13           ResultSet rs=null;
14           try{
15               con=getConnection();              //1.建立与数据库的连接
16               stat=con.createStatement();       //2.创建 Statement 对象
```

```java
17          String sql="select * from student";
18          rs=stat.executeQuery(sql);          //3.执行 SQL 语句
19          while (rs.next())                   //4.处理查询结果
20          {
21              Student stu=new Student();
22              stu.setStuId(rs.getString("stu_id"));
23              stu.setStuName(rs.getString("stu_name"));
24              stu.setPhone(rs.getString("phone"));
25              list.add(stu);
26          }
27      }catch(SQLException e){
28          e.printStackTrace();
29      }finally{                               //5.关闭对象
30          try{
31              if (rs !=null)     rs.close();
32              if (stat !=null)    stat.close();
33              if (con !=null)    con.close();
34          }catch(SQLException ex){
35              ex.printStackTrace();
36          }
37      }
38      return list;
39  }
40  //向数据表中插入一条学生信息
41  public static int addStudent(Student student){
42      int ret=0;
43      Connection con=null;
44      Statement stat=null;
45      try{
46          con=getConnection();                //1.建立与数据库的连接
47          stat=con.createStatement();         //2.创建 Statement 对象
48          String sql="insert into student values('"
49                  +student.getStuId()+"','"+student.getStuName()
50                  +"','"+student.getPhone()+"')";
51          ret=stat.executeUpdate(sql);        //3.执行 SQL 语句
52      }catch(SQLException e){
53          e.printStackTrace();
54      }finally{                               //4.关闭对象
55          try{
56              if (stat !=null)    stat.close();
57              if (con !=null)    con.close();
58          }catch(SQLException ex){
59              ex.printStackTrace();
60          }
```

```
61              }
62          return ret;
63      }
64      public static void main(String[] args){
65          //插入三条学生记录
66          Student stu1=new Student("20180901","邓煜","13812345678");
67          Student stu2=new Student("20180902","任庆春","13805501234");
68          Student stu3=new Student("20180903","王欣","13805505678");
69          Jpro9_8.addStudent(stu1);
70          Jpro9_8.addStudent(stu2);
71          Jpro9_8.addStudent(stu3);
72          //查询所有学生信息并输出
73          List<Student>list=Jpro9_8.getStudentList();
74          for (int i=0; i<list.size(); i++){
75              Student stu=list.get(i);
76              System.out.println(stu.getStuId()+"\t"
77                      +stu.getStuName()+"\t"+stu.getPhone());
78          }
79      }
80  }
//文件名为 Student.java
1   public class Student{
2       String stuId;
3       String stuName;
4       String phone;
5       public Student(){}
6       public Student(String stuId, String stuName, String phone){
7           this.stuId=stuId;
8           this.stuName=stuName;
9           this.phone=phone;
10      }
11      ...//getters and setters 略
12  }
```

运行结果为：

连接成功！
连接成功！
连接成功！
连接成功！
20180901   邓煜   13812345678
20180902   任庆春   13805501234
20180903   王欣   13805505678

程序分析：本程序定义了查询学生信息列表的 getStudentList()方法和向表中插入学生记录的 addStudent()方法。查询和插入操作的程序编写方法基本一致(参见程序注释)，区别在于查询操作执行 Statement 对象的 executeQuery()方法，而插入操作执行 Statement 对象的 executeUpdate()方法。查询结果通过 next()方法遍历，然后将其插入 List 中返回。数据库操作结束后关闭打开的所有对象。main()方法中首先调用 addStudent()方法插入三条学生信息，然后通过 getStudentList()方法查询所有学生信息并输出。

【练习 9.2】

1. [单选题]以下描述中，错误的是(　　　)。

　　A. 与 SQL Server 数据库建立连接不需要创建 Connection 对象

　　B. Connection 对象使用完毕后要及时关闭，否则会给数据库造成负担

　　C. DriverManager.getConnection()方法可以建立与数据库的连接

　　D. JDBC 可以实现对不同类型数据库的访问

2. [单选题]以下描述中，错误的是(　　　)。

　　A. Statement 的 executeQuery()方法会返回一个结果集

　　B. Statement 的 executeUpdate()方法会返回是否更新成功的 boolean 值

　　C. 使用 ResultSet 的 getString()方法可以获得一个对应于数据库中 char 类型的值

　　D. ResultSet 对象中的 next()方法会使结果集中的下一行成为当前行

3. [单选题]以下 JDBC 驱动类型中，需要建立数据源的是(　　　)。

　　A. JDBC-ODBC 桥　　　　　　　　　　B. Native API JDBC 驱动程序

　　C. Net-Protocol JDBC 驱动程序　　　　D. Pure Java JDBC 驱动程序

4. [多选题]方法 executeUpdate 可用于的语句有(　　　)。

　　A. INSERT　　　　　B. SELECT　　　　　C. UPDATE　　　　　D. DELETE

5. [单选题]有关 Connection con = DriverManager.getConnection(url,"juddi", "admin");，描述正确的是(　　　)。

　　A. juddi 是连接数据源的密码　　　　　　B. url 包含数据源信息

　　C. juddi 是连接的数据源或库名称　　　　D. admin 是连接的数据源或库

6. [判断题] ResultSet 对象在初始时，其游标指向第一行数据。　　　　　　　　(　　　)

9.3　网　络　编　程

　　网络编程是指编写计算机程序，使得计算机能够通过网络相互通信。网络编程的主要工作包括源主机上的进程将待发送的数据按照约定的通信规则(协议)封装成数据包并发送到目标主机上的进程(IP 地址和端口号分别标识主机和进程)，目标主机上的进程根据协议解析数据包并提取出数据。

Java 语言的内置网络编程功能非常强大。它能够使用网络上的各种资源和数据与服务器建立各种传输通道,将数据传送到网络的各个地方,使我们可以像访问本地资源一样访问网络资源。Java 专门为网络通信提供了系统包 java.net,该包屏蔽了网络底层的实现细节,使得编程者不必关心数据是如何在网络中传输的,而将精力集中在功能的实现上,简化了 Java 网络编程。在网络编程时,需要首先引入该包。

9.3.1　URL 编程

9.3.1

URL 是统一资源定位器(Uniform Resource Locator)的简称,它表示 Internet 上某一资源的地址。通过 URL,我们可以访问 Internet 上的各种网络资源,如最常见的 WWW 和 FTP 服务器上的资源。浏览器通过解析给定的 URL 可以在网络上查找相应的文件或其他资源。

URL 地址包括两部分内容:协议名和资源名,中间用冒号分开,即

```
<protocol>://<hostname>:<port>/<filename># <anchor>
```

其中 protocol 指明获取资源所使用的传输协议,如 http、ftp、file 等,"//"后面指出资源的地址,包括主机名、端口号、文件名或文件内部的一个引用。对于多数协议,其中的主机名和文件名是必需的,而端口号和文件内部的引用则是可选的,例如

```
http://www.sohu.com(协议名://主机名)
http://www.sina.com.cn/index.html(协议名://主机名+文件名)
```

下面介绍 URL 类及相关的 URLConnetion 类的主要方法及其应用。

1. URL 类

为了表示 URL,java.net 中实现了类 URL。我们可以通过下面的构造方法来初始化一个 URL 对象。

- public URL(String spec);:根据 String 表示形式创建 URL 对象。
- public URL(URL context,String spec);:通过在指定的上下文中对给定的 spec 进行解析创建 URL。
- public URL(String protocol,String host,String file);:根据指定的 protocol 名称、host 名称和 file 名称创建 URL。
- public URL(String protocol,String host,int port,String file);:根据指定的 protocol、host、port 和 file 创建 URL 对象。

注意:类 URL 的创建方法都要声明抛出异常(MalformedURLException),因此生成 URL 对象时,必须要对这一异常进行处理,这通常是用 try-catch 语句进行捕获的。

URL 类捕获异常的格式如下:

```
try{
  URL url=new URL(…)
```

```
        }catch(MalformedURLException e){
        ⋮
}
```

一个 URL 对象生成后,其属性是不能被改变的,但是可以通过类 URL 所提供的方法来获取这些属性。下面给出一些常用的方法及其功能。

```
public String getProtocol()        //获取该 URL 的协议名
public String getHost()            //获取该 URL 的主机名
public int getPort()               //获取该 URL 的端口号,如果没有设置端口号则返回-1
public int getDefaultPort()        //获取默认的端口号
public String getFile()            //获取该 URL 的文件名
public String getRef()             //获取该 URL 在文件中的相对位置
public String getQuery()           //获取该 URL 的查询信息
public String getPath()            //获取该 URL 的路径
public String getAuthority()       //获取该 URL 的权限信息
public String getUserInfo()        //获得使用者的信息
public String getRef()             //获得该 URL 中的 HTML 文档标记
public String toString()           //获得完整的 URL 字符串
```

2. URLConnection 类

URLConnection 类在 java.net 包中,该类用来表示与 URL 建立的通信连接。当要与一个 URL 建立连接时,首先创建 URL 对象,然后调用 URL 对象的 openConnection() 方法实现连接。URLConnection 类用于访问网络资源的主要方法如下。

- void addRequestProperty(String key, String value):添加由键值对指定的请求属性。
- abstract void connect():打开到此 URL 引用的资源的通信链接(如果尚未建立这样的连接)。
- Object getContent():检索此 URL 连接的内容。
- long getDate():返回 date 头字段的值。
- boolean getDefaultUseCaches():返回 URLConnection 的 useCaches 标志的默认值。
- InputStream getInputStream():返回从此打开的连接读取的输入流。
- OutputStream getOutputStream():返回写入此连接的输出流。
- URL getURL():返回此 URLConnection 的 URL 字段的值。
- boolean getUseCaches():返回此 URLConnection 的 useCaches 字段的值。

例 9.9 使用 URL 和 URLConnection 获取网络上资源的 HTML 文件。

```
//文件名为 Jpro9_9.java
1    import java.io.BufferedReader;
2    import java.io.InputStreamReader;
3    import java.net.URL;
```

```
4    import java.net.URLConnection;
5    public class Jpro9_9{
6        public static void main(String args[]) throws Exception{
7            URL url=new URL("http://www.baidu.com"); //创建URL
8            //打印协议名和主机名
9            System.out.println("the protocol name:"+url.getProtocol());
10           System.out.println("the host name::"+url.getHost());
11           //获得URLConnection
12           URLConnection uc=url.openConnection();
13           //读取URL连接的网络资源
14           BufferedReader in=new BufferedReader(
15                   new InputStreamReader(uc.getInputStream()));
16           String line;
17           while ((line=in.readLine()) !=null){
18               System.out.println(line);
19           }
20           in.close();
21       }
22   }
```

程序运行后将输出协议名称、主机名称以及访问的 URL 页面的内容。

程序分析：程序首先引入系统包 java.net。main()方法中创建一个 URL 对象 url,通过 getProtocol()和 getHost()方法获得协议名和主机名。使用 openConnection()方法实现与 URL 对象的通信。读取 URL 连接的网络资源,最后关闭相应的连接。

9.3.2 基于 TCP 的 Socket 编程

9.3.2

Socket 的英文原意是"插座",通常在网络编程中被称为套接字,用于描述 IP 地址和端口号,对应网络上某台主机上的某个进程。Socket 编程是编写传统网络程序最常用的一种方法,其用法类似于文件的 I/O 操作,即将 Socket 看成数据流。

Socket 的通信机制涉及通信双方,通常称为"客户机"和"服务器"。对应的通信模式是网络应用中常用的"客户/服务器(C/S)模式"。服务器用来提供服务和共享资源,如WWW 服务、邮件服务等。客户指能够访问任何服务器的实体,如 WWW 浏览器。在Socket 通信中,服务器和客户分别指向一个程序,完成各自的功能。

Socket 可以被视为两个不同的应用程序用于通过网络的沟通管道。针对网络通信的不同层次,Java 提供了不同的 API,如基于 TCP 协议实现网络通信的 Socket 相关类以及基于 UDP 协议实现网络通信的 Datagram 相关类。TCP 是面向连接的可靠数据传输协议,它重发一切没有收到的数据并进行数据准确性检查。UDP 是一种无连接的基于数据报套接字的通信协议,不保证可靠交付,但对系统资源要求较少,具有良好的实时性。本节主要介绍基于 TCP 协议的 C/S 模式下的 Socket 编程。

1. Socket 的通信过程

对于一个功能齐全的 Socket,其工作过程包含以下 4 个基本的步骤。

① 创建通信双方的 Socket 连接,即分别为服务器和客户端创建 Socket 对象,建立 Socket 连接。

② 打开连接到 Socket 的输入流和输出流。

③ 按照一定的协议对 Socket 进行读/写操作,在本节中指的是基于 TCP。

④ 读/写操作结束后,关闭 Socket 连接。

基于 TCP 的 Socket 编程中有两个重要的类(Socket 和 ServerSocket),这两个类包含于 java.net 包中,分别提供用来表示客户端和服务器端的 Socket。这两个类具有良好的封装性,使用起来比较方便。Socket 和 ServerSocket 的构造方法如下。

- Socket(InetAddress address,int port);
- Socket(InetAddress address,int port,booleanstream);
- Socket(String host,int port);
- Socket(String host,int port,booleanstream);
- Socket(SocketImpl impl);
- Socket(String host,int port,InetAddress localAddr,int localPort);
- Socket(InetAddress address,int port,InetAddress localAddr,int localPort);
- ServerSocket(int port);
- ServerSocket(int port,int backlog);
- ServerSocket(int port,int backlog,InetAddress bindAddr);

其中 InetAddress 是一个类,用来区分计算机网络中的不同节点并对其寻址。每个 InetAddress 对象包含 IP 地址、主机名等信息。InetAddress 类包含两个重要的类方法 getLocalHost()和 getByName(String host),分别返回本地主机名、IP 地址以及某网站 host 的主机名、IP 地址。address、host 和 port 分别是双向连接中另一方的 IP 地址、主机名和端口号。布尔型变量 stream 指明 Socket 是流 Socket(stream 为 true 时)还是数据报 Socket(stream 为 false 时)。localPort 表示本地主机的端口号,localAddr 和 bindAddr 是本地机器的地址(ServerSocket 的主机地址)。impl 是 Socket 的父类,既可以用来创建 ServerSocket 又可以用来创建 Socket。例如

```
Socket client=new Socket("127.0.0.1", 80);
ServerSocket server=new ServerSocket(80);
```

每个端口提供一种特定的服务,只有给出正确的端口号,才能获得相应的服务。端口号 0~1023 为系统所保留,例如 HTTP 服务的端口号为 80,telnet 服务的端口号为 2,FTP 服务的端口号为 23。在选择端口号时,最好选择一个大于 1023 的数以防止发生冲突。

如果在创建 Socket 时发生错误,则将产生 IOException,因此在创建 Socket 或 ServerSocket 时必须捕获或抛出异常。下列程序段对 Socket 对象进行了异常处理。

```
1   try{
2       Socket socket=new Socket("127.0.0.1", 2019);
3       BufferedReader in=new BufferedReader(
4               new InputStreamReader(System.in));
5       PrintWriter out=new PrintWriter(socket.getOutputStream());
6       BufferedReader is=new BufferedReader(
7               new InputStreamReader(socket.getInputStream()));
8   }catch(UnknownHostException e){
9       System.err.println(e);
10       System.exit(1);
11   }catch(IOException io){
12       System.err.println(io);
13       System.exit(1);
14   }
```

从上面的代码段可以看出,当创建一个连接到远程主机的 Socket 对象后,可以使用 getInputStream()和 getOutputStream()方法分别得到该 Socket 的输入流和输出流,用来对该 Socket 进行数据读写。

2. 基于 TCP 的 Socket 编程的基本过程

开发一个基于 TCP/IP 的 Socket 网络通信程序需要编写服务器端和客户端两个应用程序。

编写服务器端应用程序的步骤如下:

① 创建 ServerSocket 对象。

② 调用 ServerSocket 对象的 accept()方法监听接收客户端的连接请求。

③ 创建与 Socket 对象绑定的输入输出流,并且建立相应的数据输入输出流。

④ 通过数据输入输出流与客户端进行数据读写,完成双向通信。

⑤ 当客户端断开连接时,关闭各个流对象。

编写客户端应用程序的步骤如下:

① 创建指定服务器上指定端口号的 Socket 对象。

② 创建与 Socket 对象绑定的输入输出流,并且建立相应的数据输入输出流。

③ 通过数据输入输出流与服务器端进行数据读写,完成双向通信。

④ 关闭与服务器端的连接并关闭各个流对象,结束通信。

例 9.10 应用 Socket 和 ServerSocket 编写一个基于 TCP 的网络聊天程序,实现C/S 模式中的客户端和服务器端信息的互发。

(1) 编写服务器端程序

```
1   import java.io.*;
2   import java.net.*;
3   public class TCPServer{
4       public static void main(String args[]){
```

```
5          try{
6              String s;
7              //1.创建 ServerSocket 对象,在端口 2019 处注册服务
8              ServerSocket server=new ServerSocket(2019);
9              System.out.println("等待与客户端连接");
10             //2.调用 accept()方法监听接收客户端的连接请求
11             Socket socket=server.accept();
12             System.out.println("与客户端连接成功");
13             //3.创建与 Socket 对象绑定的输入、输出流
14             //并建立相应的数据输入输出流
15             InputStream in=socket.getInputStream();
16             OutputStream out=socket.getOutputStream();
17             //建立数据流
18             DataInputStream din=new DataInputStream(in);
19             DataOutputStream dout=new DataOutputStream(out);
20             BufferedReader sin=new BufferedReader(
21                     new InputStreamReader(System.in));
22             while (true){
23                 //4.通过数据输入输出流与客户端进行双向通信
24                 s=din.readUTF();        //读入从客户端传来的字符串
25                 System.out.println("从客户端接收的信息是:"+s);
26                 if(s.equals("bye"))break;
27                 System.out.println("请输入要发送的信息:");
28                 s=sin.readLine();        //读取用户输入的字符串
29                 dout.writeUTF(s);        //将读取的字符串传给客户端
30                 if(s.equals("bye"))break;
31             }
32             //5.当客户端断开连接时,关闭各个流对象
33             din.close();
34             dout.close();
35             in.close();
36             out.close();
37             socket.close();
38             server.close();
39         }catch(Exception e){
40             System.out.println("Error:"+e);
41         }
42     }
43 }
```

程序分析：程序在 main()方法中首先创建一个 ServerSocket 类对象,并且在本地计算机的 2019 号端口处建立一个监听服务。ServerSocket 对象的 accept()方法使服务器端的程序处于阻塞状态,直到捕捉到一个来自客户端的请求并返回一个用于与客户端通

信的 Socket 对象 socket。利用 Socket 类提供的 getInputStream()和 getOutputStream()方法创建与 socket 绑定的输入、输出流。此时即可与客户端进行通信，直到客户端断开连接，关闭各个流结束通信。

（2）编写客户端程序

```
1    import java.io.*;
2    import java.net.*;
3    public class TCPClient{
4        public static void main(String args[]){
5            try{
6                String s;
7                //1.创建指定服务器上指定端口号的 Socket 对象
8                Socket socket=new Socket("127.0.0.1", 2019);
9                System.out.println("与服务器连接成功");
10               //2.创建与 Socket 对象绑定的输入、输出流
11               //并建立相应的数据输入输出流
12               InputStream in=socket.getInputStream();
13               OutputStream out=socket.getOutputStream();
14               //建立数据流
15               DataInputStream din=new DataInputStream(in);
16               DataOutputStream dout=new DataOutputStream(out);
17               BufferedReader sin=new BufferedReader(
18                       new InputStreamReader(System.in));
19               while (true){
20                   //3.通过数据输入输出流与服务器端进行双向通信
21                   s=sin.readLine();        //读取用户输入的字符串
22                   dout.writeUTF(s);        //将读取的字符串传给服务器
23                   if (s.equals("bye"))break;
24                   s=din.readUTF();         //从服务器获得字符串
25                   System.out.println("从服务器端接收到消息:"+s);
26                   if (s.equals("bye"))break;
27               }
28               //4.关闭各个流对象及与服务器端的连接,结束通信
29               din.close();
30               dout.close();
31               in.close();
32               out.close();
33               socket.close();
34           }catch(Exception e){
35               System.out.println(e);
36           }
37       }
38   }
```

请读者自己运行以上两个程序,查看服务器端与客户端的运行结果。

客户端程序分析:

程序中创建了一个 Socket 对象 socket,其中第一个参数是服务器地址,本例中使用本地地址。若要在网络中指定服务器,只需要将参数 localhost 改成相应的服务器名或 IP 地址即可。第二个参数指明了服务器端口号为 2019,与服务器端端口号一致。

程序利用 Socket 类提供的 getInputStream()和 getOutputStream()方法创建与 socket 绑定的输入输出流。此时即可与服务器端进行通信,直到断开连接为止,最后关闭各个流结束通信。

注意:服务器端程序与客户端程序需要同时运行,并且有先后顺序,否则不能正常运行,即必须先执行服务器端程序,然后才能运行客户端程序。

请读者分别归纳服务器端和客户端的操作步骤,以及服务器端和客户端的通信顺序。

9.3.3 基于 UDP 的 Socket 编程

9.3.3

UDP(用户数据报协议)是一个无连接、不可靠的、发送独立数据报的协议,所以基于 UDP 编程不提供可靠性保证,即数据在传输时,用户无法知道数据能否正确到达目的主机,也不能确定数据到达目的主机的顺序是否和发送的顺序相同。但是有时人们需要快速实时地传输信息并能容忍小的错误,那就可以考虑使用 UDP,如视频电话等应用。

1. DatagramPacket 类和 DatagramSocket 类

DatagramPacket 类和 DatagramSocket 类由 Java 用来实现无连接的数据报通信。其中 DatagramPacket 类负责读取数据等信息,它的主要构造方法为:

- public DatagramPacket(byte buf[],int length);
- public DatagramPacket(byte buf[],int length,InetAddress add,int port);

第一个构造方法主要用来创建接收数据报的对象,其中字节数组 buf[]用来接收数据报的数据,length 指明所要接收的数据报的长度。

第二个构造方法创建发送数据报给远程节点的对象,其中字节数组 buf[]存放要发送的数据报,length 指定字节数组包的长度,add 指出发送的目标主机地址,port 指明目标主机接收数据报的端口号。

DatagramSocket 类则负责数据报的发送与接收,它主要构造方法有:

- public DatagramSocket();
- public DatagramSocket(int port);

第一个构造方法主要创建一个数据报 Socket 对象,并且将它连接到本地主机的任何一个可用的端口上。

第二个构造方法在指定的端口处创建一个数据报 Socket 对象。

注意上面这两个构造方法都可能抛出异常。

DatagramSocket 类还提供了方法 receive()和 send()两个方法分别用来实现数据报发送和接收。

2. UDP 的编程实现过程

UDP 编程包括数据报的发送和接收过程。

数据报的发送过程可描述为：

① 在指定的本机端口创建 DatagramSocket 对象。

② 创建一个 DatagramPacket 对象，其中包含要发送的数据、数据分组长度，以及目标主机的 IP 地址和端口号。

③ 调用 DatagramSocket 对象的 send()方法，以 DatagramPacket 对象为参数发送数据报。

数据报的接收过程可描述为：

① 在指定的本机端口创建 DatagramSocket 对象。

② 创建一个用于接收数据报的 DatagramPacket 对象，其中包含空数据缓冲区和指定的数据报分组长度。

③ 调用 DatagramSocket 对象的 receive()方法，以 DatagramPacket 对象为参数接收数据报，接收到的信息包括数据报内容、发送端的 IP 地址，以及发送端主机的发送端口号。

例 9.11　基于 UDP 实现具有获取本地主机时间功能的客户/服务器通信。

（1）编写服务器端程序

```
1    import java.net.*;
2    import java.util.*;
3    public class UDPServer{
4        public static void main(String args[]){
5            try{
6                //创建用于通信的 Socket 对象，其端口与客户端相同
7                DatagramSocket ds=new DatagramSocket(9102);
8                System.out.println("服务器已启动!");
9                byte[] buff=new byte[1024];              //存放收发的数据
10               //创建接收的数据报
11               DatagramPacket dp=new DatagramPacket(buff, buff.length);
12               ds.receive(dp);                          //接收数据报
13               InetAddress addr=dp.getAddress();    //获取接收的数据报地址
14               String data=new String(dp.getData());
15               System.out.println("接收到客户端"
16                       +addr+"发送的数据:"+data);
17               String date=new Date().toString();
18               //将当前日期时间存入 dp
19               dp.setData(date.getBytes());
20               ds.send(dp);                             //发送数据报
21               ds.close();
22           }catch(Exception e){
23               e.printStackTrace();
```

```
24            }
25        }
26    }
```

程序分析：服务器端程序的功能是完成接收客户端的数据报并返回给客户端。程序先创建一个指定端口号为9102的DatagramSocket对象ds，并创建一个用来接收数据报的DatagramPacket对象dp，接收到客户端发送的数据后输出数据。然后将主机当前日期时间存入dp，并且调用ds的send()方法将主机当前日期发送到客户端。

（2）编写客户端程序

```
1   import java.net.*;
2   public class UDPClient{
3       public static void main(String args[]){
4           try{
5               DatagramSocket ds=new DatagramSocket();
6               byte[] buff=new byte[1024];              //存放收发的数据
7               //获取主机地址
8               InetAddress addr=InetAddress.getLocalHost();
9               String data="hello";
10              DatagramPacket dp=new DatagramPacket(
11                      data.getBytes(), data.length(),
12                      addr, 9102);                     //创建要发送的数据报
13              ds.send(dp);                             //发送数据报
14              dp.setData(buff);                        //设置接收缓冲区
15              ds.receive(dp);                          //接收数据报,存放到dp中
16              String time=new String(dp.getData());    //获取数据报中的数据
17              System.out.println("主机的当前时间为:"+time);
18              ds.close();
19          }catch(Exception e){
20              e.printStackTrace();
21          }
22      }
23  }
```

请读者自己运行上述两个程序，观察运行结果。

程序分析：客户端程序先创建一个用来发送数据报的DatagramSocket对象ds和一个用来存放待发送数据报的DatagramPacket对象dp，其中dp指定的地址是本地地址。使用DatagramPacket对象的getData()方法获取数据报中的内容，即主机的当前时间。最后关闭Socket连接。

【练习9.3】

1. [单选题]以下描述中，错误的是(   )。

    A. URL地址包含协议名和资源名

B. URL 地址中的端口号可以省略

C. URL 对象生成后,其协议、主机名、端口等属性可以修改

D. 使用不合法的 URL 地址创建 URL 对象时会抛出 MalformedURLException 异常

2. [单选题]在 Java 程序中,使用 TCP 套接字编写服务器端程序的类是(　　)。

A. Socket   B. ServerSocket

C. DatagramSocket   D. DatagramPacket

3. [单选题]使用流式套接字编程发送数据时,需要使用(　　)方法。

A. getInetAddress()   B. getLocalPort()

C. getOutputStream()   D. getInputStream()

4. [单选题]使用 UDP 套接字通信时,使用(　　)类打包待发送的信息。

A. String   B. DatagramSocket

C. MulticastSocket   D. DatagramPacket

习　题　9

1. 多线程有哪 4 种实现方法? 说明它们的优缺点。

2. 使用多线程编写程序。设计两个线程,其中一个线程每次对共享变量 s 增加 1,另外一个线程每次对共享变量 s 减少 1。

3. 什么是线程的同步以及如何实现线程的同步?

4. 使用 JDBC-ODBC 桥方式访问 Access 数据库。

5. 查阅资料,了解 PreparedStatement 的用法以及它与 Statement 相比有什么优点。将例 9.8 修改为使用 PreparedStatement 实现。

6. 使用 JDBC 技术进行数据库编程的步骤。

7. 在例 9.8 的基础上,增加根据学号删除学生信息的方法 int delStudent(String id)。

8. 什么是 URL? URL 地址由哪几部分组成?

9. 查阅资料,利用 URL 编程读取所在城市的天气预报。

10. 什么是 Socket? Socket 编程主要有哪些步骤?

11. TCP 与 UDP 的主要区别是什么?

12. 将例 9.10 改写为使用 UDP 实现,即编写一个基于 UDP 的网络聊天程序,实现 C/S 模式中的客户端和服务器端信息的互发。

第**10**章

综合案例

内容导览

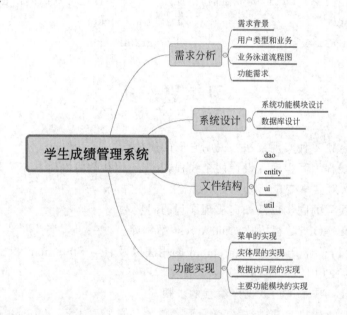

学习目标

- 能够根据软件的功能需求设计出相应的操作界面
- 能够根据需求完成系统的数据库设计
- 能够运用 JDBC 数据库编程实现增、删、改、查操作
- 能够综合应用面向对象思想设计和开发较复杂的软件系统

10.1 项目背景

随着计算机技术和软件技术的不断发展,各行各业都需要信息化系统来为我们提供服务,计算机软件的应用成为我们工作和生活的一部分。在教育教学、学生档案、学籍和成绩管理方面,如果是人工和纸质管理,则会出现长期保存、查找和统计的困难。因此在这个前提下,准备为高校开发一款学生成绩管理软件,以方便系统管理员和教师对学生成

绩进行管理和统计,使学生可以及时查询自己的成绩,目标是节约人力成本,提升工作效率,提升教育教学管理水平。

10.2 需 求 分 析

学生成绩管理系统主要为三类人员提供服务:系统管理员、教师和学生。系统管理员主要负责录入基础信息,包含课程信息、教师信息和学生信息,且能够查询所有学生的成绩;教师主要负责录入所授课程的学生考核成绩,且能够查询所授课程的学生成绩;学生则可以使用系统进行选课和查询自己的考核成绩。

根据系统的业务需求和这三类用户各自的业务过程,可得到学生成绩管理系统的业务流程图(也称泳道流程图),如图 10-1 所示。

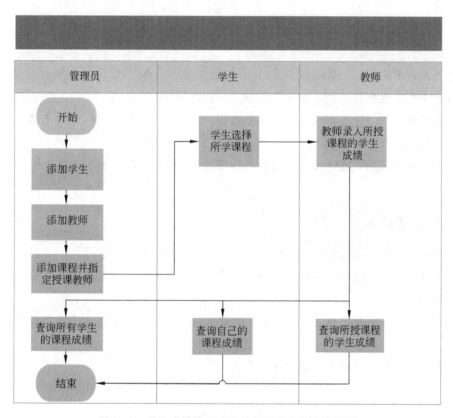

图 10-1　学生成绩管理系统的主要业务泳道流程图

根据系统需求分析和图 10-1,得到系统的功能需求如下。

1. 公共功能需求

这主要指用户登录验证、个人密码修改、个人信息查询和重登录功能。为保证数据安全,所有用户必须先进行登录验证,登录成功后才能进入系统,不同用户的操作权限是不同的。学生成绩管理系统安装完成后,只设一个超级管理员用户 admin,通过这个用户来添加其他管理员。管理员和教师使用工号(学生使用学号)进行登录(教师和学生用户信息由管理员添加)。系统为所有用户提供个人信息查询和密码修改功能。

2. 管理员功能需求

教师信息管理包括:添加教师、删除教师、修改教师和查询教师。

课程信息管理包括:添加课程(含授课教师字段,故要先添加教师)、删除课程、修改课程和查询课程。

学生信息管理包括:添加学生、删除学生、修改学生和查询学生。

查询和统计成绩:管理员可以查询所有学生的成绩,也可以按条件对学生成绩进行各种统计。

3. 教师功能需求

录入课程考核成绩:教师登录后,只能查到自己所授的课程,选择课程后可以录入该课程所有学生的成绩。

设置成绩占比:每门课程的最终成绩由平时成绩、期中考核成绩和期末考核成绩决定,教师可以设置所占的百分比例。

查询和统计成绩:教师可以查询自己所授课程的学生成绩,也可以按条件对学生成绩进行各种查询。

4. 学生功能需求

选择课程:学生可以从课程列表中选择某一门课程进行学习。

退选课程:学生也可以从列表中退选一门已选择的课程,但是教师一旦录入成绩后则不能退选。

查询课程:学生选课前,可以根据课程编号、课程名和教师姓名等查找符合条件的课程。

查询成绩:学生只可以查询自己的成绩。

10.3 系统功能结构

思政素材

根据系统的功能需求,可按用户将系统的功能划分为不同的子模块,得到系统的功能结构图,如图 10-2 所示。

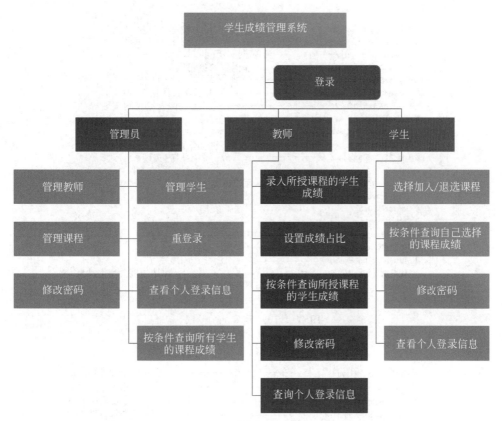

图 10-2　系统的功能结构图

10.4　系统的文件结构

根据系统的功能需求开发的学生成绩管理系统共分四层(见图 10-3),每层为一个 Java 包,分别是 dao(数据访问层)、entity(实体层)、ui(用户操作界面层)和 util(实用工具层)。需要说明的是,好的设计应该再增加一个 service 层(即服务层),调用关系是 ui 层调用 service 层,service 层调用 dao 层。为使代码结构简单,我们没有提供 service 层,这个任务留给读者自己完成。

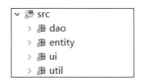

图 10-3　系统的文件结构图

各层的内部文件结构如图 10-4 和图 10-5 所示。

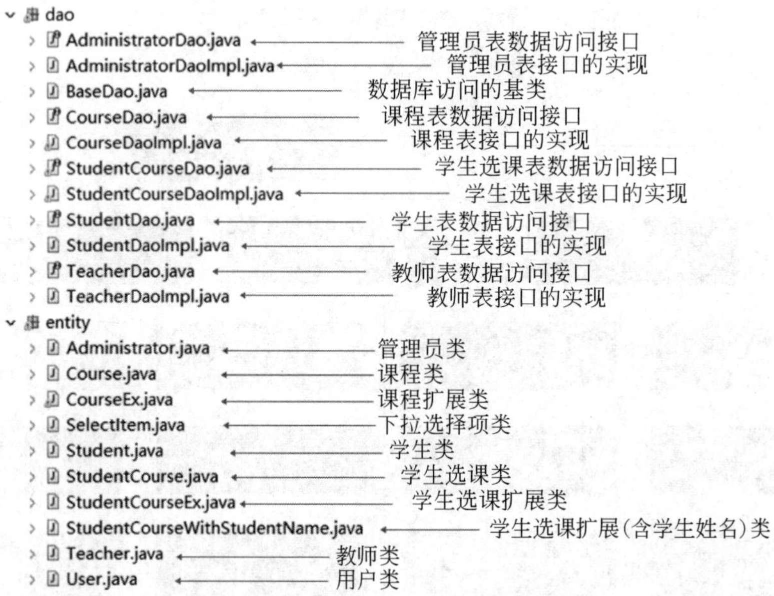

```
∨ 🗁 dao
  > 🗋 AdministratorDao.java          ←————————————————— 管理员表数据访问接口
  > 🗋 AdministratorDaoImpl.java      ←————————————————— 管理员表接口的实现
  > 🗋 BaseDao.java                   ←————————————————— 数据库访问的基类
  > 🗋 CourseDao.java                 ←————————————————— 课程表数据访问接口
  > 🗋 CourseDaoImpl.java             ←————————————————— 课程表接口的实现
  > 🗋 StudentCourseDao.java          ←————————————————— 学生选课表数据访问接口
  > 🗋 StudentCourseDaoImpl.java      ←————————————————— 学生选课表接口的实现
  > 🗋 StudentDao.java                ←————————————————— 学生表数据访问接口
  > 🗋 StudentDaoImpl.java            ←————————————————— 学生表接口的实现
  > 🗋 TeacherDao.java                ←————————————————— 教师表数据访问接口
  > 🗋 TeacherDaoImpl.java            ←————————————————— 教师表接口的实现
∨ 🗁 entity
  > 🗋 Administrator.java             ←————————————————— 管理员类
  > 🗋 Course.java                    ←————————————————— 课程类
  > 🗋 CourseEx.java                  ←————————————————— 课程扩展类
  > 🗋 SelectItem.java                ←————————————————— 下拉选择项类
  > 🗋 Student.java                   ←————————————————— 学生类
  > 🗋 StudentCourse.java             ←————————————————— 学生选课类
  > 🗋 StudentCourseEx.java           ←————————————————— 学生选课扩展类
  > 🗋 StudentCourseWithStudentName.java  ←————————————— 学生选课扩展(含学生姓名)类
  > 🗋 Teacher.java                   ←————————————————— 教师类
  > 🗋 User.java                      ←————————————————— 用户类
```

图 10-4　dao 层和 entity 层

```
∨ 🗁 ui
  > 🗋 AddCourseDlg.java              ←————————————————— 添加课程界面
  > 🗋 AddStudentDlg.java             ←————————————————— 添加学生界面
  > 🗋 AddTeacherDlg.java             ←————————————————— 添加教师界面
  > 🗋 Admin_CourseList.java          ←————————————————— 课程管理界面
  > 🗋 Admin_QueryGrade.java          ←————————————————— 管理员查询成绩界面
  > 🗋 Admin_StudentList.java         ←————————————————— 学生管理界面
  > 🗋 Admin_TeacherList.java         ←————————————————— 教师管理界面
  > 🗋 AdminMenu.java                 ←————————————————— 管理员菜单父类
  > 🗋 ChangePassword.java            ←————————————————— 修改口令界面
  > 🗋 CommonMenu.java                ←————————————————— 公共菜单类
  > 🗋 LoginFrame.java                ←————————————————— 登录界面(程序启动点)
  > 🗋 SetPercentageDlg.java          ←————————————————— 设置学生成绩百分比
  > 🗋 Student_QueryGrade.java        ←————————————————— 学生查询成绩
  > 🗋 StudentMain.java               ←————————————————— 学生选课(学生登录后的主办面)
  > 🗋 Teacher_QueryGrade.java        ←————————————————— 学生查询成绩
  > 🗋 TeacherMain.java               ←————————————————— 教师录入成绩(教师登录后的主界面)
∨ 🗁 util
  > 🗋 Const.java                     ←————————————————— 常量类
  > 🗋 Percentage.java                ←————————————————— 保存成绩百分比
  > 🗋 Session.java                   ←————————————————— 保存登录信息类
  > 🗋 StudentCourseTableModel.java   ←————————————————— 学生选课表格模式类
  > 🗋 TableTools.java                ←————————————————— 表格工具类
  > 🗋 Tools.java                     ←————————————————— 其他工具类
∨ 📚 Referenced Libraries
  > 📦 mysql-connector-java-5.1.30.jar  ←————————————— 访问MySQL需要引用的jar包
```

图 10-5　ui 层和 util 层

对照系统的功能需求,用相应的 Java 文件来实现。各模块的功能与 Java 实现文件之间的对应关系如表 10-1 所示。

表 10-1　系统功能与 Java 文件对照表

模　块	功　能	对应的 Java 文件
公共模块	修改密码	ChangePassword.java
	重登录	LoginFrame.java
	查看个人登录信息	JOptionPane 消息对话框显示
管理员模块	管理教师	AddTeacherDlg.java、Admin_TeacherList.java
	管理学生	AddStudentDlg.java、Admin_StudentList.java
	管理课程	AddCourseDlg.java、Admin_CourseList.java
	查询学生成绩	Admin_QueryGrade.java
教师模块	教师录入成绩	TeacherMain.java
	设置成绩占比	SetPercentageDlg.java
	教师查询授课成绩	Teacher_QueryGrade.java
学生模块	学生选课	StudentMain.java
	学生查询个人成绩	Student_QueryGrade.java

10.5　系统主要界面预览

　　根据系统业务泳道流程图(见图 10-1),其典型操作流程如下:用户登录验证、管理员管理学生、管理员管理教师、管理员管理课程、学生选课、教师录入学生成绩、查询学生成绩。据此分别开发如图 10-6～图 10-12 所示的系统运行界面,直观地描述了学生成绩管理系统中各用户开展的业务。这些主要运行界面与相应的 Java 实现文件如表 10-2 所示。

表 10-2　主要运行界面与 Java 文件对照表

功　能	Java 文件
学生成绩管理系统登录	LoginFrame.java
管理员管理学生	Admin_StudentList.java
管理员管理教师	Admin_TeacherList.java
管理员管理课程	Admin_CourseList.java
学生选择课程	StudentMain.java
教师录入授课的学生成绩	TeacherMain.java
管理员查询学生成绩	Admin_QueryGrade.java

图 10-6　学生成绩管理系统登录

学号	姓名	密码	手机号	性别	院系	班级	专业
3050704114	余正纪	123	17730129980	男	计算机学院	软件151	软件工程
3050704316	李军	123	18315308951	男	计算机学院	软件153	软件工程
3050704320	束成伟	123	18855354988	男	计算机学院	软件153	软件工程
3050704324	陈治才	123	18555333385	男	计算机学院	软件153	软件工程
3050704336	高望江	123	17885275167	男	计算机学院	软件153	软件工程
3050704337	曾信达	123	18895371989	男	计算机学院	软件153	软件工程
3050704339	葛宜强	123	17354278907	男	计算机学院	软件153	软件工程
3050704340	蒋剑杰	123	18895373999	男	计算机学院	软件153	软件工程
3050704341	鲁新宇	123	17730127566	男	计算机学院	软件153	软件工程
3050704441	魏友奇	123	18895369522	男	计算机学院	软件154	软件工程
3070504101	李武	123	13805531112	男	计算机学院	软件151	软件工程
3070504102	张文	123	13805531113	男	计算机学院	软件151	软件工程
3070504204	钱红	123	18006241770	女	计算机学院	软件152	软件工程
3070604201	王思思	123	13805531680	女	计算机学院	计算机152	计算机

图 10-7　管理员管理学生

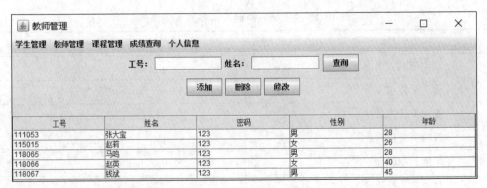

工号	姓名	密码	性别	年龄
111053	张大宝	123	男	28
115015	赵莉	123	女	26
118065	马鸣	123	男	28
118066	赵英	123	女	40
118067	钱斌	123	男	45

图 10-8　管理员管理教师

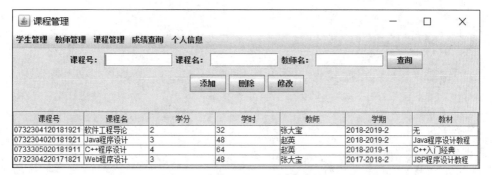

课程管理
学生管理 教师管理 课程管理 成绩查询 个人信息
课程号： 课程名： 教师名： 查询
添加 删除 修改
课程号 课程名 学分 学时 教师 学期 教材
0732304120181921 软件工程导论 2 32 张大宝 2018-2019-2 无
0732304020181921 Java程序设计 3 48 赵英 2018-2019-2 Java程序设计教程
0733305020181911 C++程序设计 4 64 赵英 2018-2019-1 C++入门经典
0732304220171821 Web程序设计 3 48 张大宝 2017-2018-2 JSP程序设计教程

图 10-9　管理员管理课程

学生选课
个人信息
课程号： 课程名： 教师名： 查询
选课 退选
课程号 课程名 学分 学时 教师 学期 教材 选择
0732304120181921 软件工程导论 2 32 张大宝 2018-2019-2 无 已选
0732304020181921 Java程序设计 3 48 赵英 2018-2019-2 Java程序设计教... 已选
0733305020181911 C++程序设计 4 64 赵英 2018-2019-1 C++入门经典 已选
0732304220171821 Web程序设计 3 48 张大宝 2017-2018-2 JSP程序设计教程 未选

图 10-10　学生选择课程

成绩录入
成绩查询 个人信息 成绩设置
课 程： Java程序设计 学期：2018-2019-2，课程号：0732304020181921
班级 学号 姓名 平时成绩 期中成绩 期末成绩 最终成绩
软件151 3050704114 余正纪 87.0 82.0 86.0 85.0
软件153 3050704316 李军 67.0 82.0 86.0 81.0
软件153 3050704320 束成伟 65.0 85.0 82.0 79.5
软件153 3050704324 陈治才 91.0 90.0 95.0 92.7
软件151 3070504101 李武 65.0 74.0 75.0 72.7
软件151 3070504102 张文 75.0 78.0 82.0 79.4
软件152 3070504204 钱红 82.0 85.0 92.0 87.9
计算机152 3070604201 王思思 85.0 80.0 86.0 84.0
保存成绩

图 10-11　教师录入授课的学生成绩

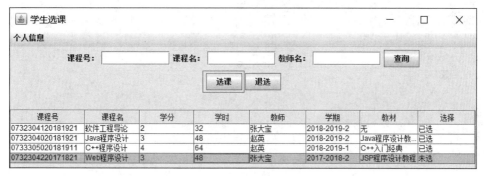

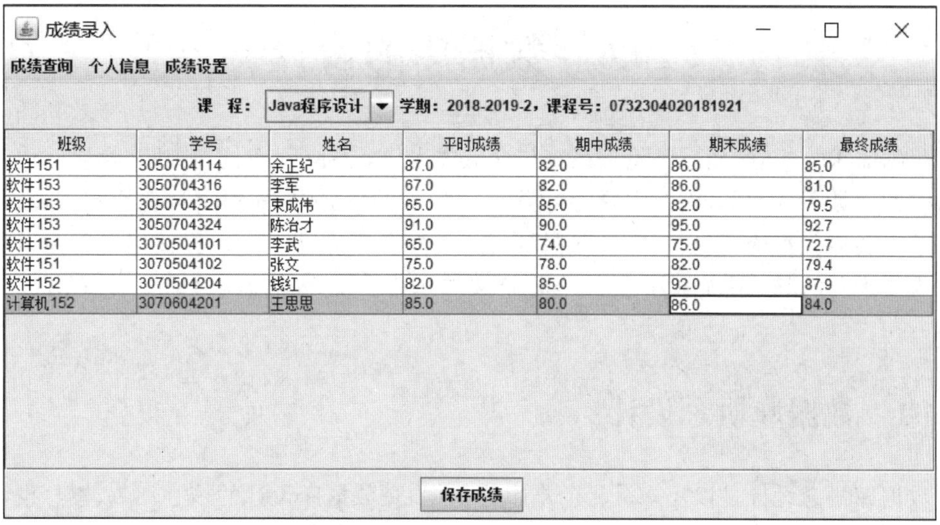

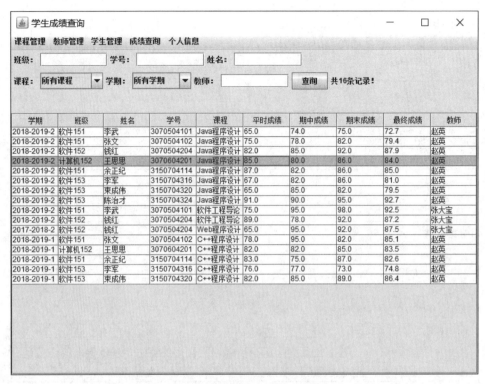

图 10-12　管理员查询学生成绩

10.6　数据库的设计

根据需求分析,学生成绩管理系统包含三类人员：系统管理员、教师和学生。由于他们各自的属性不尽相同,因此需要为每类人员设计一个实体,分别为管理员实体、教师实体和学生实体。系统还包含"学生选课"业务,因而需要设计一个课程实体以保存课程信息。需要说明的是,系统采用数据库而非文件来保存这些信息,目的是方便用户进行检索。

10.6.1　数据库概念设计

数据库概念设计是以需求分析的结果为依据,是数据库设计的核心环节,概念设计的结果是确定实体关系模型,该模型可以用 E-R 图来描述。

1. 实体

根据学生成绩管理系统的需求分析和系统的主要业务流程,可知系统需要如下实体：学生实体(用于保存学生信息)、课程实体(用于保存课程信息)、教师实体(用于保存教师信息)和管理员实体(用于管理员登录)。

管理员实体拥有的属性:姓名、登录用户名(教工 ID)和登录口令。

教师实体拥有的属性:姓名、教师 ID、性别、年龄和登录口令。

学生实体拥有的属性:班级、姓名、学号、所属院系、专业和登录口令。

课程实体拥有的属性:课程 ID、课程名称、学分、学时数。

2. 实体之间的联系

实体与实体之间形成的某种关联称为实体之间的联系。实体间一般是通过公共属性形成联系。实体间的联系有一对一(1∶1)、一对多(1∶n)、多对多(m∶n)三种。在学生成绩管理系统中,一个学生可以选择多门课程,同时一门课程又有多个学生进行选择,所以学生实体和课程实体之间形成的"选择"联系是一个多对多的关系;教师和课程之间形成的"授课"联系是一对多的关系,因为一个教师可以教授多门课程,但是一门课程只会有一名授课教师,不考虑可能有助教等其他多人授课的复杂情况。另外需要特别注意的是,有这样一种情况,即同一学期同一名教师教了两个班的"Java 程序设计",则应该视为两个不同的课程。虽然课程名称相同但是课程 ID 不同,系统中以课程 ID 来区分不同的课程。系统最后形成的总 ER 图如图 10-13 所示。

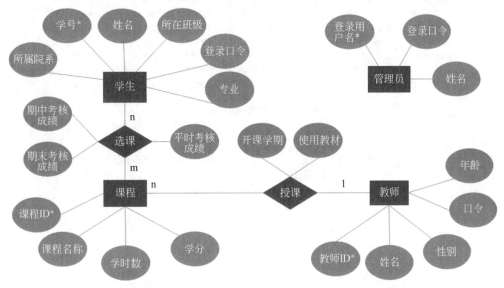

图 10-13　学生成绩管理系统的总 ER 图

10.6.2　数据库表的设计

(1) 数据库管理系统:MySQL

(2) 数据库名称:grade

(3) 数据库中各表的设计

根据学生成绩管理系统的总 ER 图(见图 10-13),为管理员、课程、学生和教师 4 个实体分别设计 4 张数据表,如图 10-14～图 10-17 所示。由于学生和课程之间为多对多关系,因此需要再设计一张学生选课表(见图 10-18),用于保存学生与课程之间的关联。

登录ID	密码	姓名
admin	123	系统管理员

图 10-14　管理员表(administrator)

课程ID	课程名称	学分	学时	教师ID	学期	教材
0732304020181921	Java程序设计	3	48	118066	2018-2019-2	Java程序设计教程
0732304120181921	软件工程导论	2	32	111053	2018-2019-2	无
0732304220171821	Web程序设计	3	48	111053	2017-2018-2	JSP程序设计教程
0733305020181911	C++程序设计	4	64	118066	2018-2019-1	C++入门经典

图 10-15　课程表(course)

学生ID	姓名	密码	电话	性别	院系	班级	专业
3050704316	李晖	123	18315308951	男	计算机学院	软件153	软件工程
3050704320	束成文	123	18855354988	男	计算机学院	软件153	软件工程
3050704324	杨台光	123	18555333385	男	计算机学院	软件153	软件工程
3050704336	高晚风	123	17885275167	男	计算机学院	软件153	软件工程
3050704337	曾达华	123	18895371989	男	计算机学院	软件153	软件工程
3050704339	葛宜	123	17354278907	男	计算机学院	软件153	软件工程
3050704341	鲁宇红	123	17730127566	男	计算机学院	软件153	软件工程
3050704441	魏奇兵	123	18895369522	男	计算机学院	软件154	软件工程
3050705340	蒋剑	123	18895373999	男	计算机学院	软件153	计算机
3070504101	李武	123	13805531112	男	计算机学院	软件151	软件工程

图 10-16　学生表(student)

教师ID	教师姓名	性别	年龄	密码
111053	张大宝	男	28	123
115015	赵莉	女	26	123
118065	马鸣	男	28	123
118066	赵英	女	40	123
118067	钱斌	男	45	123

图 10-17　教师表(teacher)

学生ID	课程ID	平时成绩	期中成绩	期末成绩
3050704114	0732304020181921	87	82	86
3050704114	0732304120181921	76	82	95
3050704114	0733305020181911	0	0	0
3050704316	0732304020181921	67	82	86
3050704316	0732304120181921	75	78	73
3050704316	0733305020181911	76	77	73
3050704320	0732304020181921	65	85	82
3050704320	0732304120181921	82	84	68
3050704320	0733305020181911	82	85	89
3050704324	0732304020181921	91	90	95

图 10-18　学生选课表(student_course)

（4）用工具 Navicat for MySQL 生成的数据库模型图

在 Navicat for MySQL 工具中，由各数据表生成的数据库模型图如图 10-19 所示。

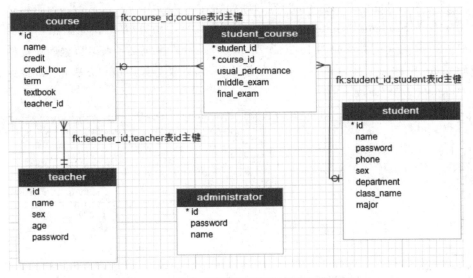

图 10-19　学生成绩管理系统数据库的模型图

10.7　系统开发环境

学生成绩管理系统是在下列环境下完成开发的：

- 操作系统：Win 10
- 数据库管理系统：MySQL 5.6
- MySQL 数据库和数据库管理工具 Navicat for MySQL 11.1
- Java 开发环境：JDK 1.8（64 位）
- Java 程序开发工具：Eclipse 4.9

10.8　系统功能的实现

学生成绩管理系统案例项目的功能模块较多，代码也较复杂，这里只选择介绍其中的主要功能模块的实现过程。

10.8.1　数据访问层的实现

对于数据库中任一张表来说，最为常用的访问就是增加、删除、修改和查询记录。通常的做法是针对每张表建立一个对应的 DAO（数据访问对象）类，该类中定义了相应表的增加、删除、修改和查询方法等。

为了方便访问数据库,我们采用的方案是对每张表建立一个 DAO 接口文件和一个接口实现文件。以学生表 student 为例,对应的接口文件为 StudentDao.java,而相应的接口实现文件为 StudentDaoImpl.java。后者除了要实现接口外,还要继承数据访问基础类 BaseDao,三者之间的关系如图 10-20 所示。在 BaseDao 中定义了获取数据库连接的方法 getConnection(参见文件 BaseDao.java 的第 11 行),以及释放连接的方法 close(参见文件 BaseDao.java 的第 25 行)。

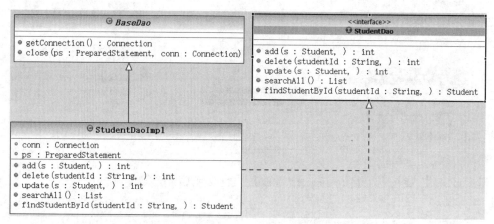

图 10-20　学生表 student 的数据访问类的实现

```
//文件名为 BaseDao.java
1    /**
2     * 基础的 DAO 类,用于获取连接、关闭连接等
3     */
4    public abstract class BaseDao{
5        //访问数据库的连接字符串
6        private static final String URL="jdbc:mysql://localhost:3306/grade";
7        private static final String USER="root";              //访问数据库的用户名
8        private static final String PASSWORD="mysqladmin";  //口令
9
10   //获得数据库的连接
11       public Connection getConnection(){
12           Connection conn=null;                             //连接
13           try{
14               //加载驱动
15               Class.forName("com.mysql.jdbc.Driver");
16               //获得连接
17               conn=DriverManager.getConnection(URL, USER, PASSWORD);
18           }catch(Exception e){
19               e.printStackTrace();
20           }
```

```
21        return conn;
22    }
23
24    //关闭 PreparedStatement 和连接
25    public void close(PreparedStatement ps, Connection conn)
        throws SQLException{
26        if (ps !=null){
27            ps.close();
28            if (conn !=null){
29                conn.close();
30            }
31        }
32    }
33 }
```

```
//文件名为 StudentDao.java
1  //对数据表 student 定义接口:增加、删除、修改、查询
2  public interface StudentDao{
3
4      //将学生对象添加到数据表 student 中
5      int add(Student s) throws SQLException;
6
7      //根据学生的学号(学生表主键)删除表 student 中对应的记录
8      int delete(String studentId) throws SQLException;
9
10     //用 Student 对象更新表 student 中对应的记录
11     int update(Student s) throws SQLException;
12
13     //查询 student 表中的所有学生
14     List<Student>searchAll() throws SQLException;
15
16     //根据给定的学号、姓名等进行模糊查询所有符合条件的学生
17     List<Student>search(String id, String name, String classname)
        throws SQLException;
18
19     //根据学号查询学生
20     Student findStudentById(String studentId) throws SQLException;
21 }
```

StudentDao 接口中主要定义了对数据表 student 的增加、删除、修改和查询等抽象方法,需要在 StudentDaoImpl 类中实现这些方法。

```
//文件名为 StudentDaoImpl.java
1  //实现接口 StudentDao 中定义的方法:对表 student 的增加、删除、修改、查询方法
2  public class StudentDaoImpl extends BaseDao implements StudentDao{
```

```
3
4        private Connection conn=null;
5        private PreparedStatement ps=null;
6
7        //将学生对象添加到数据表 student 中,添加成功返回 1,添加失败返回 0
8        public int add(Student s) throws SQLException{
9            conn=this.getConnection();          //获取连接
10   String sql="insert into student(id,name,password,phone,sex,
                    department,class_name,major) values(?,?,?,?,?,?,?,?)";
11           //System.out.println(sql);
12           //获取 PreparedStatement
13           ps=conn.prepareStatement(sql);
14           /*****给 sql 中各占位符赋值*****/
15           ps.setString(1, s.getId());
16           ps.setString(2, s.getName());
17           ps.setString(3, s.getPassword());
18           ps.setString(4, s.getPhone());
19           ps.setString(5, s.getSex());
20           ps.setString(6, s.getDepartment());
21           ps.setString(7, s.getClassname());
22           ps.setString(8, s.getMajor());
23           //执行插入指令
24           int result=ps.executeUpdate();
25           //关闭连接
26           this.close(ps, conn);
27           return result;
28       }
29
30       //根据学生的学号,删除表 student 中的相应记录,删除成功返回 1,没有删除返回 0
31       public int delete(String studentId) throws SQLException{
32           conn=this.getConnection();
33           String sql="delete  from student where id=?";
34           //System.out.println(sql);
35           ps=conn.prepareStatement(sql);
36           ps.setString(1, studentId);
37           int result=ps.executeUpdate();
38           this.close(ps, conn);
39           return result;
40       }
41
42       //对 student 中的相应记录进行更新,更新成功返回 1,没有更新返回 0
43       public int update(Student s) throws SQLException{
44           conn=this.getConnection();
45           String sql="update student set name=?,password=?,phone=?,sex=?,"
```

```
46              +"department=?,class_name=?,major=?where id=?";
47              //System.out.println(sql);
48              ps=conn.prepareStatement(sql);
49              ps.setString(1, s.getName());
50              ps.setString(2, s.getPassword());
51              ps.setString(3, s.getPhone());
52              ps.setString(4, s.getSex());
53              ps.setString(5, s.getDepartment());
54              ps.setString(6, s.getClassname());
55              ps.setString(7, s.getMajor());
56              ps.setString(8, s.getId());
57              int result=ps.executeUpdate();
58              this.close(ps, conn);
59              return result;
60          }
61
62      public List<Student>searchAll() throws SQLException{
63          return search("", "", "");
64      }
65      //根据给定的学号、姓名、班级进行模糊查询所有符合条件的学生
66      //返回所有符合查询条件的学生,没找到则返回空列表
67  public List<Student>search(String id, String name, String classname)
                throws SQLException{
68          conn=this.getConnection();          //获取连接
69          String sql="select * from student";
70          sql+=" where id like ? and name like ?and class_name like ? ";
71          //System.out.println(sql);
72          //获取 PreparedStatement
73          ps=conn.prepareStatement(sql);
74          //给 sql 参数赋值
75          ps.setString(1, "%"+id+"%");
76          ps.setString(2, "%"+name+"%");
77          ps.setString(3, "%"+classname+"%");
78          //执行查询,返回 ResultSet
79          ResultSet rs=ps.executeQuery();
80          List<Student>list=new ArrayList<Student>();
81          while (rs.next()){                  //遍历各条记录
82              String id2=rs.getString("id");
83              String name2=rs.getString("name");
84              String password2=rs.getString("password");
85              String phone2=rs.getString("phone");
86              String sex2=rs.getString("sex");
87              String department2=rs.getString("department");
88              String classname2=rs.getString("class_name");
```

```
89              String major2=rs.getString("major");
90              Student s=new Student(id2, name2, password2, phone2, sex2,
                department2, classname2, major2);
91              list.add(s);                    //对象添加到列表中
92          }
93
94      if(rs!=null)
95          rs.close();                     //关闭 ResultSet
96      this.close(ps, conn);               //关闭连接
97      return list;
98   }
99
100   //根据学号精确查找学生,如果
101   //找到则返回 1 个学生对象,没找到返回 null
102   public Student findStudentById(String studentId) throws SQLException{
103       Student stu=null;
104       conn=this.getConnection();  //获取连接
105       String sql="select * from student where id=?";
106       ps=conn.prepareStatement(sql);
107       ps.setString(1, studentId);
108       ResultSet rs=ps.executeQuery();
109       if (rs.next()){                     //遍历各条记录
110           String id2=rs.getString("id");
111           String name2=rs.getString("name");
112           String password2=rs.getString("password");
113           String phone2=rs.getString("phone");
114           String sex2=rs.getString("sex");
115           String department2=rs.getString("department");
116           String classname2=rs.getString("class_name");
117           String major2=rs.getString("major");
118       stu=new Student(id2, name2, password2, phone2, sex2,
            department2, classname2, major2);
119           }
120
121       if(rs!=null)
122           rs.close();                     //关闭 ResultSet
123       this.close(ps, conn);               //关闭连接
124       return stu;
125   }
126 }
```

　　学生表的数据访问实现类(参见文件 StudentDaoImpl.java)中的每个方法都是先建立数据连接,再执行 SQL 指令,最后关闭连接。在执行 SQL 指令时采用 PreparedStatement 代替 Statement 主要有以下好处:①增加代码的可读性和可维护性;②采用 PreparedStatement

的 SQL 可以被数据库编译器预先编译并缓存下来,提高访问效率;③提高访问的安全性,防止 SQL 注入式攻击。

对于数据库中的其他数据表,同样也创建相应的接口和实现类,参见图 10-4。

10.8.2　登录模块的实现

从软件使用的安全性角度考虑,任何管理系统都需要一个用户登录模块,以验证用户是否有系统的操作权限。

1. 功能描述

登录模块是学生成绩管理系统的入口,在系统运行后,首先进入的便是登录界面。在该界面中,管理员、教师和学生都可以通过输入正确的用户名和密码登录到系统。对管理员和教师来说使用教工 ID 作为用户名,对学生来说用户名就是学号。根据用户的选择(管理员、教师或学生),系统访问不同的数据表进行验证,在验证通过后进入不同的界面。系统登录模块运行效果如图 10-6 所示。

需要特别说明的是,对于新系统,管理员表中无任何数据,因而无法登录系统。在实现系统登录前,必须在 MySQL 数据库中手动添加一条系统管理员的数据(管理员登录 ID 为 admin、密码为 123、姓名为系统管理员),才能保证管理员能够登录并进入系统,即在管理员信息表 administrator 中添加一条数据。SQL 语句代码如下所示:

```
INSERT INTO administrator (id, password,name) VALUES ('admin', '123', '系统管理员')
```

2. UI 设计

如图 10-6 所示,整个登录界面共有五行。界面的设计思路如下:窗口采用 5 行 1 列的网格布局 GridLayout(5,1),每一行的一个单元格中放一个 Panel,Panel 采用默认的流式布局 FlowLayout。各行的 Panel 内容如下。

- 第 1 行:系统标题,定义 JLabel 显示文字"学生成绩管理系统"。
- 第 2 行:用户名,定义 JLabel 显示文字"用户名",定义 JTextField 用于输入用户名。
- 第 3 行:密码,定义 JLabel 显示文字"密码",定义 JPasswordField 用于输入密码。
- 第 4 行:用户类型,定义 JLabel 显示文字"用户类型",定义 3 个单选按钮"教师""学生"和"管理员",用于选择。

第 5 行:按钮,定义两个按钮"登录"和"清除"。

3. 代码实现

```
//文件名为 LoginForm.java
1   public class LoginFrame extends JFrame implements ActionListener{
2   …//省略界面部分代码,详情请查看本书所附的源代码
```

```
3      public void actionPerformed(ActionEvent e){        //单击"登录"按钮的事件处理程序
4
5          //获取用户名和口令
6          String username=tfdUsername.getText().trim();
7          String password=new String(pfdPassword.getPassword());
8
9          if(username.isEmpty() || password.isEmpty()){        //用户名或口令不能为空
10                 JOptionPane.showMessageDialog(null, "请输入用户名和密码!",
                                 "提示消息",JOptionPane.WARNING_MESSAGE);
11             return;
12         }
13
14         if ("登录".equals(e.getActionCommand()) ){
                                              //或 e.getSource()==this.btnLogin
15             if (rbTeacher.isSelected()){        //如果选中教师登录
16                 if (teacherLogin(username, password)){
17                 User user=new User(username,password,Const.User_Type_Teacher);
18                     Session.setUser(user);   //将成功登录的用户保存到 Session 类中
19                     this.dispose();                    //关闭登录窗口
20                     TeacherMain teacherFrame=new TeacherMain();
21                     teacherFrame.setLocationRelativeTo(null);        //居中显示
22                     teacherFrame.setVisible(true);  //显示教师主界面
23                 }
24             }else if (rbStudent.isSelected()){        //选中学生登录系统
25                 if (studentLogin(username, password)){
26                 User user=new User(username,password,Const.User_Type_Student);
27                     Session.setUser(user);   //将成功登录的用户保存到 Session 类中
28                     this.dispose();                    //关闭登录窗口
29                     StudentMain studentFrame=new StudentMain();
30                     studentFrame.setLocationRelativeTo(null);        //居中显示
31                     studentFrame.setVisible(true);  //显示教师主界面
32                 }
33             }else if (rbAdmin.isSelected()){        //选中管理员登录系统
34                 if (adminLogin(username, password)){
35                     User user=new User(username,password,Const.User_Type_Admin);
36                     Session.setUser(user);
                                          //将成功登录的用户保存到 Session 类中
37                     this.dispose();                    //关闭登录窗口
38                     Admin_QueryGrade adminFrame=new Admin_QueryGrade();
39                     adminFrame.setLocationRelativeTo(null);        //居中显示
40                     adminFrame.setVisible(true);    //显示管理员主界面
41                 }
42             }
43         }else if (e.getActionCommand()=="清除"){    //清除按钮
```

```
44              tfdUsername.setText("");
45              pfdPassword.setText("");
46        }
47    }
48
49    /* *
50     * 判断管理员登录是否成功
51     *
52     * @ param username 用户名
53     * @ param password 口令
54     * @ return 登录成功返回 true,否则返回 false
55     * /
56    private boolean adminLogin(String username, String password){      //管理员登录
57
58        boolean result=false;
59        AdministratorDao dao=new AdministratorDaoImpl();
60        try{
61            Administrator adminstrator=dao.findAdministratorById(username);
62            if (adminstrator==null){                    //未找到用户名
63                    JOptionPane.showMessageDialog(null, "用户名不存在!\n
                    请重新输入", "提示消息", JOptionPane.ERROR_MESSAGE);
64                result=false;
65            }else{                                      //根据用户名找到了记录
66                if(password.equals(adminstrator.getPassword())){    //口令也正确
67                    result=true;
68                }else{                                  //口令不正确
69                    OptionPane.showMessageDialog(null, "用户名或者密码错误!\n
                    请重新输入", "提示消息", JOptionPane.ERROR_MESSAGE);
70                    result=false;
71                }
72            }
73        }catch(SQLException e){
74            e.printStackTrace();
75        }
76        return result;
77    }
78
79    …//省略:判断学生和教师登录是否成功的代码,请参见代码第 49~77 行
80 }
```

程序分析:

① 第 21 行的方法 setLocationRelativeTo(null)是将窗口置于屏幕的中央。

② 在第 14 行中,对于按钮组件来说,getActionCommand()指按钮上显示的文本,e.getSource()指事件发生的对象即按钮。

③ 第 17 行等使用的 Const.User_Type_Teacher、Const.User_Type_Student、Const.User_Type_Admin 都是 Const 类中定义的字符串常量,定义如下。

```
//系统用户类型
public static finalString User_Type_Admin="管理员";
public static final String User_Type_Student="学生";
public static final String User_Type_Teacher="教师";
```

④ 第 18 行的 Session.setUser(user)是当用户登录成功后,将用户信息(包含用户名、口令和用户类型)保存为类 Session 的一个静态字段,如下代码所示。

```
//文件名为 Session.java
1   public class Session{
2       private static User user;              //User 对象属性
3       public static User getUser(){          //获取用户对象
4           return user;
5       }
6       //将用户对象保存为 Session 的一个静态字段
7       public static void setUser( User user){
8           Session.user=user;
9       }
10  }
```

10.8.3 管理员管理学生模块的实现

在学生成绩管理系统中,管理员主要负责录入基础数据信息,包括录入学生、教师和课程信息。管理员在成功登录后,可以通过管理员菜单进行这些操作。管理学生模块主要有两个操作界面:添加学生和管理学生。

1. 添加和修改学生

管理员通过单击菜单"学生管理",选择"添加学生"选项,即可弹出"添加学生"操作界面,如图 10-21 所示;或者在"学生管理"界面(见图 10-7)中,单击"添加"按钮。另外,在"学生管理"界面中单击"修改"按钮也可进入本界面,但是执行的是"修改学生"的功能。

与登录界面设计类似,添加学生界面的 UI 设计采用 10 行 1 列的网格布局 GridLayout(10,1),每行的一个单元格(Grid)对应一个 Panel,Panel 采用默认的流式布局(FlowLayout)。

程序实现如下:

```
/文件名为 AddStudentDlg.java
1   public class AddStudentDlg extends JFrame implements ActionListener{
2   …//省略部分代码
3       //增加学生
4       private void add(){
```

图 10-21　添加学生

```
5        StudentDao dao=new StudentDaoImpl();
6        Student s=getStudent();              //根据各控件的输入内容得到学生对象
7        try{
8            if (dao.add(s)==1)
9                JOptionPane.showMessageDialog(null, "添加成功!", "提示消息",
                                    JOptionPane.WARNING_MESSAGE);
10           else
11               JOptionPane.showMessageDialog(null, "添加失败!", "提示消息",
                                    JOptionPane.ERROR_MESSAGE);
12       }catch(SQLException e){
13               JOptionPane.showMessageDialog(null, "添加失败!", "提示消息",
                                JOptionPane.ERROR_MESSAGE);
14           e.printStackTrace();
15       }
16
17   }
18
19   //修改学生
20   private void update(){
21       StudentDao dao=new StudentDaoImpl();
22       Student s=getStudent();
23       try{
24           if (dao.update(s)==1)
25       JOptionPane.showMessageDialog(null, "修改成功!", "提示消息",
                                JOptionPane.WARNING_MESSAGE);
```

```
26              else
27                  JOptionPane.showMessageDialog(null, "修改失败!", "提示消息",
                                                  JOptionPane.ERROR_MESSAGE);
28          }catch(SQLException e){
29              OptionPane.showMessageDialog(null, "修改失败!", "提示消息",
                                             JOptionPane.ERROR_MESSAGE);
30              e.printStackTrace();
31          }
32      }
33
34      @ Override
35      public void actionPerformed(ActionEvent e){
36          if (e.getActionCommand().equals("保存")){
37              if (!isChecked())              //没通过输入检测,则返回
38                  return;
39              if (Admin_StudentList.stu==null)        //添加学生
40                  add();
41              else                           //修改学生
42                  update();
43          Admin_StudentList. frame.dispAllInTable();
                                              //刷新学生管理界面,显示所有学生
44              this.dispose();               //关闭当前窗口
45          }else if (e.getActionCommand().equals("关闭")){
46              this.dispose();               //关闭当前窗口
47          }
48      }
49
50      //检测各项输入不能为空、电话号码正规表达式检测等
51      private boolean isChecked(){
52          //省略部分代码
53      }
54  }
```

程序分析:

① 从软件设计的可扩展性等角度考虑,专业等需要提供选择输入的数据不应该写死在代码中,而是要给数据库添加一张专业表保存专业信息,这样当现实中的专业作调整时可以通过修改这些表的数据实现选择项的动态调整。但考虑到作为初学者,系统不宜太复杂,故没有设计这些表,而在程序中直接指定,这样设计的扩展性并不好。类似的对于院系的输入设计也是如此。

② 如何判断是添加学生还是修改学生。由于该窗口既可以作为"添加学生"用,也可作为"修改学生"用,那么如何区分这两个不同的操作,解决方案是在 Admin_StudentList 类中定义一个公有静态学生类型(Student)的字段变量 stu。

```
public static Student stu;          //用于将学生对象传递给修改窗口
```

当单击"修改"按钮时将待修改的学生对象保存在 stu 中,传递给修改窗口;当单击"添加"按钮时将 stu 置为 null。如果 Admin_StudentList.stu 不为 null,则表明用户单击了"修改"按钮,否则表明用户单击了"添加"按钮。

③ 添加或修改学生信息后,如何刷新已打开的另一窗口("学生管理"窗口)的学生信息列表,显示数据库的更新信息。方法是在学生管理窗口类(Admin_StudentList)中定义一个 Admin_StudentList 类型的静态变量 frame,如下所示:

```
/用于在其他窗口调用刷新表格数据的方法 dispAllInTable()
    public static Admin_StudentList frame;
    public Admin_StudentList(){
        frame=this;
//此处省略
}
```

frame 用于引用已打开的学生窗口对象,通过该对象来调用其刷新学生列表的方法 dispAllInTable(),参见第 43 行。

2. 管理学生

(1) 功能描述

如图 10-7 所示,管理员在"学生管理"界面中单击"添加"按钮,则在打开的新界面中可以添加学生;选中某一学生,单击"修改"按钮,则在弹出的界面中可以对该学生的信息进行更改;选中某学生并单击"删除"按钮后,可以实现对选中学生的删除,当然删除前要有警告提示;在输入学生 Id、姓名和班级并单击"查询"按钮后,可以实现对学生数据的模糊查询。

(2) UI 设计

整个 UI(用户界面)的布局采用边界布局 BorderLayout,分为 3 个区域,即北区(顶部)、中区、南区(底部)。北区实现查询功能;中区为"添加""删除"和"修改"按钮,这两个区域中的组件分别用一个 Panel 容器存放;南区为显示学生信息的表格,用 JScrollPane 容器存放,保证必要时出现滚动条。

(3) 代码实现

管理员管理学生的代码实现如下:

```
//文件名为 Admin_StudentList.java
1   public class Admin_StudentList extends AdminMenu implements ActionListener{
2
3       public static Student stu;              //用于将学生对象传递给修改窗口
4       …//省略部分代码
5       //在表格中显示所有学生信息
6       public void dispAllInTable(){
7           displayInTable("", "", "");
8       }
9       //根据给定的 id、name、classname 查询数据库并将记录显示到表格中
```

```
10    private void displayInTable(String id, String name, String classname){
11        try{
12            students=new StudentDaoImpl().search(id, name, classname);
13        }catch(SQLException e){
14            e.printStackTrace();
15        }
16        Object[][] obj=TableTools.studentListToArray(students);
17        DefaultTableModel tableModel=new DefaultTableModel(obj, Const.
          Header_Student){
18            public boolean isCellEditable(int row, int column){
19                return false;                //表格所有单元格不可编辑,只可查看
20            }
21        };
22        if(table==null)
23            table=new JTable(tableModel);
24        else
25            table.setModel(tableModel);
26    }
27
28    private void search(){                   //查询
29        String id=this.tfdId.getText().trim();
30        String name=this.tfdName.getText().trim();
31        String classname=this.tfdClassname.getText().trim();
32
33        this.displayInTable(id, name, classname);
34    }
35
36    private void update(){                   //修改学生
37        int i=table.getSelectedRow();
38        if (i==-1){                          //没有选择表格行
39            JOptionPane.showMessageDialog(null, "请选择修改行!",
                  "提示消息", JOptionPane.WARNING_MESSAGE);
40        }else{
41            stu=students.get(i);             //将选择的学生数据传给 stu
42            new AddStudentDlg().setVisible(true);       //显示修改学生对话框
43        }
44    }
45
46    private void delete(){                   //删除学生
47        int i=table.getSelectedRow();
48        if (i==-1){                          //没有选择表格行
49            JOptionPane.showMessageDialog(null, "请选择删除行!", "提示消息",
                  JOptionPane.WARNING_MESSAGE);
50        }else{                               //已选择
```

```
51              int result=JOptionPane.showConfirmDialog(null, "你确认删除
                    选中行吗?", "警告信息", JOptionPane.YES_NO_OPTION);
52          if (result==JOptionPane.OK_OPTION){
53              StudentDao dao=new StudentDaoImpl();
54              try{
55                  if (dao.delete(students.get(i).getId())==1){
56                      JOptionPane.showMessageDialog(null, "删除成功!",
                            "提示消息", JOptionPane.WARNING_MESSAGE);
57                      dispAllInTable();
58                  }
59                  else
60                      JOptionPane.showMessageDialog(null, "删除失败!",
                            "提示消息", JOptionPane.ERROR_MESSAGE);
61              }catch(SQLException e){
62                      JOptionPane.showMessageDialog(null, "删除失败!",
                            "提示消息", JOptionPane.ERROR_MESSAGE);
63                      e.printStackTrace();
64              }
65          }
66      }
67   }
68 }
```

程序分析: JTable 控件用于显示二维表格数据,可以使用 JTable table=new JTable (TableModel)创建表格(见第 23 行),其中的 TableModel 是表格数据模型接口,通常使用该接口的实现类 AbstractTableModel 或 DefaultTableModel,它们提供了对表格数据的封装。本例中使用了 DefaultTableModel(见第 17 行),该构造方法需要两个参数:一个是表示表格数据的二维对象数组,另一个参数为描述表格头文本的一维对象数组。其中,二维对象数组通过 TableTools 类的一个静态方法 studentListToArray 获得。

```
1  //将 List<Student>(学生列表)转换为二维对象数组 Object[][],即学生表格数据
2  public static Object[][] studentListToArray(List<Student>students){
3      int size=students.size();//学生数量
4      Object[][] data=new Object[size][];//二维数组的行数为学生数
5      for (int i=0; i<size; i++){
6          Student s=students.get(i);
7          Object[] info=new Object[]{ s.getId(), s.getName(),
              s.getPassword(),s.getPhone(), s.getSex(),s.getDepartment(),
              s.getClassname(), s.getMajor() };
8          data[i]=info;//每行又是一个一维数组,一维数组中存放一位学生数据
9      }
10     return data;
11 }
```

表格头信息是一个一维字符数组。

```
//学生表格头
public static final String[] Header_Student={"学号","姓名","密码","手机号","性别","院系","班级","专业 "};
```

此外,由于此处应用不需要在单元格中对表格数据进行编辑,故重写了 isCellEditable 方法,使所有单元格数据为只读(见第 18～20 行)。

10.8.4　学生选择课程模块的实现

在学生成绩管理系统中,学生用户的主要操作权限是选择课程(选课)、查询自己的成绩和个人信息功能等。

1. 功能描述

学生用户在成功登录后,即进入"学生选课"界面,如图 10-10 所示。学生在输入课程号、课程名和教师姓名并单击"查询"按钮后,可以模糊查询自己的选课情况;在选中某门标记为"未选"的课程并单击"选课"按钮后,可以选择该门课程;在选中某门标记为"已选"的课程并单击"退选"按钮后,可以退选该门课程。

2. UI 设计

整个 UI 的布局采用边界布局 BorderLayout,分为 3 个区域,即北区(顶部)、中区、南区(底部)。北区实现查询功能;中区为"选课"和"退选"按钮,这两个区域中的组件分别用一个 Panel 容器存放;南区是显示选课情况的表格,用 JScrollPane 容器存放。

3. 代码实现

学生选课或退选课程的代码实现如下:

```
//文件名为 StudentMain.java
1    class StudentMain extends JFrame implements ActionListener{
2    …//省略部分代码
3    //表格中显示所有课程信息
4      private void displayAllInTable(){
5        try{
6           //获取所有课程
7           courses=new CourseDaoImpl().searchAll();
8        }catch(SQLException e1){
9           e1.printStackTrace();
10       }
11       List<StudentCourse>scList=null;
12       String studentId=Session.getUser().getUsername();
13       try{
14          //获取学生已选课程:学生的已选课程必须要在学生选课表中登记
15          scList=new StudentCourseDaoImpl().searchByStudentId(studentId);
```

```
16          }catch(SQLException e){
17              e.printStackTrace();
18          }
19      //标记了"已选/未选"列的全部课程(表示为二维数组)
20          Object[][] obj = TableTools.SelectedCourseListToArray(courses,
            scList);
21          DefaultTableModel tableModel = new DefaultTableModel(obj, Const.
            Header_Select_Course){
22              public boolean isCellEditable(int row, int column){
23                  return false;
24              }
25          };
26          if (table==null)
27              table=new JTable();
28          table.setModel(tableModel);
29      }
30
31      //查询课程
32      private void search(){
33          String courseId=this.tfdId.getText().trim();           //课程 Id
34          String courseName=this.tfdName.getText().trim();        //课程名
35          String teacherName=this.tfdTeacherName.getText().trim();    //教师姓名
36          try{
37              //根据课程 Id、课程名和教师姓名模糊查询课程
38              courses=new CourseDaoImpl().search(courseId, courseName, "",
                teacherName, "");
39          }catch(SQLException e1){
40              e1.printStackTrace();
41          }
42
43          String studentId=Session.getUser().getUsername();
44          List<StudentCourse>scList=null;
45          StudentCourseDao dao=new StudentCourseDaoImpl();
46          try{
47              //根据学生学号查询学生已选课程
48              scList=dao.searchByStudentId(studentId);
49          }catch(SQLException e){
50              e.printStackTrace();
51          }
52      //获取选课情况
53          Object[][] obj = TableTools.SelectedCourseListToArray(courses,
            scList);
54          DefaultTableModel tableModel = new DefaultTableModel(obj, Const.
            Header_Select_Course){
```

```java
55          public boolean isCellEditable(int row, int column){
56              return false;
57          }
58      };
59      if (table==null)
60          table=new JTable();
61      table.setModel(tableModel);
62  }
63
64  //选择课程
65  private void selectCourse(){
66      int i=table.getSelectedRow();
67      if (i==-1){      //没有选择表格行
68          JOptionPane.showMessageDialog(null, "请选择一行!", "提示消息",
                  JOptionPane.WARNING_MESSAGE);
69      }else{           //已选择
70          if("已选".equals(this.courses.get(i).getSelection())){//课程已选
71              JOptionPane.showMessageDialog(null, "课程已选!", "提示消息",
                      JOptionPane.WARNING_MESSAGE);
72              return;
73          }
74          int result=JOptionPane.showConfirmDialog(null, "你确认选择该
                      课程吗?", "警告信息", JOptionPane.YES_NO_OPTION);
75          if (result==JOptionPane.OK_OPTION)//确认选择
76              try{
77                  String studentId=Session.getUser().getUsername();
78                  String courseId=this.courses.get(i).getId();
79
80                  StudentCourse sc=new StudentCourse(studentId, courseId, 0,
                      0, 0);
81                  StudentCourseDao dao=new StudentCourseDaoImpl();
82                  if (dao.add(sc)==1){
83                      JOptionPane.showMessageDialog(null, "选课成功!",
                          "提示消息",JOptionPane.WARNING_MESSAGE);
84                      displayAllInTable();     //选择结果及时在表格更新
85                  }else
86                      JOptionPane.showMessageDialog(null, "选课失败!",
                          "提示消息",JOptionPane.ERROR_MESSAGE);
87              }catch(SQLException e){
88                  JOptionPane.showMessageDialog(null, "选课失败!",
                          "提示消息", JOptionPane.ERROR_MESSAGE);
89                  e.printStackTrace();
90              }
91      }
```

```
92          }
93
94          //退选课程
95          private void deselectCourse() throws SQLException{
96              int i=table.getSelectedRow();
97              if (i==-1){//没有选择表格行
98                      JOptionPane.showMessageDialog(null, "请选择一行!",
                                "提示消息", JOptionPane.WARNING_MESSAGE);
99              }else{//选择了一行
100                 if ("未选".equals(this.courses.get(i).getSelection())){
101                         JOptionPane.showMessageDialog(null, "课程未选,
                        不能退选!","提示消息", JOptionPane.WARNING_MESSAGE);
102                     return;
103                 }
104                 int result=JOptionPane.showConfirmDialog(null, "你确认退选
                        该门课程吗?","警告信息", JOptionPane.YES_NO_OPTION);
105                 if (result==JOptionPane.OK_OPTION){        //确认退选
106                     String studentId=Session.getUser().getUsername();
107                     String courseId=this.courses.get(i).getId();
108                     StudentCourseDao dao=new StudentCourseDaoImpl();
109                     StudentCourse sc=dao.findStudentCourseByPk(studentId,
                        courseId);
110                     if (sc.getUsualPerformance()==0 && sc.getMiddleExam()==
                        0 && sc.getFinalExam()==0){
111                         if (dao.delete(studentId, courseId)==1){
112                             JOptionPane.showMessageDialog(null, "退选成功!",
                                "提示消息", JOptionPane.WARNING_MESSAGE);
113                             displayAllInTable();
114                         }else
115                     JOptionPane.showMessageDialog(null, "退选失败!", "提示消息",
                                JOptionPane.ERROR_MESSAGE);
116                     }else
117                         JOptionPane.showMessageDialog(null, "教师已录成绩,禁止
                        退选!", "提示消息", JOptionPane.WARNING_MESSAGE);
118                 }
119             }
120         }
121 }
```

程序分析:

① 多表联合查询的实现。如图 10-10 所示,学生选课前可能需要根据给定的课程号、课程名、教师姓名进行模糊查询符合条件的课程。由于课程 course 表中只有教师 ID 列而没有教师姓名列,教师姓名列来源于 teacher 表,故需要使用 course 表和 teacher 表

进行联合查询才能返回需要的结果(见第 38 行)。联合查询使用的 search 方法在 CourseDaoImpl 类中定义。

② 查询课程的实现(见第 32~62 行)。首先,根据输入的课程号、课程名称和授课教师姓名,从课程表 course 中模糊查询到所有的课程信息(见第 38 行);然后根据当前登录学生 ID(从 Session 中取出,见第 43 行),从学生选课表 student_course 中查询该生已选课程信息(见第 48 行);再以这两个数据作为参数,通过 TableTools 工具类中定义的方法 SelectedCourseListToArray 标记出已选课程,得到选课数据(见第 53 行);最后将选课数据显示在表格中(见第 54~61 行)。

③ 选择课程的实现(见第 65~92 行)。学生选课意味着要在学生选课表 student_course 中增加学生的选课记录。首先,需要排除已选课程的再次选择(见第 69~72 行)。用户选择确认后,需要将学生 ID(通过 Session 得到)、课程 ID(通过选定行得到)、学生成绩(初始为 0)等存入学生选课表。最后,提示保存成功并将选课信息及时在表格中更新(见第 83~84 行)。

④ 退选课程的实现(见第 95~120 行)。学生退选意味着要从学生选课表 student_course 中删除相应的学生选课记录。类似地,退选时也需要确认,对于未选课程不允许退选。还有一种情况也不允许退选,即如果授课教师已经录入了成绩也不允许退选。退选时,首先从 Session 中获取学生 ID,从用户的选择得到课程 ID,由于学生 ID 和课程 ID 是 student_course 表的联合主键,因此使用它们可以从表中找到唯一的记录。如果各科成绩都为 0,表示教师尚未录入成绩,则删除即可,否则授课教师已经录入成绩,则不允许退选该课程(见第 117 行)。

10.8.5 教师录入学生成绩模块的实现

多位学生选择某一课程后,课程的授课老师将开班授课,授课结束后组织考试,最后将该课程的成绩录入学生成绩管理系统中。

1. 功能描述

教师在登录本系统后,将进入"成绩录入"主界面,如图 10-11 所示。教师在选择自己所授的某一课程后,将显示该课程的开设学期和课程编号,以区分教师教授的同名课程;同时下方表格中出现该课程的学生成绩列表,教师可以双击某一成绩单元格录入该生的成绩,录入完毕后单击最下方的"保存成绩"按钮统一保存。

2. UI 设计

整个 UI 的布局采用边界布局 BorderLayout,分为 3 个区域,即北区(顶部)、中区、南区(底部)。北区放置的 Panel 容器里存放了课程选择组件;中区是 JScrollPane 容器,存放了指定课程下的学生成绩表格;南区为"保存成绩"按钮,用一个 Panel 存放。

3. 代码实现

教师录入学生成绩信息的实现类如下所示：

```java
//文件名为 TeacherMain.java
1   class TeacherMain extends JFrame implements ActionListener{
2
3       //显示该课程(courseId)所有学生的成绩信息
4       private void displayInTable(String courseId){
5           List<StudentCourseWithStudentName>scList=null; //存放课程
6           try{
7               scList=new StudentCourseDaoImpl().searchByCourseId(courseId);
8           }catch(SQLException e){
9               e.printStackTrace();
10          }
11          //List 转为 Vector
12          Vector scVector=TableTools.StudentCourseListToVector(scList);
13          tableModel=new StudentCourseTableModel(scVector);
14          table.setModel(tableModel);
15      }
16
17      public void actionPerformed(ActionEvent e){
18          if (e.getActionCommand().equals("保存成绩")){
19              if(table.getCellEditor()!=null)    //正在编辑
20                  table.getCellEditor().stopCellEditing();
                                                //更新正在编辑的单元格数据
21              Vector<StudentCourseWithStudentName>vector=tableModel
                    .getData();
22              for(StudentCourseWithStudentName sc:vector)
23                  this.updateRecordInDatabase(sc);
24          }
25      }
26      //将每一行数据更新到 student_course 表中
27      private void updateRecordInDatabase(StudentCourse sc){
28          StudentCourseDao dao=new StudentCourseDaoImpl();
29          try{
30              dao.update(sc);
31          }catch(SQLException e){
32              e.printStackTrace();
33          }
34      }
35  }
```

程序分析：

① 教师选择所授课程的实现。根据教师登录ID,从课程表 course 中找到所授课程的信息,保存为 List＜SelectItem＞形式,每个 SelectItem 的 name 字段存放课程名,ID 字段除保存课程 ID 外还存有学期名称。这样设计的目的是为了在教师选择课程名(即 SelectItem 中的 name 字段值)时,同步地在 Label 标签中方便地显示出 SelectItem 对象对应的 ID 字段值(学期和课程 ID),便于区分不同学期的同名课程。同时可以得到课程 ID,方便查出该课程下选课学生的成绩信息并显示到表格中。SelectItem 类的代码实现请参见清华大学出版社官方网站的本书源代码。

② 实现表格中单元格数据的显示和编辑。JTable 控件用于显示二维表格数据,可以使用 JTable table＝new JTable(TableModel)创建表格,其中的 TableModel 是表格数据模型接口,通常使用该接口的实现类 AbstractTableModel 或 DefaultTableModel,它们提供了对表格数据的封装。这里使用继承 AbstractTableModel 的形式创建表格模型类 StudentCourseTableModel,详细实现请参见清华大学出版社官方网站的本书源代码。

③ 数据库的统一保存。可以编辑单元格中的数据,但只是表格中的数据被修改并不意味着数据被保存到数据库。有关保存所有编辑数据到数据库,请参见 TeacherMain.java 文件中的第 18～24 行。

10.8.6　成绩查询模块的实现

管理员可以查询所有学生的成绩,教师可以查询所授课程的学生成绩,学生只可以查询自己的成绩。此处只介绍管理员查询所有学生的成绩,教师和学生查询成绩的功能类似。

1. 功能描述

管理员登录后,单击菜单"成绩查询",再选择"查询学生成绩"选项,则进入"学生成绩查询"界面,如图 10-12 所示。管理员输入班级、学号、姓名、教师,选择课程和学期后,单击"查询"按钮,在下方的表格中将显示符合条件的学生成绩,支持模糊查询。

2. UI 设计

整个窗口采用边界布局,共分北、中、南 3 个区,每个区放置一个容器类组件。北区 Panel 容器中存放"班级""学号""姓名"标签及输入框,Panel 左对齐;中区 Panel 容器中存放"课程"和"学期"下拉选择框、"教师"输入框、"查询"按钮以及一个统计学生数的 Label 控件,Panel 左对齐;南区 JScrollPane 容器中存放一个显示学生成绩的表格。

3. 代码实现

```
//文件名为 Admin_QueryGrade.java
1    public class Admin_QueryGrade extends AdminMenu{
2
```

```java
3          //初始化学生和课程选择组件
4          private void initTermCourse(){
5              List<CourseEx>list=null;
6              try{//获取所有课程,课程对象包含课程名、学期等
7                  list=new CourseDaoImpl().searchAll();
8              }catch(SQLException e){
9                  e.printStackTrace();
10             }
11             //将所有学期和课程分别存入两个集合中,保证学生或课程名不重复
12             Set<String>terms=new HashSet<String>();
13             Set<String>courses=new HashSet<String>();
14             for (CourseEx c : list){
15                 courses.add(c.getName());
16                 terms.add(c.getTerm());
17             }
18             this.cbxCourse=new JComboBox(courses.toArray());
19             //选择项中加入"所有课程"并设为默认选项
20             this.cbxCourse.insertItemAt("所有课程", 0);
21             this.cbxCourse.setSelectedIndex(0);
22             this.cbxTerm=new JComboBox(terms.toArray());
23             //选择项中加入"所有学期"并设为默认选项
24             this.cbxTerm.insertItemAt("所有学期", 0);     //选择项中加入"所有学期"
25             this.cbxTerm.setSelectedIndex(0);
26         }
27
28         private void displayAllInTable(){
29             displayInTable("", "", "", "", "", "");
30         }
31         //表格中显示符合查询条件的记录
32  private void displayInTable(String className, String studentName, String
    studentId, StringcourseName,String term,String teacherName){
33             try{
34         scExList=new StudentCourseDaoImpl().search(className, studentName,
                                studentId, courseName, term, teacherName);
35
36             }catch(SQLException e){
37                 e.printStackTrace();
38             }
39
40             for (Iterator<StudentCourseEx>it=scExList.iterator(); it.
        hasNext();){
41                 StudentCourseEx sc=it.next();
42                 //去掉学生已选课但教师未录入成绩项
43                 if (!(sc.getUsualPerformance()>0))
```

```
44              it.remove();
45          }
46          Object[][] obj=TableTools.StudentCourseListToArray(scExList);
47      DefaultTableModel tableModel=new DefaultTableModel(obj,
        Const.Header_Student_CourseEx){
48              public boolean isCellEditable(int row, int column){
49                  return false;
50              }
51          };
52          table.setModel(tableModel);
53          lblCount.setText(String.format("共%d条记录!", scExList.size()));
54      }
55
56      private void search(){
57          String className=this.tfdClassname.getText().trim();    //班级
58          String id=this.tfdId.getText().trim();                   //学号
59          String name=this.tfdName.getText().trim();               //姓名
60          String courseName=this.cbxCourse.getSelectedItem().toString();
61          //模糊查询时,选择所有课程,相当于课程为空(课程不限)
62          if ("所有课程".equals(courseName))
63              courseName="";
64          String term=this.cbxTerm.getSelectedItem().toString();
65          //模糊查询时,选择所有学期,相当于课程为空(学期不限)
66          if ("所有学期".equals(term))
67              term="";
68          String teacherName=this.tfdTeacherName.getText().trim();
69          //表格中显示符合查询条件的记录
70          this.displayInTable(className, name, id, courseName, term, teacherName);
71      }
72  }
```

程序分析:

① 关于课程的选择,如果用户选择了"所有课程",则课程置为空字符串(见第62~63行)。因为课程使用了模糊查询,所以课程为空串意味着 SQL 语句中课程的查询条件实际为 like '%%',它代表所有课程。

② 成绩的查询参见第34行。这里的查询较为复杂,支持模糊查询,采用了多表(表 student_course、teacher、course、student)联合查询。StudentCourseDaoImpl 类的查询方法如下所示。

```
//StudentCourseDaoImpl.java
1   //根据给定班级、学生姓名、学生 ID、课程名、开课学期、授课老师进行模糊查询
2   //所有符合条件的学生,没找到则返回空列表
3   public List< StudentCourseEx> search(String className, String studentName,
    String studentId,
```

```
4      String courseName,String term, String teacherName) throws SQLException{
5      conn=this.getConnection();          //获取连接
6      //模糊查询语句
7      String sql="SELECT student_course. * ,course.name as course_name,course.
       term,teacher.name as teacher_name,student.name as student_name,student.
       class_name ";
8      sql+=" FROM student_course,teacher,course,student";
9      sql+=" WHERE course.teacher_id=teacher.id AND course.id=student_course.
       course_id";
10     sql+="AND student.id=student_course.student_id ";
11     sql+=" AND student.class_name like ? ";        //班级
12     sql+=" AND student.name like ?";               //学生姓名
13     sql+=" AND student.id like ?";                 //学号
14     sql+=" AND course.name like ? ";               //课程名
15     sql+=" AND course.term like ? ";               //开课学期
16     sql+=" AND teacher.name like ? ";              //教师名
17     ps=conn.prepareStatement(sql);
18     //给 sql 参数赋值
19     ps.setString(1, "%"+className+"%");
20     ps.setString(2, "%"+studentName+"%");
21     ps.setString(3, "%"+studentId+"%");
22     ps.setString(4, "%"+courseName+"%");
23     ps.setString(5, "%"+term+"%");
24     ps.setString(6, "%"+teacherName+"%");
25
26     //执行查询,返回 ResultSet
27     ResultSet rs=ps.executeQuery();
28     List<StudentCourseEx>list=new ArrayList<StudentCourseEx>();
29     while (rs.next()){                             //遍历各条记录
30         String studentId2=rs.getString("student_id");
31         String courseId2=rs.getString("course_id");
32         double usualPerformance2=rs.getDouble("usual_performance");
33         double middleExam2=rs.getDouble("middle_exam");
34         double fianlExam2=rs.getDouble("final_exam");
35         String courseName2=rs.getString("course_name");
36         String term2=rs.getString("term");
37         String teacherName2=rs.getString("teacher_name");
38         String studentName2=rs.getString("student_name");
39         String className2=rs.getString("class_name");
40         StudentCourseEx s=new StudentCourseEx(studentId2, courseId2,
                usualPerformance2, middleExam2, fianlExam2, courseName2,term2,
                                teacherName2,studentName2,className2);
41         list.add(s);                   //对象添加到列表中
42     }
```

```
43
44    if(rs!=null)
45        rs.close();              //关闭 ResultSet
46    this.close(ps, conn);    //关闭连接
47    return list;
48 }
```

习　题　10

1. 在学生成绩管理系统中,管理员其实就是我们通常意义上说的用户。用户有 3 个属性：ID(可作为登录用户名)、password(密码)、name(姓名)；用户有一个登录方法：boolean login(String id,String password)。教师和学生也是用户,可以继承用户的 3 个属性并重写登录方法。用户、教师或学生需要登录时,会调用不同的登录实现,使登录行为表现出多态性。请对原来的登录方案进行修改,实现这种多态性。

2. 使用接口来实现第 1 题的功能,即让不同类型的用户实现包含方法 boolean login(String id,String password)的接口。

3. 在 Java 项目开发过程中,ui 层一般不直接调用 dao 层。给本案例程序添加 service 层,让 ui 层调用 service 层,service 层再调用 dao 层,从而实现 ui 层间接调用 dao 层,使程序分层结构更加合理。

4. 给数据库添加一张院系表,管理员可以管理院系信息,为"院系"下拉选择框提供数据,这样就能实现动态添加和修改院系的功能,而无须修改源程序,提高系统的可扩展性。

5. 扩展本项目,使学生数据、教师数据和课程数据支持 Excel 文件的导入和导出功能(选做)。

图书资源支持

感谢您一直以来对清华版图书的支持和爱护。为了配合本书的使用,本书提供配套的资源,有需求的读者请扫描下方的"书圈"微信公众号二维码,在图书专区下载,也可以拨打电话或发送电子邮件咨询。

如果您在使用本书的过程中遇到了什么问题,或者有相关图书出版计划,也请您发邮件告诉我们,以便我们更好地为您服务。

我们的联系方式:

地　　址:北京市海淀区双清路学研大厦 A 座 714

邮　　编:100084

电　　话:010-83470236　010-83470237

客服邮箱:2301891038@qq.com

QQ:2301891038(请写明您的单位和姓名)

资源下载: 关注公众号"书圈"下载配套资源。

资源下载、样书申请

书圈

获取最新书目

观看课程直播